Bettina Rühm

GÜNSTIG BAUEN

Sparpotenziale beim Hausbau von der Planung bis zur Ausstattung

Stiftung Warentest

INHALTSVERZEICHNIS

WAS HEISST GÜNSTIG BAUEN?

8 Baukosten senken
8 Woraus setzen sich die Baukosten für ein privates Wohnhaus zusammen?
9 Wie hoch sind typische Baukosten beim Einfamilienhaus?
9 Was genau bedeutet „Günstig bauen?"
9 Eigene Wünsche berücksichtigen
10 Inspiration finden
10 Bestandsaufnahme machen
10 Kosten- und Preisangaben
11 Wo entstehen die meisten Kosten?
12 Wo ist finanzieller Spielraum möglich, was kann verschoben werden?
12 Welche Einsparungen können später zu Mehrkosten führen?

14 Interview: „Beratung spart Baukosten."

17 Richtig finanzieren
17 Finanzierungsplan aufstellen
17 Welches Darlehen ist das richtige?
18 Sondertilgung und Vollfinanzierung
19 Wie komme ich zum besten Kredit?
19 Bauförderung

20 Grundstück prüfen
20 Baugrund und Bodenbeschaffenheit
21 Was bedeutet die Bodenklasse für die Kosten?
21 Beim Erdaushub sparen
21 Lässt sich mit „schwierigen" Grundstücken sparen?
23 Wie ist das Grundstück ausgerichtet?
23 Wie wirkt sich die Infrastruktur auf die Kosten aus?

24 Günstige Haustypen
24 Freistehendes Einfamilienhaus
24 Doppelhaus
24 Reihenhaus
25 Mehrparteienhaus (Baugemeinschaften)
25 Tiny Houses
26 Fertighäuser
28 Architektenhaus – welche Leistungen sind enthalten?
28 Bauträgerhaus – bequemer Hauserwerb oder Risiko?

30 Interview: „Zusatzkosten im Blick behalten!"

32 Vorbereitung hilft sparen
32 Der richtige Zeitpunkt für den Baubeginn
32 Die Baustelle einrichten
33 Sicherheit auf der Baustelle – nicht am falschen Ende sparen

34 Baumängel vermeiden
35 Den Bauprozess streng kontrollieren
35 Regelmäßige Baubesprechungen abhalten

36 Interview: „Baufortschritt kontrollieren!"

37 Sparen durch Eigenleistung
38 Fallstricke bei der Eigenleistung
39 Wann sind Eigenleistungen sinnvoll?
41 Ausbauhaus – lohnt sich das?

42 Günstig gebaut – Beispielprojekte
42 In zweiter Reihe vorn dabei
48 Wohnen im Winkel

HAUSTECHNIK UND ENERGIE

54 Ganzheitlich planen spart Kosten
54 Zusammenspiel von Bauform, Materialien und Heiztechnik
55 Wärmedurchlässigkeit, U-Wert und Dämmwirkung

56 Energiestandards
56 Fördermöglichkeiten
56 KfW-Effizienzhaus (55, 40, 40 Plus)
57 Passivhaus und KfW-40-Haus im Vergleich
58 Helfen Passivhaus- und KfW- Effizienzhaus 40 beim Kostensparen?
58 Fenster: Zwei- oder Dreischeibenverglasung?
59 Luftdichtheit – der Blower-Door-Test

60 Wann braucht man eine Lüftungsanlage?
60 Warum lüften?
61 Fensterlüftung
61 Mechanische Lüftungsanlagen

63 Günstige Heizsysteme
63 Wärmeverteilung im Raum
63 Hybridheizung: Kostengünstig durch Kombination von Energiequellen
64 Pelletheizung anstatt Kaminofen
65 Fernwärme

66 Wärmepumpen
66 Luftwärmepumpen
67 Erdwärmepumpen
68 Grundwasserwärmepumpen
68 Passives Kühlen mit Wärmepumpen
68 Welche Varianten sind kostengünstig?

70 Kosten sparen mit Solarenergie
70 Solarthermie für Heizung und Warmwasser
70 Mit Photovoltaik Strom gewinnen

72 Günstig gebaut – Beispielprojekt
72 Maximal offen

KOSTEN SPAREN DURCH GUTE PLANUNG

80 Wie die Baukörperform die Kosten bestimmt
80 Geradlinige Baukörper sparen Kosten
80 Balkone, Erker und Wintergärten

82 Wann lohnt sich ein Keller?
82 Welche Kosten fallen an?
83 Vollkeller, Teilkeller oder Naturkeller?
83 „Kalter Keller“ oder „warmer Keller“?
84 Alternativen zum Keller

86 Günstige Grundrissplanung
86 Kostensparende Grundrisse
88 Platz sparen mit Einbaumöbeln
89 Flexible Grundrissgestaltung spart spätere Mehrkosten
90 Stockwerkserschließung: Lage und Platzbedarf von Treppen
93 Welche Raumgrößen sind sinnvoll?
94 Fenster clever planen
95 Küche, Bad, WC sinnvoll anordnen
95 Möblierung einplanen
96 Barrierefrei bauen
97 Wo finden sich Barrieren im Alltag?
97 Vorausschauend planen und Wiederverkaufswert miteinbeziehen

98 Günstig gebaut – Beispielprojekte
98 Raum bis unters Dach
104 Einfach komfortabel

BAUWERK UND MATERIALIEN

112 Massivbau oder Holzleichtbau?
112 Was beeinflusst die Materialkosten?
113 Massivbauten aus Mauerwerk
114 Holzleichtbau und Holzmassivbau

116 Günstig bauen mit Beton und Kunststoffen
116 Massivbauten aus Beton
117 Betontreppen im Rohbau
118 Kunststoffe: preiswerte Alternativen

119 Geschossdecken kostensparend planen
120 Holzdecken
120 Betondecken
121 Holz-Beton-Verbunddecken
121 Ziegeldecken

122 Fassaden kostensparend gestalten
122 Die günstigste Lösung: Putzfassaden
123 Baulicher Schutz vor Feuchteschäden und Algen
123 Fassaden mit Verkleidungen
124 Holzfassaden
124 Klinker und Klinkerriemchen
125 Fassadenplatten

126 Günstig dämmen
126 Welche Dämmstoffe sind preiswert?
127 Welcher Dämmstoff wofür?
127 Außenwanddämmung
128 Das Dach richtig dämmen
129 Bodenplatte und Kellerwände dämmen
129 Schalldämmung – nicht am falschen Ende sparen

130 Sparen bei Fenstern und Terrassentüren
130 Größe und Formate
131 Rahmen und Verglasung

132 Welches Dach ist am günstigsten?
133 Satteldach
133 Pultdach
134 Hoher Kniestock für mehr Raum im Dachgeschoss
135 Dachüberstand
135 Flachdach
135 Gauben oder Dachflächenfenster?
136 Dachdeckung – kostengünstige Varianten für Steildächer
137 Späterer Dachausbau

138 Mit Recycling sparen
139 Was lässt sich auf einem Grundstück wiederverwerten und retten?

140 Günstig gebaut – Beispielprojekte
140 Aus alt mach neu
146 Natürlich bis unters Dach

INNENAUSBAU MIT KLEINEM BUDGET

154 Leichte Trennwände in Trockenbauweise
154 Gipsbauplatten
155 Strohbauplatten
155 Platten aus Lehm
156 Holzplatten
156 Polycarbonatplatten

157 Interview: „An der richtigen Stelle sparen!“

160 Innentreppen
160 Maße und Konstruktion von Treppen
161 Platzbedarf
162 Treppen kostengünstig planen
163 Wie lässt sich der Raum unter der Treppe nutzen?

164 Innentüren
164 Kostenfaktoren bei Innentüren

167 Wände, Decken und Böden
167 Wände und Decken

168 Welcher Bodenbelag ist kostengünstig?
171 Fußbodenheizung und Bodenbeläge
171 Böden mit Sichtoberflächen
172 Trittschallschutz beachten

173 Küchen – kostensparende Gestaltung
173 Wie groß muss die Küche sein?
174 Einbauküche oder Einzelelemente?
175 Küchenformen
175 Materialien

176 Kostenfalle Badezimmer
176 Wand- und Bodenbeläge im Bad
177 Sanitärobjekte

178 Elektroinstallation
178 Sparen durch gute Planung
179 Smart Home – Nutzen und Kosten

180 Günstig gebaut – Beispielprojekte
180 Makellos ohne Make-up
186 Schlank und elegant

AUSSENANLAGEN GÜNSTIG GESTALTEN

194 Wohin mit dem Auto?
194 Carport
195 Garage

196 Oberflächen günstig gestalten
196 Niederschlagswassergebühren sparen
197 Durchlässige Oberflächen sparen Geld
198 Welche Böden eignen sich zur Regenwasserversickerung?
198 Welche Maßnahmen sind für die Versickerung nötig und was kosten sie?

200 Regenwassernutzung spart Kosten
201 Wie viel kann man sparen?
201 Garten bewässern mit eigenem Brunnen

202 Garten und Terrasse
202 Sorgfältige Planung hilft, Kosten zu sparen
202 Planung und Kosten einer Terrasse
203 Planung und Kosten eines Gartens
204 Sparen bei der Gartenplanung
205 Welche Pflanzen für welchen Standort?
206 Eigenleistungen
206 Einfriedung des Gartens
207 Hilft ein Naturgarten, Kosten zu sparen?

208 Günstig gebaut – Beispielprojekte
208 Hülle mit Fülle
214 Konsequent bis ins Detail

SERVICE

220 Stichwortverzeichnis

223 Architektur- und Bildnachweis

WAS HEISST „GÜNSTIG BAUEN"?

Wer ein Eigenheim bauen oder ein Fertighaus kaufen möchte, sollte sich möglichst frühzeitig einen Überblick über die damit verbundenen Kosten verschaffen. Von der Planung bis zum fertigen Haus gibt es unzählige Möglichkeiten, Kosten zu sparen. Dabei hilft, dass sich Baukosten gut in einzelne Kategorien und Unterkategorien aufschlüsseln lassen.

Für die Höhe der Baukosten spielen neben dem Gebäude selbst beispielsweise auch das Grundstück, die Qualität der Bauausführung und die Art des Innenausbaus eine wichtige Rolle. Schließlich müssen auch die Kosten für die Finanzierung berücksichtigt werden, die nicht auf Kante genäht sein, sondern noch Spielraum für Unvorhergesehenes lassen sollte.

BAUKOSTEN SENKEN

Je kleiner ein Haus, desto geringer die Baukosten – das klingt logisch und ist in der Tat ein wichtiger Grundsatz, den Sie bei der Planung Ihres neuen Hauses nicht aus den Augen verlieren sollten. Bevor Sie mit einem Architekten sprechen oder sich Angebote von Hausbaufirmen machen lassen, sollten Sie sich darüber klar werden, was Sie an Flächen, Räumen und Innenausstattung wirklich benötigen und was bei näherer Betrachtung vielleicht überflüssig ist. Der Weg zum kostengünstigen Haus steht und fällt mit der Kunst des Weglassens.

Wichtig: Ein kleines Haus muss kein enges Haus sein. Ein gut durchdachter Grundriss sorgt dafür, dass weniger Wohnfläche nicht im Widerspruch zu hoher Wohnqualität steht.

Die Wohnfläche bestimmt den Endpreis eines Hauses allerdings nur bis zu einem gewissen Grad, denn für alle Wohnhäuser fallen ähnliche Kosten für bestimmte Bauelemente an, zum Beispiel Fundamente und Bodenplatte, Heizungsanlage, Sanitäreinrichtungen, Treppen und Außentüren. Auf die Kosten gibt es weitere wichtige Einflussfaktoren und damit zusätzliche Stellschrauben: Ein wichtiger Kostenfaktor ist zum Beispiel die Bauzeit: Je länger sich die Bauphase hinzieht, desto teurer wird sie, dazu kommen noch die längeren Mietzahlungen für ihre bisherige Wohnung.

Baumängel und die damit verbundenen Mehrkosten lassen sich vermeiden, wenn die Qualität der Bauausführung stimmt, was zum Beispiel durch eine gute Bauleitung sichergestellt werden kann. Das zum Haus passende Energiekonzept sorgt wiederum dafür, dass bei entsprechendem Nutzungsverhalten die Betriebskosten langfristig niedrig gehalten werden können. Nicht zuletzt spielt auch der Lebenszyklus eines Hauses eine Rolle, da er den Wiederverkaufswert beeinflusst.

Sie selbst können viel dazu beitragen, die vorhandenen Sparpotenziale auszuschöpfen. Dafür ist wichtig, dass Sie als Bauherrin oder Bauherr in allen baulichen Belangen stets gut informiert sind. Dadurch werden Sie zu einem kompetenten Ansprechpartner für Ihren Architekten, den Bauträger oder die Fertighausfirma und können die richtigen Fragen stellen. Dazu soll dieses Buch beitragen.

Bei jedem einzelnen Gewerk lassen sich die Baukosten reduzieren, wobei die größte Stellschraube die Planung ist. Hier kann es sich in barer Münze auszahlen, wenn Sie gut informiert die Planung begleiten und Dinge hinterfragen, allem voran Ihre eigenen Vorstellungen und Ansprüche. Dasselbe gilt für die Finanzierung, deren Kosten ebenfalls zu den Baukosten zählen (Kostengruppe 800) und die sich unter anderem mit dem passenden Darlehen senken lassen.

Woraus setzen sich die Baukosten für ein privates Wohnhaus zusammen?

Baukosten lassen sich in verschiedene Positionen gliedern, die in der DIN-Norm 276 in Form von Kostengruppen zusammengestellt sind (siehe Kasten). Jede Kostengruppe behandelt einen übergeordneten Aspekt, und innerhalb

Kostengruppen nach DIN 276

- 100 Grundstück
- 200 Vorbereitende Maßnahmen
- 300 Bauwerk – Baukonstruktionen
- 400 Bauwerk – Technische Anlagen
- 500 Außenanlagen und Freiflächen
- 600 Ausstattung und Kunstwerke
- 700 Baunebenkosten
- 800 Finanzierung

jeder Kostengruppe gliedern sich die Kosten weiter auf.

Wie hoch sind typische Baukosten beim Einfamilienhaus?

Alle Kosten, die für die Errichtung des Rohbaus und für den Innenausbau anfallen, sind in Kostengruppe 300 enthalten. Kostengruppe 400 verzeichnet dagegen die Kosten für die technischen Anlagen, zum Beispiel das Heizungssystem. Die Kostengruppen 300 und 400 stellen daher objektive Vergleichsgrößen dar, anhand derer sich die Kosten von Wohngebäuden bezogen auf einen Quadratmeter Wohnfläche vergleichen lassen. Sie liegen laut dem Verband Privater Bauherren (VPB) in Deutschland durchschnittlich bei ungefähr 2 000 Euro brutto pro Quadratmeter Wohnfläche. Ein Keller, der nicht als Wohnraum ausgebaut ist, ist in diesen Kosten nicht enthalten. Derzeit (Stand November 2021) steigen allerdings die Preise bei vielen Baumaterialien stark, sodass die genannten Kosten nur als grober Anhaltspunkt dienen können. Auch regional gibt es deutliche Unterschiede; tendenziell ist das Bauen im Süden Deutschlands teurer als im Norden.

Durch verschiedene Sparmaßnahmen lassen sich die Bauwerkskosten um bis zu 15 Prozent reduzieren. Wenn man nicht sorgfältig kalkuliert, können sie den oben genannten Durchschnittswert jedoch im Handumdrehen auch deutlich übersteigen.

Im Internet findet man oft durchschnittliche Baukosten von 1 200 Euro pro Quadratmeter. Zu beachten ist: Diese Angabe bezieht sich meist nur auf die Bruttogrundfläche (BGF), also auf die Summe aller Geschossflächen auf Basis der äußeren Bauteile einschließlich Fassade.

Für alle in diesem Buch vorgestellten Projektbeispiele sind nur die sogenannten Bauwerkskosten, das sind die Kosten der Gruppen 300 und 400, angegeben. Denn die Kosten fürs Grundstück (Kostengruppe 100 und 200), für die Außenanlagen (Kostengruppe 500), für die Innenausstattung (Kostengruppe 600) sowie die Baunebenkosten inklusive der Honorare aller am Bauprojekt beteiligten Planer (Kostengruppe 700) können naturgemäß je nach Ausgangssituation und Anspruch der Bauherrschaft sehr unterschiedlich ausfallen und sind daher für einen objektiven Kostenvergleich nicht aussagekräftig.

Was genau bedeutet „Günstig bauen“?

Kostengünstig zu bauen bedeutet, mit Fläche, Material und Arbeitsaufwand wirtschaftlich umzugehen und wo immer möglich zu reduzieren und zu vereinfachen. Gleichzeitig bedeutet es, durch die Bauweise und die Wahl des Heizsystems Energie und Heizkosten zu sparen sowie Ressourcen zu schonen.

Preiswert bauen darf jedoch nicht einfach nur billig sein, weil sonst die bauliche Qualität, der Wiederverkaufswert und die Umwelt leiden. Und preiswert bauen muss auch keineswegs billig aussehen oder sich minderwertig anfühlen. Wenn man an den richtigen Stellen spart, lassen sich Kosten reduzieren, ohne dass man ästhetische Abstriche machen oder auf Wohnqualität verzichten muss. Einfache Bauweisen mit unverputzten oder sichtbar belassenen Baumaterialien können dabei zum Beispiel einen ganz eigenen Charme entfalten.

Doch welches die richtigen Stellen sind, ist gar nicht so einfach zu entscheiden. Hilfreich ist dabei zunächst, sich klarzumachen, dass Baukosten nicht nur aus den reinen Kosten für Grundstück und Errichtung eines Gebäudes bestehen. Hinzu kommen die oben erwähnten Kostengruppen 500 bis 800 – also der Garten und die Außenanlagen, die Innenausstattung sowie die Baunebenkosten und die Finanzierungskosten – außerdem, in einem weiteren Sinn, auch die mittel- und langfristigen Betriebskosten. Zudem sollte auch der Wiederverkaufswert einer Immobilie bedacht werden.

Eigene Wünsche berücksichtigen

An welcher dieser Stellschrauben Sie in welchem Maß drehen möchten und können, hängt auch von Ihren persönlichen Vorlieben, Wünschen und Prioritäten ab. Zwar gibt es allgemein gültige Aspekte, die Baukosten maßgeblich beeinflussen können, wie zum Beispiel die Wahl von Baukörperform oder Grundriss. Häufig entscheiden jedoch zusätzlich auch individuelle Schwerpunkte, an welchen Stellen man Kosten sparen will oder kann: Während der eine Bauherr sich mit einem kleinen Grundstück an einer stark befahrenen Straße zufriedengibt, dafür aber Wert auf hochwertige Einbaumöbel legt, beschränkt sich ein anderer möglicherweise auf eine geringe Wohnfläche, möchte dann aber einen Keller nicht missen. Eine dritte Bauherrin nimmt einfache Materialien und Sichtoberflächen ohne Putz und Farbanstrich gerne in Kauf, wenn sie dafür nicht auf großzügige Fensterflächen verzichten muss. Diese Liste ließe sich endlos fortsetzen.

Ob Sie bei der Qualität des Grundstücks, bei den Rohbaukosten, bei den Materialien, bei der Innenausstattung, bei den Betriebskosten oder bei den zu erwartenden Kosten für die Instandhaltung sparen möchten, hängt ganz von Ihnen ab, je nachdem, was Ihnen persönlich besonders wichtig ist und was Ihnen dagegen verzichtbar erscheint.

Inspiration finden

Wir zeigen Ihnen auf den Sonderseiten in diesem Buch immer wieder Häuser, bei denen es auf die eine oder andere Weise gelungen ist, Kosten zu sparen. Häufig konnten sich die Bauherren und Bauherrinnen dafür an anderen Stellen etwas mehr gönnen.

In den meisten Fällen wurden bei den vorgestellten Wohnhäusern mit bestimmten, besonders effektiven Lösungen in Teilbereichen Kosten gespart. Die jeweiligen Angaben der Baukosten sollten daher immer in diesem Zusammenhang gesehen werden. Für Ihr eigenes Bauprojekt können Sie in diesem Buch Anregungen finden, wo überall Möglichkeiten zum Kostensparen bestehen. Dann können Sie selbst entscheiden, an welchen Stellen Sie ohne Weiteres Abstriche machen wollen, um dann die eingesparten Mittel eventuell an anderen Stellen für kostspieligere Lösungen einsetzen zu können.

Bestandsaufnahme machen

Vor der Planung sollten Sie sich daher zuallererst fragen, was Ihnen wirklich wichtig ist und worauf Sie bei näherer Betrachtung auch verzichten können. Dies betrifft insbesondere die Gebäudeform, die Anzahl und Größe der Räume, die Anzahl und Größe der Fenster und den Innenausbau. Inwieweit sind Sie dabei bereit, Gewohntes infrage zu stellen?

Entscheidend ist eine sorgfältige Planung von Gebäudeform und Grundrissen, damit jeder Quadratmeter Wohnfläche optimal genutzt werden kann. Dann kann eine vierköpfige Familie mit einer Wohnfläche von gut 100 Quadratmetern auskommen, ohne beengt zu wohnen. Denn jeder Quadratmeter beheizter Wohnfläche kostet, wie erwähnt, durchschnittlich etwa 2000 Euro. Für jeden Quadratmeter zu viel bezahlen Sie also möglicherweise nur für ein Mehr an beheizter Luft.

Kosten- und Preisangaben

Baukosten hängen von vielen verschiedenen Faktoren ab und können stark schwanken. Dabei spielen etwa regionale Preisunterschiede eine Rolle, die Verfügbarkeit von Materialien und Handwerkern oder der Zeitpunkt eines Bauvorhabens. Zudem erschwert die derzeitige (Stand November 2021) Marktlage eine seriöse Angabe zu Preisen sehr: Aufgrund weltweiter Wetterkapriolen, die Waldbrände, Flut- und Sturmereignisse zur Folge haben, ist Baumaterial auf den Rohstoffmärkten knapp, insbesondere Holz ist davon betroffen. Unterbrochene Lieferketten, verursacht durch die Corona-Krise, führen immer noch zu Lieferengpässen. Zudem sind gegenwärtig immer weniger Handwerker verfügbar, was deren Stundenlöhne und Honorare in die Höhe treibt. Zukünftige Preisentwicklungen sind äußerst schwierig vorherzusehen. So wird zum Beispiel die CO_2-Bepreisung vermutlich schneller steigen als derzeit angenommen, da die Klimaproblematik als immer drängender wahrgenommen wird. Die meisten Fachleute sind sich derzeit einig, dass eine Entspannung der Situation auf absehbare Zeit nicht zu erwarten ist.

Aus diesen Gründen können die in diesem Buch genannten Kostenspannen nur ungefähre Angaben darstellen und sind als Orientierungshilfe gedacht. Alle Angaben sind sorgfältig recherchiert: Die Recherche schließt Angaben von Vergleichsportalen, Baufirmen und Herstellern ein. Sie berücksichtigt auch Erfahrungswerte von Architekten und Handwerkern. Eine Gewähr kann jedoch weder von der Autorin noch vom Verlag übernommen werden. Bauwillige sollten daher die zu erwartenden Kosten des eigenen Bauprojekts unbedingt vorab mit einem Architekten oder einer Architektin durchsprechen.

Wo entstehen die meisten Kosten?

Mehr als zwei Drittel der Baukosten entfallen auf Rohbau, Ausbau und technische Ausstattung. Die gute Nachricht ist: Hier lässt sich in mehrfacher Hinsicht sparen: Die Größe des Hauses, die Baukörperform sowie Anzahl und Größe von Fenstern sind entscheidende Stellschrauben (siehe Seite 80). Auch die Wahl der Baukonstruktion und der Baumaterialien beeinflusst die Kosten (siehe Seite 112).

Der Innenausbau bietet das größte Sparpotenzial, zum Beispiel bei Größe und Ausstattung eines Bades, bei der Anzahl der geplanten Trennwände und Türen sowie bei den Materialien für Böden und Wände (siehe ab Seite 155).

Die Kosten für den Grundstückserwerb (Kostengruppe 100) machen im Schnitt 20 bis 30 Prozent der Gesamtkosten aus, wobei natürlich die Lage des Grundstücks und die Region eine wichtige Rolle spielen. Die Kaufpreise für Grundstücke unterscheiden sich regional erheblich.

Zum Kaufpreis des Grundstücks kommen die Kaufnebenkosten dazu, etwa Grunderwerbsteuer (je nach Bundesland circa 5 Prozent), Kosten für Notar und Grundbucheintrag (circa 1,5 Prozent) und Maklerprovision (3 bis 7 Prozent). Weitere Kosten fallen für Vermessung und Erschließung des Grundstücks an sowie für Gas- und Stromanschlüsse (KG 200).

Die Baunebenkosten wiederum (KG 700) umfassen unter anderem Aufwendungen für Gutachten, Fachplanung und Energieberatung, das Architektinnenhonorar und die Versorgung der Baustelle mit Strom und Wasser. Die Baunebenkosten können bis zu 30 Prozent der Gesamtbaukosten ausmachen. Bei schlüsselfertigen Häusern von Fertighausanbietern oder Bauträgern sind diese Nebenkosten im Kaufpreis enthalten, werden aber oft nicht eigens ausgewiesen. Dies betrifft auch die Planungskosten, die häufig versteckt im Kaufpreis eingerechnet sind.

Wo liegt das größte Sparpotenzial?

- Günstige Grundstücksform lässt einfache Bebauung zu
- Einfache Gebäudeform reduziert Bauaufwand und Energiebedarf
- Südausrichtung des Grundstücks ermöglicht passive Nutzung von Sonnenenergie
- Ähnliche Raumgrößen ermöglichen flexible Nutzung
- Reduzierter Innenausbau senkt Materialbedarf und Arbeitsaufwand
- Bad mit einfachem Standard spart Kosten
- Ausgebautes Dach erhöht Wohnfläche
- Speicher ersetzt Lagerraum im Keller

Nicht vergessen sollten Sie bei der Kostenplanung auch kleinere Beträge, die sich summieren können. Dazu zählen zum Beispiel die Kosten für das Richtfest, die Verpflegung der Bauarbeiter und weiterer am Bau Beteiligter, der Umzug ins neue Haus und die neu anzuschaffenden Möbel und Vorhänge. Auch für die Anlage der Terrasse, für den Kauf von Gartenpflanzen und von Terrassenmöbeln sollte am Ende noch ausreichend Geld übrig sein.

Baukosten können sich dann signifikant erhöhen, wenn während der Bauphase Änderungen an der Planung vorgenommen werden oder wenn Baumängel erst nach der Fertigstellung oder sogar erst nach dem Einzug bemerkt werden. Ein Beispiel dafür sind undichte Stellen in der Gebäudehülle, die wegen der eindringenden Feuchtigkeit zu Bauschäden führen können. Wenn einzelne Bauleistungen nicht rechtzeitig fertig werden, kann das ebenfalls teuer werden, weil dann die Arbeiten für den nächsten Bauabschnitt nicht termingerecht begonnen werden können und dadurch unter Umständen zusätzliche Kosten entstehen. Nicht zuletzt kann sich der Einzug dadurch verzögern, was längere Mietzahlungen verursacht.

PUFFER EINPLANEN

Der Verband Privater Bauherren (VPB) empfiehlt, grundsätzlich einen finanziellen Puffer von rund 15 Prozent der gesamten Bausumme für unvorhergesehene Leistungen einzuplanen.

Wo sind nachträgliche Änderungen einfach möglich?

- Dach als Wohnraum ausbauen
- Leichte Trennwände einziehen oder entfernen
- Fußbodenbeläge auf Sichtoberflächen verlegen
- Holzbalkendecken schalldämmen
- Möblierung (lose und fest eingebaut)
- Beleuchtung erweitern
- Außenanlagen ergänzen

Wo ist finanzieller Spielraum möglich, was kann verschoben werden?

Nicht alle Bereiche im und am Haus müssen sofort ausgebaut werden. Hier besteht Spielraum fürs vorläufige Kostensparen. Ein typisches Beispiel dafür ist das Dachgeschoss. Ist kein späterer Ausbau geplant, sparen Sie deutlich, wenn Sie nur die oberste Geschossdecke dämmen und nicht die Dachflächen.

Planen Sie jedoch, das Dach später auszubauen, ist es sinnvoll, wenn Sie die Dachflächen gleich dämmen, weil Sie dann auf die Dämmung der obersten Geschossdecke verzichten können. Die Dachfläche zu dämmen ist zwar zunächst teurer, in der Summe aber günstiger, weil nur einmal gedämmt werden muss. Außerdem vergrößert sich dann die nutzbare Raumhöhe. Auch eventuelle Anschlüsse für Bad und WC sollten von vornherein im Dachgeschoss angelegt werden, auch wenn Sie erst später ausbauen möchten.

Beim Innenausbau lässt sich vieles nachträglich optimieren, wenn sich Ihr Budget erholt hat. Ein Fußboden etwa kann zunächst aus der geglätteten, imprägnierten Betonbodenplatte bestehen. Einen Bodenbelag können Sie darauf auch später noch verlegen. Leichte Trennwände lassen sich bei Bedarf ebenfalls später einziehen, sofern Grundriss und Fensteranordnung entsprechend geplant wurden. Bäder gehören zu den besonders teuren Posten beim Innenausbau. Hier lassen sich einige Kosten sparen, wenn Sie das Bad nicht größer als nötig planen und zunächst mit einfachen Möbeln und Sanitäreinrichtungen anstatt mit teuren Einbauten ausstatten.

Die Entscheidung für oder gegen einen Keller ist hingegen nicht reversibel und muss bereits vor Baubeginn gut überlegt werden. Ist auf dem Grundstück Platz für einen Schuppen, einen unbeheizten Anbau oder eine etwas größere Garage vorhanden, könnten derartige Gebäude auch einen Keller ersetzen.

Welche Einsparungen können später zu Mehrkosten führen?

Vorsicht: Nicht alles, was besonders günstig erscheint, erweist sich auf lange Sicht als die sparsamste Lösung. Manches, was nicht bereits im Vorfeld geklärt und geplant wurde, kann später zu unangenehmen, mit Mehrkosten verbundenen Überraschungen führen.

Auf Gutachten sollte man keinesfalls verzichten, um Kosten zu sparen. Stellt sich zum Beispiel vor dem Grundstückskauf durch ein chemisches Bodengutachten heraus, dass das Erdreich mit Schadstoffen belastet ist, können Bauherren noch vom Kauf absehen. Nach dem Kauf müssten sie selbst für die kostspielige Entsorgung des kontaminierten Erdreichs aufkommen. Ein geologisches Gutachten verschafft Aufschluss darüber, ob ein Keller möglich ist und wenn ja, mit welchem Aufwand: Muss der Keller gegen stehendes Wasser abgedichtet werden, wird er unverhältnismäßig teuer.

An der Qualifikation von Handwerkern sollte man ebenfalls nicht sparen, denn Fehler bei der Bauausführung sind nicht nur ärgerlich, sondern können zu erheblichen Folgekosten führen, wenn sie nicht rechtzeitig bemerkt werden. Unnötige Kosten entstehen auch durch Verzögerungen bei der Bauzeit aufgrund mangelhafter Planung. Bei der Wahl der Baustoffe sollte man nicht an der falschen Stelle sparen. Mit qualitativ hochwertigen Baustoffen vermeidet man frühe Reparaturen.

Schließlich sollte man auch an die fernere Zukunft denken: Durch vorausschauende Planung, die eine spätere barrierefreie Nutzung mit einbezieht, kann man sich nachträgliche und teure Umbauten ersparen.

Der Lebenszyklus des Hauses

Die Lebensdauer eines Gebäudes hängt unter anderem von Konstruktion und Materialwahl ab, ist jedoch viel länger als die Zeitspanne, in der man normalerweise das Haus selbst nutzen kann. 100 Jahre und länger sind durchaus üblich. Dies gilt allerdings nur, wenn das Haus regelmäßig gewartet wird. Erste Instandsetzungsarbeiten fallen bereits nach 5 bis 15 Jahren an. Dazu zählen unter anderem Innenanstriche oder Tapeten, Bodenbeläge, die Dacheindeckung von Flachdächern und der Außenanstrich. Nach 20 bis 30 Jahren steht die Instandhaltung von Heizung und Bädern an, nach 30 bis 50 Jahren müssen Außenputz, Dacheindeckung und Fenster erneuert werden. Bei Konstruktions- oder Verarbeitungsfehlern, die zum Beispiel zu Schadstellen in einem Wärmeverbundsystem führen, kann sogar schon früher Sanierungsbedarf bestehen. Häuser, die mit natürlichen Baustoffen errichtet wurden, machen bei Wartung und Instandhaltung häufig wenig Arbeit, allerdings nur, wenn die Materialien so eingesetzt wurden, dass ihre natürlichen Eigenschaften zum Tragen kommen. Wenn zum Beispiel unbehandeltes Holz an der Fassade immer wieder trocknen kann, ist es nahezu unverwüstlich. Wird es dagegen lasiert oder farbig gestrichen, muss der Anstrich regelmäßig erneuert werden. Mauersteine sollten ebenfalls immer wieder trocknen können, da sonst Gefahr besteht, dass die Fugen zu bröckeln beginnen. Wenn Putz nicht trocknen kann, können sich Algen und Schimmel bilden.

Um ein durchschnittliches Einfamilienhaus „in Schuss" halten zu können, sollte man pro Jahr einen bestimmten Betrag zurücklegen. Der Verband Privater Bauherren (VPB) empfiehlt zum Beispiel, unabhängig vom Alter einer Immobilie mindestens 1 Euro pro Quadratmeter Wohnfläche und Monat für Instandhaltungen einzukalkulieren.

Wann fallen Wartung oder erste Reparaturen an?

Dach	
Dacheindeckungen Steildach (Ziegel, Blech, Beton, Faserzement)	50 Jahre
Dacheindeckung Steildach (Bitumen)	25 Jahre
Dacheindeckung Flachdach	5 bis 15 Jahre
Fassade	
Außenputz auf Mauerwerk	40 bis 50 Jahre
Außenputz auf Wärmedämmverbundsystem	20 Jahre
Außenanstrich Fassade	5 bis 15 Jahre
Klinker, Kalksandstein, Faserzement	mind. 50 Jahre
Holzfassade (naturbelassen, je nach Holzart)	ca. 80 Jahre
Holzfassade (vorvergraut, je nach Holzart)	ca. 80 Jahre
Holzfassade (lackiert)	8 bis 15 Jahre
Fenster und Türen	
Fenster mit Holzrahmen	10 bis 20 Jahre
Fenster mit Holz-Alurahmen	30 bis 50 Jahre
Fenster mit Kunststoffrahmen	40 Jahre
Rollladen	10 bis 20 Jahre
Außentüren	30 bis 50 Jahre
Innentüren	30 Jahre
Haustechnik	
Heizung	15 bis 30 Jahre
Photovoltaik	10 bis 15 Jahre
Elektroinstallation	30 bis 50 Jahre
Innenraum	
Bäder	20 bis 30 Jahre
Bodenbelag (Vinyl und Laminat)	10 bis 15 Jahre
Bodenbelag (Fertigparkett)	25 bis 35 Jahre
Bodenbelag (Massivholzparkett)	mind. 80 Jahre
Wandfarbe oder Tapete Innenwände	5 bis 15 Jahre
Fliesen	30 bis 50 Jahre
Außenanlagen	
Plattenbeläge außen	15 bis 30 Jahre

„BERATUNG SPART BAUKOSTEN."

Bauverträge sind für Laien oft schwer zu durchschauen. Ulrike Gantert, Rechtsanwältin und Fachanwältin für Bau- und Architektenrecht, informiert im Interview über typische Kostenfallen.

Welche typischen Fehler machen Bauherren bei Vertragsabschlüssen?

Häufig erlebe ich, dass Bauherren Standardverträge unterschreiben, die ihre Vertragspartner ihnen vorlegen. Dass es sich hierbei in der Regel um Verträge handelt, die die Interessen des Vertragspartners mehr im Blick haben als die des Bauherrn, liegt auf der Hand. Gleichwohl scheuen sich viele Bauherren, einen Anwalt einzubinden. Ein Profi kann einen Vertragsentwurf normalerweise innerhalb von ein bis zwei Stunden prüfen und den Bauherrn auf etwaige Fallstricke hinweisen.

Können Vertragsklauseln schlechter sein als die gesetzlichen Regelungen?

Ja, das kann durchaus der Fall sein. Von einer Vertragspartei vorformulierte Vertragsklauseln benachteiligen oftmals die andere Vertragspartei und stellen sie schlechter, als sie nach den einschlägigen gesetzlichen Regelungen stehen würde. Wird die andere Vertragspartei durch eine Vertragsklausel unangemessen benachteiligt, ist diese unwirksam. Ein Beispiel: Es wird eine vierjährige Frist für die Verjährung von Mängelrechten vereinbart, obwohl die gesetzliche Frist fünf Jahre beträgt.

Worauf ist bei Verträgen mit Fertighausanbietern und Bauträgern zu achten?

Ich kann nur empfehlen, dass man die Baubeschreibung kritisch prüft und sich dabei am besten von einem Fachmann beraten lässt. Denn in einer Baubeschreibung wird vereinbart, welche Bauleistungen der Vertragspartner zu erbringen hat, ob er zum Beispiel mit Ziegeln oder Beton baut, welche Fliesen, Böden und Armaturen er verwendet und welche Heizung (etwa ein Blockheizkraftwerk) er einbaut. Aus juristischer Sicht ist der gesamte Vertrag mit allen seinen Anlagen (zum Beispiel Bezugsurkunden, Teilungserklärung und Gemeinschaftsordnung) im Detail zu prüfen. Da man als juristischer Laie damit völlig überfordert ist, sollte man einen spezialisierten Anwalt hinzuziehen oder den beurkundenden Notar im Vorfeld der Unterzeichnung um Erläuterung bitten. Meinen Klienten sage ich immer wieder, dass man nur unterschreiben sollte, was man auch wirklich verstanden hat. Das gilt natürlich nicht nur für Verträge mit Fertighausanbietern und Bauträgern, sondern für alle Verträge, die mit dem Bauen zu tun haben.

Welche Risiken und Kostenfallen können bei Bauträgerverträgen lauern?

Ein Bauträgervertrag muss notariell beurkundet werden, weil es sich dabei auch um ein Grundstücksgeschäft handelt: Der Bauträger bietet ein Grundstück an und verpflichtet sich, darauf ein Gebäude zu errichten. Der Preis steht von vorneherein fest, sodass sich der Käufer um nichts kümmern muss. Dennoch trägt man als Käufer auch beim Bauträgervertrag gewisse Risiken. Ein Bauträger darf beispielsweise Gelder nur vereinnahmen, wenn er dem Käufer im Gegenzug Sicherheit in ausreichender Höhe bietet (typischerweise eine Bürgschaft der den Bau finanzierenden Bank), damit dieser im Fall einer etwaigen Insolvenz des Bauträgers abgesichert ist.

Was sind typische Kostenfallen bei Kaufverträgen mit Fertighausanbietern?

Eine typische Kostenfalle ergibt sich aus dem Widerruf von Kaufverträgen. Es kommen immer wieder Mandanten zu uns, die ein Grundstück besitzen und auf einer Messe oder in einem Bauzentrum einen Fertighausvertrag abgeschlossen haben. Bei einem solchen Vertrag handelt es sich um einen sogenannten Verbraucherbauvertrag, welcher grundsätzlich widerruflich ist, wenn er nicht notariell beurkundet wurde. Hierin steckt aber ein nicht unerhebliches Risiko für den privaten Bauherrn. Denn sobald mit dem Bau begonnen wurde, ist ihm mit einem Widerruf des Verbraucherbauvertrags – sofern ein solcher überhaupt noch möglich ist – nicht wirklich geholfen. Der Bauherr hätte zwar dann einen Anspruch gegen den Unternehmer auf Rückzahlung der bereits bezahlten Vergütung, er müsste aber für die auf seinem Grundstück bereits erbrachten Bauleistungen dem Fertighausverkäufer Wertersatz leisten. Dies führt regelmäßig zu Rechtsstreitigkeiten über die Frage, welchen Wertzuwachs das Grundstück durch die teilweise erbrachten Bauleistungen erfahren hat. Dabei spielt es nämlich eine Rolle, ob der Bauherr überhaupt etwas mit den teilweise erbrachten Bauleistungen anfangen kann, insbesondere, ob er eine Firma findet, die das Haus fertigbauen kann.

Welche Zusatzkosten können beim Kauf eines Fertighauses entstehen?

Wer einen Fertighausvertrag abgeschlossen hat, muss sich selbst um die Baugenehmigung kümmern. Da nur ein vorlageberechtigter Fachmann eine Baugenehmigung beantragen kann, entstehen dafür weitere Kosten.

Welche Probleme können bei Bauverträgen mit Unternehmen auftreten?

Ein Problem, mit dem wir häufig zu tun haben: Private Bauherren wissen oft nicht, dass für die Wirksamkeit eines Bauvertrags – anders als bei einem Kaufvertrag – eine Vereinbarung über die Vergütung des Bauunternehmers nicht erforderlich ist, sondern dass eine Vergütung als stillschweigend vereinbart gilt, sofern Einigkeit über die zu erbringenden Bauleistungen besteht. Der Bauunternehmer kann in einem solchen Fall die übliche Vergütung verlangen. Der Streit darüber, welche Vergütung im konkreten Einzelfall üblich ist, ist in diesen Fällen dann vorprogrammiert.

Wie geht man mit Änderungsvorbehalten um?

Die Vereinbarung von Änderungsvorbehalten ist nur in einem kleinen Rahmen zulässig. Häufig behalten sich Baufirmen vor, die Bauleistung ändern zu dürfen, sofern dies gesetzlich oder behördlich angeordnet wird und für den Bauherrn zumutbar ist. Enthält ein Vertrag weitergehende Änderungsvorbehalte, rate ich von einer Unterschrift ab und empfehle, wenn möglich, nachzuverhandeln.

Bei Nachträgen kommt es häufig zum Streit. Was ist zu beachten?

Tatsächlich wird besonders oft über Nachträge gestritten, welche die Baukosten in einzelnen Fällen sogar explosionsartig nach oben treiben können. Zur Verdeutlichung folgendes Beispiel: Für die Errichtung eines Einfamilienhauses schließen Bauherr und Bauunternehmer einen Vertrag mit einem Leistungsverzeichnis, in dem einzeln aufgeführt ist, welche Baustoffe und -materialien für die einzelnen Leistungspositionen voraussichtlich benötigt werden und wie viel das kostet. Im Zuge der Bauausführung stellt sich heraus, dass eine erforderliche Dampfsperre im Leistungsverzeichnis nicht aufgeführt wurde. Die Baufirma wird dies dem Bauherrn mitteilen und von ihm verlangen, dass er sie damit beauftragt, die erforderliche Dampfsperre einzubauen, wofür sie eine Zusatzvergütung verlangen kann. Hierbei handelt es sich um einen Nachtrag. Dies gilt auch dann, wenn die Baufirma selbst das Leistungsverzeichnis erstellt und dabei übersehen hat, dass eine Dampfsperre erforderlich ist.

Kann ein Bauherr das Nachtragsrisiko ausschließen?

Will ein Bauherr das Nachtragsrisiko vertraglich ausschließen, muss er einen sogenannten Globalpauschalvertrag abschließen. Danach wird ein Pauschalpreis für sämtliche zu erbringenden Leistungen vereinbart. Der Bauherr hat also Kostensicherheit. Allerdings wird ein vorsichtiger Unternehmer das Risiko etwa erforderlicher, nicht kalkulierter Zusatzleistungen in den Pauschalpreis einkalkulieren.

Können Bauherren auch bei Bauträgern Sonderwünsche anmelden?

Sonderwünsche bergen immer ein finanzielles Risiko. Ein Bauträger kann den Preis leicht hochschrauben, wenn der Käufer nach Vertragsschluss Sonderwünsche anbringt. Ich empfehle immer, dass man seine Sonderwünsche – und ihren Preis – gleich im Bauträgervertrag regelt. Bauträger sind vor Vertragsunterzeichnung oftmals offen für Sonderwünsche und bieten diese mitunter günstig an, weil sie verkaufen wollen.

Wie bemisst sich das Architektenhonorar?

Für das Honorar ist die Honorarordnung für Architekten- und Ingenieurleistungen (HOAI) einschlägig. Die aktuelle Fassung 2013 trat erst zum 1. Januar 2021 in Kraft. Das Architektenhonorar richtet sich nach der Vereinbarung, die die Vertragsparteien in Textform, zum Beispiel schriftlich oder per E-Mail, treffen. Sofern keine Vereinbarung über die Höhe des Honorars in Textform getroffen wurde, gilt für die sogenannten Grundleistungen der jeweilige Basishonorarsatz als vereinbart, der sich bei der Anwendung der HOAI ergibt.

Kann man auch ein niedrigeres als das in der HOAI vorgesehene Honorar aushandeln?

Ja, das ist möglich. Bietet der Architekt seine Leistungen günstiger an, sollte man allerdings darauf achten, dass dies in Textform vereinbart wird. Zu beachten ist in diesem Zusammenhang auch, dass der Architekt den Bauherrn vorab in Textform darauf hinweisen muss, dass ein höheres oder niedrigeres Honorar als die in den Honorartafeln der HOAI enthaltenen Werte vereinbart werden kann. Ich kann also jedem privaten Bauherrn nur empfehlen, intensiv mit dem Architekten über das Architektenhonorar zu verhandeln und die Honorarvereinbarung in Textform niederzulegen. Mündliche Absprachen reichen – ganz abgesehen davon, dass man sie meist nicht beweisen kann – nicht.

Muss ein Architekt den vorgesehenen Kostenrahmen genau einhalten?

Architekten sind grundsätzlich verpflichtet, den Bauherrn nach seinem Kostenrahmen zu fragen und diesen bei der Planung im Blick zu behalten. Gleichwohl kommt es häufig zu (mitunter erheblichen) Erhöhungen der Baukosten, worüber es dann immer wieder zum Streit kommt. Wer jedoch meint, der Architekt müsste für alle Mehrkosten geradestehen, liegt falsch. Denn in der Regel entsteht dem Bauherrn kein oder nur ein geringer Schaden, da höhere Baukosten sich in der Regel im Wert der Immobilie niederschlagen. Bauherren wären abgesichert, wenn der Architekt eine sogenannte Bausummengarantie übernehmen würde. Dies kommt aber in der Praxis nicht vor, da das Risiko für die Planer viel zu hoch wäre.

Welche Punkte sollte man in einem Architektenvertrag verankern?

Ganz wichtig ist eine detaillierte Beschreibung dessen, was der Architekt planen soll, insbesondere, welche Wünsche an die Raumnutzung, die Raumaufteilung und den Standard der Ausführung man hat. Wer das am Anfang noch nicht weiß, muss sich hierüber mit dem Architekten abstimmen. Architekten sind verpflichtet, in einem solchen Fall eine sogenannte Planungsgrundlage (nebst Kostenaufstellung) zu entwerfen. Genauso wichtig ist, das Budget zu regeln. Denn der Architekt muss wissen, wie viel der Bauherr ausgeben kann, und sich bei seiner Planung an den vereinbarten Kostenrahmen halten. Auch Regelungen zum zeitlichen Ablauf sollten aufgenommen werden. Um keine Fehler zu machen, sollte man einen spezialisierten Anwalt hinzuziehen.

RICHTIG FINANZIEREN

Um bei der Finanzierung Kosten zu sparen, kommt es vor allem auf einen möglichst günstigen Zinssatz an. Wer verschiedene Angebote einholt und sorgfältig vergleicht, kann viele Tausend Euro sparen. Bauherrinnen und Bauherren sollten sich so früh wie möglich überlegen, was sie sich leisten können.

Finanzierungsplan aufstellen

Bevor Sie ein Darlehen beantragen, sollten Sie einen Finanzierungsplan aufstellen. Um zu ermitteln, was Sie sich leisten können, sollten Sie sich als erstes überlegen, bis wann Sie den Kredit getilgt haben möchten. Je niedriger der Zinssatz sein soll, desto höher muss der anfängliche Tilgungssatz sein. Prüfen Sie als nächstes, wie viel Sie monatlich abbezahlen können. Gehen Sie dabei nicht nur von Ihrer bisherigen Miete aus, sondern kalkulieren Sie auch Nebenkosten und Instandhaltungskosten mit ein! Aus diesen beiden Faktoren ergibt sich die maximal mögliche Kreditsumme. Zu dieser addieren Sie das verfügbare Eigenkapital.

Ihr Eigenkapital sollte für eine solide Finanzierung etwa 30 Prozent der benötigten Darlehenssumme betragen. Das verfügbare Kapital kann sich dabei aus verschiedenen Posten zusammensetzen. Nicht nur Bargeld, Konto- und Sparguthaben, sondern auch Wertpapiere, bezahlte Grundstücke und Lebensversicherungen können zu Ihrem Eigenkapital beitragen. Eigenleistungen, die sogenannte Muskelhypothek, können beim Kreditantrag ebenfalls in einer gewissen Höhe als Eigenkapital angerechnet werden. Dabei sollten Sie sich jedoch nicht überschätzen (siehe Seite 37 ff.).

Auch Fördermittel können helfen: Wenn Ihr Bauvorhaben zum Beispiel einem der KfW-Standards genügt und somit von der KfW-Bank gefördert wird, behandeln manche Banken diese Förderung wie Eigenkapital.

Von Ihren verfügbaren Mitteln müssen Sie die Nebenkosten für den Grundstückserwerb abziehen, denn Grunderwerbssteuer, Grundbucheintrag und Notar, Maklerprovision und Erschließung des Grundstücks können nicht mit einem Darlehen bedient werden.

Aus der maximal möglichen Kreditsumme plus Eigenkapital minus Nebenkosten ergibt sich, wie viel Ihr Haus kosten darf. Hilfe bietet der kostenlose Rechner „So teuer darf Ihr Haus werden" unter test.de/rechner-baufinanzierung.

Welches Darlehen ist das richtige?

Baudarlehen können Sie bei Banken, Sparkassen, Bausparkassen und bei Versicherungen beantragen. Manche Anbieter bieten kürzere Laufzeiten an, andere längere. Beide Varianten können für Sie von Vorteil sein. Überlegen Sie sich im Vorfeld genau, was Ihnen bei der Finanzierung wichtig ist. Eine lange Zinsbindung bietet Ihnen sichere Planbarkeit. Falls Sie zum Beispiel in absehbarer Zeit eine Erbschaft erwarten, könnte die Möglichkeit der Sondertilgung interessant sein. Vergleichen Sie sorgfältig die jeweiligen Konditionen und prüfen Sie die Kreditverträge genau. Über die Laufzeit des Kredits können Sie damit Tausende Euro Zinsen sparen!

Unter test.de/hypothekenzinsen finden Bauherrinnen und Bauherren einen monatlich aktualisierten Vergleich der Zinskonditionen von über 70 Anbietern, mit dem sich die günstigsten Banken und Vermittler leicht herausfinden lassen. Der Vergleich beruht auf einem Modellfall mit möglichst durchschnittlicher Finanzierung. Doch häufig weicht die eigene Finanzierung vom Durchschnitt ab: Faktoren, die die Höhe des Zinses beeinflussen, sind zum Beispiel die Höhe der Kreditsumme, die Länge der Zinsbindung und die Höhe des Tilgungssatzes. Je nachdem, ob Sie Ihr Darlehen mit einer hohen

Rate schnell tilgen wollen, die Rate bei Bedarf flexibel senken oder erhöhen möchten oder ob Ihr Eigenkapital nur für die Nebenkosten reicht und Sie die Kaufkosten zu 100 Prozent über den Kredit finanzieren müssen, sind große Zinsunterschiede möglich. Laut einer Untersuchung von Finanztest im Januar 2021, die Angebote von 89 Anbietern berücksichtigte, war die 100-Prozent-Finanzierung mit im Schnitt 1,69 Prozent Zins die teuerste Variante. Wie stark die Angebote der einzelnen Anbieter variieren können, wurde ebenfalls deutlich: Die günstigste 100-Prozent-Finanzierung im Vergleich kostete 1,08 Prozent Zins, die teuerste 2,48 Prozent – über 20 Jahre gerechnet ergibt das bei einer Kreditsumme von 300 000 Euro einen Unterschied von knapp 66 500 Euro! Je höher die Kreditsumme, umso mehr wirken sich diese Zinsunterschiede aus.

Das für ein Bauprojekt klassische Darlehen ist das sogenannte Annuitätendarlehen. Dabei bleibt die Rückzahlungsrate über die gesamte Laufzeit gleich. Die Rate setzt sich aus einem Zins- und einem Tilgungsanteil zusammen, wobei im Verlauf der Rückzahlung der Tilgungsanteil immer größer wird, während der Zinsanteil abnimmt. Der Vorteil eines solchen Darlehens kann darin liegen, dass es während der Zinsfestschreibungszeit unabhängig von marktbedingten Zinsschwankungen ist.

Eine spezielle Form des Annuitätendarlehens ist das Volltilgerdarlehen, bei dem die Zinsfestschreibungszeit der Darlehenslaufzeit entspricht; damit können sich Kreditnehmer einen niedrigen Zinssatz bis zum Ende der Laufzeit sichern. Eine Anschlussfinanzierung, die bei steigenden Zinsen möglicherweise zu schlechteren Konditionen abgeschlossen werden müsste, wird damit unnötig. Kredite mit langer Zinsbindung kosten zwar etwas mehr als solche mit kurzer Zinsbindung – im April 2021 waren es etwa 0,5 Prozentpunkte Unterschied. Doch das kann sich lohnen, um teure Anschlusskredite zu vermeiden. Andererseits besteht dadurch ein relativ starrer Rahmen für die Höhe der Tilgung. Während der ersten zehn Jahre der Laufzeit sind Sondertilgungen oft nur bis zu einer Grenze von fünf Prozent kostenlos, Ratenwechsel nicht ohne weiteres möglich. Zudem sind für solche Darlehen oft schnelle Tilgung und hohe Raten erforderlich.

Mehr Flexibilität erhalten Sie, wenn Sie mit Ihrem Darlehensgeber Sondertilgungsrechte oder einen Tilgungssatzwechsel während der Laufzeit vereinbaren. Damit sind Sie auch auf unerwartete Lebensereignisse besser vorbereitet, die Ihren Finanzierungsplan durcheinanderbringen könnten. Häufig gilt zudem, dass der Kredit nicht vor Ende der Zinsbindung getilgt werden darf. Auch der ursprünglich vereinbarte Tilgungssatz darf nicht unterschritten werden. Je nach Bank gibt es unterschiedliche Konditionen für Annuitätendarlehen, und nicht jede Bank lässt sich auf eine lange Zinsbindung von zum Beispiel 25 oder 30 Jahren ein.

Wenn Sie das beantragte Darlehen nicht sofort abrufen möchten, sondern etwa wegen Bauverzögerungen erst später, profitieren Sie von der bereitstellungszinsfreien Zeit, die auf jeden Fall ein Jahr betragen sollte. Dann wird eine Gebühr auf nicht abgerufenes, aber bereitgestelltes Geld erst nach Ablauf eines Jahres fällig. Die bereitstellungszinsfreie Zeit wird ab Darlehensvertragsschluss berechnet. Erkundigen Sie sich bei verschiedenen Kreditinstituten nach den jeweiligen Konditionen.

Sondertilgung und Vollfinanzierung

Wenn Sie vorzeitig einen Betrag außerhalb der vereinbarten monatlichen Rate tilgen möchten, besteht die Möglichkeit eines Sondertilgungsrechts. Allerdings sollten Sie genau prüfen, ob Sie das Sondertilgungsrecht auch wirklich benötigen, zum Beispiel, weil Sie einen höheren Geldbetrag in Aussicht haben. Die Option des Sondertilgungsrechts geht bei einigen Darlehensgebern mit einem höheren Zinssatz einher. Fragen Sie auf jeden Fall beim Anbieter nach, welche Optionen im Vertrag enthalten sind und welche Extrakosten verursachen.

Bauwillige, die über wenig Eigenkapital verfügen, können bei den meisten Kreditinstituten unter bestimmten Voraussetzungen auch 100 Prozent des Immobilienpreises finanzieren. Doch das lassen sich die Kreditgeber mit teuren Zinsen bezahlen. Erkundigen Sie sich auf jeden Fall beim Kreditanbieter, wie hoch der Eigenkapitalanteil sein müsste, um einen günstigeren Zinssatz zu bekommen. Oft reichen einige Tausend Euro.

Die Voraussetzung für eine Vollfinanzierung ist ein absolut sicheres und gutes Einkommen. Ein anfänglicher Tilgungssatz von 3 oder 4 Prozent ist ratsam, um das Darlehen in absehbarer Zeit abzahlen zu können.

Wie komme ich zum besten Kredit?

Welcher Kreditanbieter die besten Konditionen bietet, ist sehr stark von den Voraussetzungen des jeweiligen Bauprojekts und den Möglichkeiten der Bauherrschaft abhängig. Eine Rolle spielen zum Beispiel das vorhandene Eigenkapital, die Höhe des Darlehens und die Immobilie selbst. Zudem können sich die Konditionen der Anbieter von einem auf den anderen Tag ändern. Pauschale Empfehlungen sind aus diesem Grund nicht möglich.

Sogenannte Kreditvermittler, die mit vielen Banken zusammenarbeiten, können Bauherrinnen und Bauherren dabei helfen, das passende Angebot herauszufiltern. Auch viele Banken vermitteln statt eigener Kredite Darlehen fremder Anbieter.

Dennoch sollten Sie sich bei der Suche nach der passenden Finanzierung nicht nur auf Kreditvermittler verlassen, denn gerade regionale Banken haben die Vermittler oft nicht im Fokus, obwohl diese in den Untersuchungen von Finanztest oft die besten Angebote haben. Wichtig ist auf jeden Fall, dass Sie bei der Einholung von Vergleichsangeboten streng darauf achten, dass die Vorgaben, also Kreditsumme, Zinsbindung und Monatsrate, dieselben sind. Über diese Konditionen sollten Sie sich vorher klar geworden sein.

Um ein aussagekräftiges Bild zu bekommen, sollten Bauherrinnen und Bauherren mindestens drei verschiedene Angebote einholen, mindestens eines davon sollte von einem Kreditvermittler stammen. Beim Vergleich der Angebote ist – bei gleicher Zinsbindungsfrist – der Effektivzins der maßgebliche Wert. Sind der Auszahlungsbetrag und die Monatsrate identisch, ist auch die Höhe der Restschuld aussagekräftig.

Unter test.de/thema/immobilienkredite finden Sie weitere, ausführliche Informationen.

Bauförderung

Der Erwerb eines selbst genutzten Eigenheims wird auf verschiedenen Ebenen finanziell gefördert, wobei sich die Konditionen zum Teil stark unterscheiden. Um die Förderungsmöglichkeiten optimal ausschöpfen zu können, sollten Sie sich am besten fachlich beraten lassen. Unter test.de/thema/eigenheimfoerderung finden Sie detaillierte Informationen zu den Fördermöglichkeiten, auch die KfW-Bank gibt im Internet Auskunft (kfw.de). Hier ein Überblick über die wichtigsten derzeit zur Verfügung stehenden Fördertöpfe.

- **EIGENHEIMRENTE („WOHNRIESTER")**
  Der Staat unterstützt den Erwerb eines Eigenheims, indem das Guthaben aus der Altersvorsorgezulage (Riester-Vertrag) als Eigenkapital für selbst genutzten Wohnraum, zum Tilgen eines Wohndarlehens oder zum Entschulden einer selbst genutzten Immobilie verwendet werden darf.
- **KFW-FÖRDERUNG**
  Wenn Ihr Wohnhaus, ob gekauft oder neu gebaut, besonders energiesparend ist und einen der KfW-Standards erfüllt, gewährt die KfW-Bank Zuschüsse und zinsgünstige Kredite. Informationen unter kfw.de.
- **EIGENHEIMFÖRDERUNG DER LÄNDER UND KOMMUNEN**
  Je nach Bundesland gewähren manche Förderbanken Zuschüsse und zinsgünstige Darlehen. Auch manche Kommunen vergeben solche Fördermittel, um den Zuzug in ihre Region zu fördern.
- **FÖRDERMITTEL DER KIRCHEN**
  Die evangelische und die katholische Kirche unterstützen häufig den Bau eines Eigenheims finanziell, meist in Form eines günstigen Grundstücks, das zum Beispiel in Erbpacht vergeben wird.
- **ARBEITGEBERDARLEHEN**
  Manche Unternehmen gewähren ihren Mitarbeitern für den Bau oder Kauf eines Eigenheims zinsgünstige Darlehen.
- **BAUKINDERGELD**
  Für bis zum 31. März 2021 erteilte Baugenehmigungen oder unterschriebene Kaufverträge kann noch bis zum 31. Dezember 2023 Baukindergeld beantragt werden.

GRUNDSTÜCK PRÜFEN

Einer der wichtigsten Aspekte bei der Wahl eines geeigneten Baugrundstücks ist, welche Art von Gebäude in welcher Form auf dem Grundstück gebaut werden darf. Die baurechtlichen Vorgaben können je nach Bundesland variieren und sind in den Flächennutzungsplänen und Bebauungsplänen der Kommunen festgehalten. Dort können etwa die Art der Bebauung, die Baugrenzen, der Abstand zur Straße, die erlaubte Stockwerksanzahl, aber auch die Traufhöhe und manchmal die Dachform verbindlich vorgegeben sein. Es ist ratsam, vor dem Grundstückskauf eine Architektin oder einen Architekten einzubinden. Sie können den Bebauungsplan erläutern und bei Fragen oder bestimmten Wünschen unkompliziert bei der Bauaufsichtsbehörde anfragen. Das ist deutlich kostengünstiger, als eine formelle Bauvoranfrage zu stellen.

Kostenrelevant sind neben Lage, Art und Größe des Grundstücks auch die Bodenbeschaffenheit, die Orientierung des Grundstücks zu den Himmelsrichtungen und die in der Nähe vorhandene Infrastruktur. Sehr wichtig ist die Erschließung: Ist das Grundstück zum Beispiel an eine Straße angebunden? Existieren Anschlüsse für Versorgungsleitungen für Strom, Gas, Trinkwasser, Telefon und öffentliche Kanalisation? Ist das Grundstück nicht voll erschlossen, können auf Sie als Bauherr oder Bauherrin je nach Bodenverhältnissen und Entfernung zu den öffentlichen Versorgungsleitungen Kosten von mehreren Tausend Euro zukommen.

Eine Möglichkeit, beim Grundstück zunächst Kosten zu sparen, besteht in der sogenannten Erbpacht. Dabei kauft man das Grundstück nicht, sondern pachtet es. Zwar spart man sich dann den Kaufpreis für ein Grundstück, muss jedoch regelmäßig an den Grundstückseigentümer Erbbauzins bezahlen, dessen Höhe meist 3 bis 6 Prozent des Grundstückswerts pro Jahr beträgt. Die Dauer eines Erbpachtvertrags liegt in der Regel bei bis zu 99 Jahren. Danach geht das Haus in das Eigentum des Erbpachtgebers über, der dafür jedoch mindestens zwei Drittel des dann aktuellen Gebäudewerts als Entschädigung an den Hauseigentümer zahlen muss. Beide Parteien können aber auch den Vertrag um weitere 99 Jahre verlängern.

Baugrund und Bodenbeschaffenheit

Von der Bodenbeschaffenheit hängt unter anderem ab, wie aufwendig der Erdaushub und wie teuer die Gründung des Gebäudes wird. Felsiger Grund zum Beispiel erschwert das Ausheben des Erdreichs, sodass für das dann benötigte schwere Gerät entsprechend hohe Kosten anfallen. Zu weicher Boden dagegen erfordert aufwendige Maßnahmen, um die Lasten des Gebäudes sicher und gleichmäßig zu verteilen, und ein hoher Grundwasserstand kann einen Keller entweder unmöglich machen oder wegen der dann notwendigen Drainagen und Abdichtungen deutlich verteuern.

Vor dem Erdaushub sollten Sie daher immer ein Bodengutachten in Auftrag geben. Dies ist auch noch aus einem anderen Grund wichtig: Veränderungen im Baugrund können zu Setzungsrissen führen, die dann größte Bauschäden zur Folge haben.

Besteht der Verdacht auf eine Belastung des Erdreichs mit Schadstoffen oder anderen Verunreinigungen, zu denen übrigens häufig auch Äste und Wurzeln zählen, ist ein erweitertes Gutachten sinnvoll, das über eventuelle Altlasten Auskunft gibt. Ist das Erdreich mit Chemikalien belastet, gilt es als Sondermüll, was hohe Kosten für eine fachgerechte Entsorgung zur Folge hat. Für diese Entsorgung sind Sie nach dem Kauf als Bauherr oder Bauherrin verantwortlich. Je nach Qualität und Umfang kostet ein einfaches geologisches Bodengutachten zwischen 500 und 1 000 Euro, ein erweitertes Gutachten mit chemischer Analyse bis zu 4 000 Euro. Diese im Vergleich zur Bausumme relativ geringe Investition kann vor hohen Folgekosten bewahren. Erste Informationen zu regionalen Baugrundeigenschaften können Umwelt- und Bauämter liefern.

Was bedeutet die Bodenklasse für die Kosten?

Die Tragfähigkeit eines Bodens bemisst sich nach der zulässigen Belastung in Gewicht pro Fläche (kN/m^2), die er aufnehmen kann. Gewachsener Boden kann am besten die Last eines Gebäudes aufnehmen und ableiten. Lassen Sie Bodenproben entnehmen, um sicherzugehen, dass es sich weder um angefüllten noch um sumpfigen Boden handelt. In beiden Fällen müssten dann nämlich größere und somit teurere Fundamente die Lasten abtragen.

BODENKLASSE PRÜFEN!

Falls im Kaufvertrag mit einem Fertighausanbieter auch die Kosten für Erdaushub und Gründung enthalten sind, dann achten Sie darauf, dass dafür die tatsächliche Bodenklasse des Grundstücks (und nicht die für einen Erdaushub kostengünstigste Bodenklasse 3) und die tatsächlich benötigte Tiefe des Aushubs berücksichtigt werden, damit Sie nicht von unerwarteten Zusatzkosten überrascht werden. Ein Baugrundgutachten gibt Gewissheit über die Bodenklasse, und auch den Vertrag eines schlüsselfertigen Anbieters sollten Sie im Zweifel von einem Sachverständigen prüfen lassen.

Böden sind nach DIN 18300 in die Klassen 1 bis 7 eingeteilt. Bodenklasse 1 bezeichnet zum Beispiel den Oberboden, auch Mutterboden genannt, der sehr kostbar ist, Bodenklasse 2 steht für flüssigen bis zähflüssigen Boden, wobei es sich dabei auch um einen Boden in einem Überschwemmungsgebiet oder in einem Gebiet mit hohem Grundwasserstand handeln kann. Bodenklasse 3 klassifiziert eher sandige, leicht lösbare Böden, und Bodenklasse 7 steht für felsigen Untergrund. Tragfähiges und zugleich gut auszuhebendes Erdreich hat die Bodenklassen 4 und 5. Für ein Gebäude mit Keller und einer Grundfläche von 80 Quadratmetern fallen etwa 400 Kubikmeter auszuhebendes Erdreich an, was für die Bodenklassen 3 bis 5 je nach Region etwa zwischen 30 und 40 Euro pro Kubikmeter kosten kann.

Beim Erdaushub sparen

Wenn die Baugrube ausgehoben wird, entstehen Kosten für die Zwischenlagerung und den Abtransport des Erdreichs. Für einen sauberen Boden verlangen Deponien 8 bis 12 Euro pro Kubikmeter. Allerdings sind viele Deponien bereits an ihrer Kapazitätsgrenze, sodass der Erdaushub unter Umständen über lange Strecken transportiert werden muss.

Eine gute Möglichkeit, Kosten zu sparen, ist es, den Erdaushub ganz oder teilweise selbst zu verwenden. Sie können zum Beispiel Hügel oder Böschungen aufschütten, um Ihren Garten abwechslungsreich zu gestalten. Eine andere Möglichkeit ist es, den Mutterboden, also die oberste, sehr nährstoffreiche Humusschicht, vom übrigen Erdaushub zu trennen und dann entweder selbst zu verwenden oder zu verschenken. Manche Kommunen und manche Gartencenter nehmen den Mutterboden kostenlos ab. Beim Verkauf an private Interessenten lässt sich mitunter sogar noch etwas verdienen, die Preise liegen in der Größenordnung von rund 7 Euro pro Kubikmeter.

Den Mutterboden kann man bei speziellen Börsen (zum Beispiel bodenboerse.info) anbieten. Auch ein Anruf bei der Abfallberatung kann weiterhelfen.

Falls der Aushub nicht sofort abtransportiert wird, müssen Sie überlegen, wie und wo auf Ihrem Grundstück Sie ihn lagern. Gerade auf kleinen Grundstücken kann unter Umständen der Platz dafür fehlen.

Lässt sich mit „schwierigen" Grundstücken sparen?

Die Anforderungen an ein Grundstück sind je nach Haustyp verschieden. Für ein freistehendes Einfamilienhaus zum Beispiel sollte ein Grundstück nach Möglichkeit mindestens 400 Quadratmeter groß sein. Idealerweise ist ein derartiges Grundstück mindestens 15 Meter breit. Aber auch auf schmaleren Grundstücken lässt sich bauen, wenngleich dann häufig kreative Lösungen gefordert sind.

Ein ebenes und annähernd quadratisches Grundstück eignet sich zweifellos zum Bebauen am besten. Aber solche Grundstücke sind eben auch sehr gefragt. Warum nicht Restgrundstücke, Baulücken und Hanggrundstücke in Betracht ziehen? Grundstücke mit ungewöhnlichem oder schwierigem Zuschnitt kosten meist deutlich weniger, können sich jedoch durchaus für Ihr Bauprojekt eignen. Grundstücke mit Altbestand zum Abreißen können ebenfalls kostengünstig sein, auch wenn der Abriss dann Zusatzkosten verursacht. Wenn zum Beispiel eine Erbengemeinschaft ein zusammenhängendes Baugrundstück in kleinere Einheiten aufteilt, können dabei günstige Grundstücke frei werden, vor allem, wenn sie hinter einem anderen Grundstück und nicht direkt an der Straße liegen: sogenannte Hammer- oder Hinterliegergrundstücke. Diese sind häufig preiswerter als Grundstücke in erster Reihe, da sie oft nur über eine schmale Zufahrt erreichbar sind.

Haben Sie ein solches Grundstück im Auge, sollten Sie darauf achten, dass die Zufahrt als Rettungsgasse geeignet ist. Dafür muss sie geradlinig und in der Regel mindestens drei Meter breit sein. Ist der Einfahrtsbereich beispielsweise durch Nachbarzäune oder Mauern beengt oder die Straße schmal, kann es schwierig sein, mit dem Pkw in die Durchfahrt einzubiegen. Für Baufahrzeuge könnte die Zufahrt gar nicht nutzbar sein, was die Baustelle erheblich verteuern würde.

Vorsicht geboten ist bei günstig angebotenen Hanggrundstücken. Denn auch wenn das Grundstück selbst günstig ist: Das Bauen am Hang ist rund 15 Prozent teurer als auf ebenen Grundstücken. Dafür gibt es mehrere Gründe: Die Erschließung eines Hanggrundstücks und die Einrichtung der Baustelle sind häufig aufwendiger, die Grundrissplanung ist komplizierter, das Verlegen von Leitungen schwieriger. Je nach Bodenbeschaffenheit können besondere Maßnahmen zum Schutz gegen Hangwasser und Feuchtigkeit oder sogar der Bau einer Stützmauer erforderlich sein. Daher ist ein Bodengutachten bei Hanggrundstücken besonders wichtig. Deutlich höhere Kosten entstehen auch beim Anlegen der Außenanlagen.

Nicht alle Hanglagen sind günstig für ein Wohnhaus. Wenn zum Beispiel die Erschließung von Süden erfolgt und die Wohnräume nach Norden weisen oder wenn das Hanggrundstück von der Straße aus ansteigt, stellen Erschließung, Grundrissentwurf und Anordnung der Terrasse eine besondere Herausforderung dar. Erfahrene Architekten können aber auch mit diesen Randbedingungen sehr gute Lösungen erarbeiten.

Soll ein Haus am Hang auf allen Ebenen barrierefrei gestaltet sein, stellt das eine Schwierigkeit dar, die mit besonders hohen Kosten einhergehen kann, zum Beispiel durch den Einbau eines Aufzugs. Zu prüfen wäre auch, ob die Aussicht künftig durch Nachbarhäuser oder Gewerbebauten verbaut werden kann. Vorsicht ist also geboten: Ein zunächst preisgünstiges Hanggrundstück kann sich wegen all der genannten Aspekte später als Kostenfalle erweisen.

Immer wenn Sie Kompromisse bei Lage, Größe und Form eines Grundstücks eingehen, können Sie viel Geld sparen. Ist das Grundstück allerdings deswegen preiswert, weil es

Bewertung des Grundstücks

- Hat das geplante Gebäude baurechtlich gesehen Platz auf dem Grundstück?
- Ist das Grundstück bereits voll erschlossen?
- Wie ist das Grundstück zu den Himmelsrichtungen orientiert?
- Ist das Grundstück durch hohe Bäume oder Nachbarhäuser stark verschattet?
- Was gibt der Bebauungsplan vor?
- Wie sieht die vorhandene Infrastruktur aus (ÖPNV, Schulen, Läden ...)?
- Gib es akustische, optische oder andere Störfaktoren?
- Wie ist der Baugrund beschaffen?
- Gibt es Wegerechte über das Grundstück für Nachbarn oder andere Nutzer?
- Wie ist die städtebauliche und infrastrukturelle Planung in der näheren Umgebung?

an einer stark befahrenen Straße liegt, müssen Sie abwägen, ob Ihnen dieser Nachteil den Kostenvorteil wert ist. Zögern sollten Sie bei Grundstücken, die schon länger im Angebot und dazu preisgünstig sind, denn sie können unangenehme Überraschungen bereithalten. Hier empfiehlt es sich, vor dem Kauf einen Gutachter hinzuzuziehen.

Zu viele Kompromisse sollten Sie bei der Wahl des Grundstücks nicht eingehen. Ist ein Grundstück deutlich zu klein, zu schattig aufgrund von Nachbarhäusern oder Bäumen, zu laut oder ist es mit anderen Mängeln behaftet, lässt sich das nach dem Hausbau nicht mehr ändern, und die Einschränkungen mindern den Wiederverkaufswert. Sparen Sie beim Grundstück nicht um jeden Preis, sondern eher bei der Ausstattung des Hauses. Auf keinen Fall sollten Sie ein Grundstück übereilt kaufen, nur weil es Ihnen auf den ersten Blick gut gefällt. Am besten und damit am kostensparendsten ist es, immer erst in Ruhe verschiedene Angebote miteinander zu vergleichen.

Wie ist das Grundstück ausgerichtet?

Die Orientierung eines Grundstücks zu den Himmelsrichtungen spielt für die Kosten beim Bebauen in mehrfacher Hinsicht eine Rolle. Eine Nord-Süd-Ausrichtung ist ideal, wenn die Straße im Norden liegt und die Erschließung von dort erfolgt, denn dann ist der zu befestigende Zugang zum Haus meist kurz, wie auch die Verbindung vom Haus bis zum Anschluss an die öffentlichen Versorgungsleitungen. Ein weiterer Kostenvorteil ist dann, dass auf der von der Straße abgewandten und blickgeschützten Südseite über große Fenster passiv Sonnenenergie gewonnen werden kann. Dieser Idealzustand ist natürlich nicht immer gegeben.

Doch unabhängig davon, wie groß ein Grundstück ist oder welchen Zuschnitt es hat: Die Kosten für den Zugang zum Haus und für den Anschluss an die Versorgungsleitungen hängen von der Entfernung des Gebäudes zur Straße und zu den öffentlichen Leitungen ab. Wenn zum Beispiel im Süden oder Westen eine laute Straße vorbeiführt, wird man den Garten und die Schlafräume eher zur ruhigen Nord- oder Ostseite hin orientieren und das Haus nahe an die Straße rücken, weil ein Garten dort nicht gut nutzbar wäre. Dann ist zwar der Abstand zu den Versorgungsleitungen kurz, es ist jedoch ein Grundriss gefragt, der trotzdem viel Sonnenlicht ins Haus holt. Handelt es sich bei der Straße um eine ruhige Nebenstraße, können die Wohnräume und der Garten nach vorne zur Sonnenseite hin angeordnet werden, was dann einen größeren Abstand zwischen Gebäude und Straßenanschluss zur Folge hat. Erfolgt der Zugang von Westen, kann zudem ein Wetterschutz über dem Eingang nötig sein, wenn weder Nachbarhäuser noch hohe Bäume Schutz bieten.

Wie wirkt sich die Infrastruktur auf die Kosten aus?

Die Lage des Grundstücks spielt sowohl beim Kaufpreis als auch beim Wiederverkaufswert eine zentrale Rolle, wobei es erhebliche regionale Unterschiede gibt. In aller Regel gilt: je besser die Infrastruktur, je attraktiver das Angebot an Arbeitsplätzen und je höher der Freizeitwert, desto teurer das Grundstück. Wenn Sie sich entscheiden, wegen eines preiswerten Grundstücks aufs Land zu ziehen, müssen Sie dafür mit längeren Wegen zu Arbeitsplatz, Schulen, Läden und Ärzten rechnen. Die dann entstehenden höheren Fahrtkosten, ob mit Auto oder öffentlichen Verkehrsmitteln, sollten Sie in die Gesamtkostenplanung mit einrechnen. Vielleicht brauchen Sie sogar ein zweites Auto? Sind allerdings die Kinder aus dem Haus und Sie selbst überwiegend im Homeoffice tätig, relativieren sich diese Nachteile wieder.

Es lohnt sich, die aktuelle und die zukünftige städtebauliche Entwicklung im Umfeld des Grundstücks im Blick zu haben. Sind Lärmquellen in der Nähe zu erwarten, wie eine geplante Umgehungsstraße, ein lokaler Flughafen oder eine neue Bahntrasse? Befinden sich Industrieanlagen, Gewerbezentren, Deponien oder Schlachthöfe in der Nähe? Führt eine Hochspannungsleitung am Grundstück vorbei? All diese Faktoren können nicht nur das Wohngefühl beeinträchtigen, sondern sich letztlich auch finanziell auswirken, indem sie den Wiederverkaufswert Ihres Grundstücks mindern.

GÜNSTIGE HAUSTYPEN

Ob Sie ein freistehendes Einfamilienhaus, ein Doppelhaus oder ein Reihenhaus planen können, hängt von der Eignung Ihres Grundstücks und dem vorhandenen Bebauungsplan ab. Grundsätzlich gilt: Je dichter ein Grundstück mit Wohneinheiten bebaut wird, zum Beispiel in Form von Reihenhäusern oder Hausgruppen, desto kostengünstiger wird es für den einzelnen Bauherrn. Wer offen für ungewöhnliche Lösungen ist und tatsächlich mit minimaler Wohnfläche auskommt, kann sich auch mit der in letzter Zeit immer häufiger in den Medien auftauchenden Idee eines sogenannten Tiny House, wörtlich „winziges Haus", beschäftigen. Das Konzept, das einem Tiny House zugrunde liegt, ist das Minimieren von Verkehrsflächen und das Überlagern von Flächen für unterschiedliche Nutzungen, die nicht gleichzeitig stattfinden. Dieser Ansatz lässt sich auch gut auf klassische Wohnhäuser übertragen, um dort Wohnfläche und somit Kosten zu sparen.

Freistehendes Einfamilienhaus

Ein freistehendes Einfamilienhaus bietet von allen Haustypen die größten Freiheiten bei der Grundrissplanung, weil alle vier Himmelsrichtungen für die Belichtung mit einbezogen werden können. Das Grundstück sollte mindestens 400 Quadratmeter groß sein, damit die erforderlichen Abstandsflächen zu den Nachbarn eingehalten werden können. Die Baukosten sind im Vergleich zu einem Doppelhaus höher, ebenso die Heizkosten, denn auch bei sehr guter Dämmung geht Energie über die Außenhülle (vier Außenwände plus Dach) verloren. Obwohl das freistehende Einfamilienhaus in aller Regel am meisten Kosten verursacht, lassen sich auch hier durch sorgfältige Planung preiswerte und zugleich individuelle Lösungen finden, für die Sie in diesem Buch Anregungen und Beispiele finden.

Doppelhaus

Doppelhaushälften sind in mehrfacher Hinsicht preisgünstiger als freistehende Einfamilienhäuser. Zum einen fällt mit mindestens 300 Quadratmetern der benötigte Anteil an der Grundstücksfläche kleiner aus als für zwei jeweils freistehende Häuser, zum anderen sind durch die gemeinsame Trennwand der beiden Doppelhaushälften die Wärmeverluste geringer. Doppelhaushälften haben dieselbe Gebäudehöhe, doch sie müssen nicht identisch sein, können auch leicht versetzt angeordnet werden und verschiedene Grundrisse haben. Werden beide Doppelhaushälften in einer Bauherrengemeinschaft gebaut, verteilen sich die Baukosten und die Verantwortungsbereiche auf beide Bauparteien: Zum Beispiel sind dann die Kosten für einen gemeinsamen Architekten oder für die Einrichtung der Baustelle für jeden der beiden Bauherren geringer.

Reihenhaus

Bei mehr als zwei aneinandergereihten Häusern spricht man von Reihenhäusern. Die mittleren Häuser teilen sich jeweils zwei Außenwände, die Eckgebäude nur eine Außenwand. Ein Reihenhaus ist wegen der besonders guten Ausnutzung des Grundstücks die preiswerteste Variante, ein Wohnhaus zu bauen. Außerdem fallen die Energiekosten der mittleren Häuser aufgrund der gemeinsamen Außenwände geringer aus als die von Einzel- oder Doppelhäusern. Die anteilige Grundstücksgröße für ein Reihenhaus liegt bei mindestens 200 Quadratmetern. Da bei Reihenhäusern häufig auch die Grundrisse ähnlich sind, entstehen auch bei der Planung weniger Kosten. Allerdings haben Sie bei der Planung von Reihenhäusern oft weniger gestalterischen Spielraum, und häufig muss man auch bei der Privatsphäre Abstriche machen.

Mehrparteienhaus (Baugemeinschaften)

Wer sich zu einer Baugemeinschaft zusammenschließt, kann die Kosten auf mehrere Schultern verteilen. Bauen in der Gruppe ist für alle beteiligten Bauherren rund 20 Prozent preiswerter als das Bauen auf eigenem Grundstück. Ob ein Mehrparteienhaus geplant ist oder eine kleine Gruppe von Einzel- oder Doppelhäusern: Das Grundstück wird als Ganzes gemeinsam gekauft und nicht anteilig pro Wohnhaus, die Kosten für die Erschließung des Grundstücks, für Architektenleistungen, Handwerker, Baufirmen und weitere Fachleute werden von allen Beteiligten gemeinsam getragen und reduzieren sich daher entsprechend für den Einzelnen. Geld sparen lässt sich auch beim gemeinsamen Einkauf von Materialien und durch das Einrichten einer gemeinsamen Baustelle.

Mit der Gründung einer Baugemeinschaft verpflichten sich alle Mitglieder, das Projekt auch umzusetzen. Aus der Baugemeinschaft auszusteigen kann dann teuer werden, es sei denn, die Gemeinschaft hat für solche unvorhergesehen Fälle finanzielle Polster angelegt, trägt die Kosten mit und verkauft dann zum Beispiel die betreffende Wohneinheit. Wenn die Gemeinschaft nicht zu groß ist, sich regelmäßig trifft und bespricht und eventuelle Missverständnisse konstruktiv klärt, lohnt es sich nicht nur finanziell, gemeinsam zu bauen. Finden sich zueinander passende Mitglieder zusammen, kennt man bereits seine zukünftigen Nachbarinnen und Nachbarn, und es können gute Freundschaften entstehen. Weitere Informationen finden Sie beim Bundesverband Baugemeinschaften e. V. (bv-baugemeinschaften.de).

Tiny Houses

Eine extrem preisgünstige Alternative zum klassischen Wohnhaus ist ein sogenanntes Tiny House, ein Haus im Mini-Format. Ein Tiny House kann zum Beispiel aus einem Transportbehälter, einem alten Bauwagen oder einem gebrauchten, nachträglich gedämmten und mit Fenstern versehenen Seecontainer bestehen oder auch ein eigens gebautes kleines Holzhaus sein. Ursprünglich kommt die Idee zum Tiny House aus den USA, wo diese Art „Wohnbehälter" viel verbreiteter ist als in Deutschland. Hierzulande ist für das Aufstellen eines Tiny House eine Genehmigung vom zuständigen Bauamt erforderlich, unabhängig davon, ob es selbst gebaut oder fertig gekauft ist.

Ein Tiny House bietet in komprimierter Form alles, was zum Wohnen notwendig ist: Küche, Bad, Schlaf- und Wohnraum. Allerdings muss man für diese Wohnform seine Ansprüche auf das absolut Notwendige reduzieren und auf jeden unnötigen Luxus verzichten können.

Tiny Houses sind mobil: Aufgrund ihrer für Straßen zulässigen Breite können sie relativ leicht transportiert werden.

Häuser im Miniformat eignen sich für besonders kleine Grundstücke, sie sind wesentlich preiswerter als ein konventionelles Haus und verursachen deutlich geringere Heizkosten. Sie müssen allerdings den Anforderungen des Gebäudeenergiegesetzes (GEG), das die EnEV abgelöst hat, genügen und somit ausreichend gedämmt und zu belüften sein. Die meisten Tiny Houses kann man relativ leicht per Lkw transportieren, denn sie überschreiten nicht die maximal zulässige Breite für den Transport auf der Straße.

Den Bau Ihres Eigenheims können Sie auf verschiedenen Wegen realisieren und dabei jeweils Kosten sparen. Je nachdem, wie stark Sie sich selbst in Ihr Bauprojekt einbringen möchten, können Sie sich für ein Fertighaus entscheiden, ein Haus von einem Bauträger kaufen oder ein individuelles Wohnhaus von einem Architekten oder einer Architektin planen lassen.

Fertighäuser

Fertighäuser sind Wohnhäuser, die aus vorgefertigten Bauteilen bestehen. Dabei handelt es sich meist um Holzrahmenbauten, es werden jedoch auch Fertighäuser in Holzskelettbauweise oder in Betonelementbauweise angeboten. Holzrahmenbauten bestehen aus einem Holzständerwerk mit einer beidseitigen Beplankung und dazwischenliegender Wärmedämmung. Die einzelnen Bauelemente, etwa Wände inklusive Fenster, werden in Werkhallen vorgefertigt, von dort auf die Baustelle geliefert und in wenigen Tagen zusammengesetzt. Beim Kauf eines Fertighauses liegt das gesamte Bauprojekt von Beginn an in der Hand des Fertighausanbieters, sodass Sie sich um nichts weiter kümmern müssen. Sie sind dann nicht Bauherr oder Bauherrin, sondern Käufer oder Käuferin eines Hauses.

Der Vorteil eines Fertighauses besteht in der sehr kurzen Bauzeit. Sobald die Bodenplatte fertig ist, kann das bezugsfertige Haus in wenigen Tagen stehen. Wetterbedingte Bauunterbrechungen sind somit unwahrscheinlich. Allerdings haben viele Fertighaushersteller Wartezeiten von bis zu einem Jahr. Ein Nachteil von Fertighäusern besteht im geringeren Schallschutz als bei Massivbauten, sowohl was den Schall von außen als auch den von innen betrifft.

Fertighausunternehmen bieten meist von Architekten geplante Haustypen und Grundrisse in vielfältiger Auswahl und in verschiedenen Ausstattungsstufen an. Sie können persönliche Wünsche äußern, jedoch immer im Rahmen einer standardisierten Bauweise, weil die Häuser industriell hergestellt werden. Das hat durchaus Vorteile, denn durch die industrielle Vorfertigung ergibt sich eine hohe bauliche Präzision.

Was kosten Fertighäuser?

Durch die Standardisierung von Haustyp und Grundrissen kosten Fertighäuser meist etwas weniger als individuell geplante Häuser. Zusatzkosten entstehen allerdings durch Änderungswünsche und können je nach Umfang den Preisvorteil von Fertighäusern wieder aufheben. Da die Kosten jedoch vorab vertraglich festgelegt sind, haben Sie von Anfang an Sicherheit in der Kostenplanung.

Die Preise für Fertighäuser können sich je nach Anbieter, Hausgröße und Leistungsbeschreibung sehr stark unterscheiden: Auf dem Markt lassen sich durchaus auch Angebote für unter 200 000 Euro finden. Allerdings kommen bei derartigen, augenscheinlich sehr günstigen, Angeboten in der Re3gel noch Kosten hinzu, die auf den ersten Blick nicht ersichtlich waren und dann den zunächst verlockenden Preis wieder relativieren können. Realistischer für ein kleines Vier-Personen-Haus sind Preise von mindestens 220 000 Euro. Wichtig: Bodenplatte und Erdaushub sind dabei nicht inbegriffen, hierfür kommen als Faustformel rund 25 000 Euro hinzu.

Was bedeutet „schlüsselfertig"?

Häufig werden Fertighäuser als „schlüsselfertig" bezeichnet. Da dieser Begriff rechtlich nicht geschützt ist, gibt es dazu auch keine eindeutige Definition. Auf jeden Fall ist „schlüsselfertig" nicht mit „bezugsfertig" gleichzusetzen. Bei einem schlüsselfertigen Haus kann im äußersten Fall zum Beispiel der gesamte Innenausbau fehlen. Wird ein Haus dagegen bezugsfertig übergeben, können Sie mit Ihren Möbeln direkt einziehen. Daher sollten Sie vor dem Kauf unbedingt vertraglich festlegen, welche Leistungen bei „schlüsselfertiger" Übergabe enthalten sind, damit Sie im Hinblick auf die Kosten keine unliebsamen Überraschungen erleben. Es empfiehlt sich, die Angebote verschiedener Fertighausanbieter sorgfältig miteinander zu vergleichen, nicht nur im Hinblick auf Haustyp und Grundriss, sondern vor allem auch bezüglich der Vertragsbedingungen. Achten Sie genau darauf, was im Kaufvertrag und in der Leistungsbeschreibung steht, denn nur das muss der Fertighausanbieter liefern.

Mit dem Kauf eines Fertighauses sind nicht alle Kosten abgedeckt, denn zum Kaufpreis addieren sich die Kosten für Erdaushub, Fundamente und Bodenplatte. Meist bieten Fertighaushersteller diese Zusatzposten im Paket mit dem gekauften Haus an. Wenn Sie bereits ein Grundstück besitzen, schnell in Ihr Haus einziehen möchten und keine individuellen Grundrisswünsche haben, kann ein Fertighaus für Sie der richtige und auch preisgünstigste Weg zu einem Eigenheim sein.

Kostenfalle Bemusterung bei Fertig- und Bauträgerhäusern

Die von Fertighausherstellern und auch von Bauträgern genannten Kaufpreise beziehen sich üblicherweise auf die angebotene Standardausstattung, sodass es sich bei diesen Kaufpreisen meist um Minimalpreise handelt. Jede Änderung kostet einen gewissen Aufpreis, was die Gesamtkosten rasch in die Höhe treiben kann.

Die Ausstattung der Musterhäuser, die Interessenten in den Musterhausausstellungen der Hersteller besichtigen können, muss nicht unbedingt mit der Standardausstattung übereinstimmen. Häufig werden in derartigen Ausstellungen stattdesen höherwertige Materialien oder Einbauten gezeigt. Bei der sogenannten Bemusterung, das heißt bei der Auswahl der einzelnen Ausstattungselemente im Bemusterungszentrum eines Fertighausanbieters oder Bauträgers, wird festgelegt, für welche Ausstattung Sie sich letztendlich entscheiden. Dies betrifft zum Beispiel Dach, Fenster und Fassade sowie alle Ausstattungselemente im Innenraum, wie Bodenbeläge, Fliesen, Lichtschalter, Elektrik, Sanitärausstattung, Wandfarben, Türklinken und so weiter.

Ein Fertighaus wird mit vorgefertigten Bauelementen in wenigen Tagen vor Ort zusammengesetzt.

Zu all diesen Elementen zeigt Ihnen der Anbieter Proben, die Sie oft sogar in die Hand nehmen können – ein verführerischer Termin. Wenn Ihnen die gesamte Palette der Möglichkeiten, ob Fliesen, Dachziegel, Steckdosen oder Bodenbeläge betreffend, vorgeführt wird, kann leicht der Wunsch nach höherwertigen Materialien und attraktiveren Ausstattungselementen als den in der Standardversion angebotenen Elementen entstehen. Daher sollten Sie genau prüfen, was alles in der Bau- und Leistungsbeschreibung enthalten ist und wofür Sie mehr bezahlen müssten. Lassen Sie sich am besten nicht zuerst die Luxusversionen zeigen, sondern bestehen Sie darauf, zunächst die im Kaufpreis enthaltene Standardausstattung sehen zu können. Wenn Sie sich dann für teurere Ausstattungselemente entscheiden, sollten Sie sich gleich vor Ort vom Hersteller den neuen Kaufpreis ausrechnen lassen. Wenn Sie dagegen keinen finanziellen Spielraum haben und bei dem ursprünglich günstigen Kaufpreis bleiben möchten, sind bei der Bemusterung Standhaftigkeit gefragt und eine gewisse Immunität gegen die möglicherweise verführerischen Vorschläge des Anbieters.

Eine Bemusterung dauert ein bis zwei Tage, das ist anstrengend und erfordert Konzentrati-

Fertighaus, Architektenhaus, Bauträgerhaus: Vor- und Nachteile

	Vorteile	Nachteile
Fertighaus	▶ Kurze Bauzeit auf der Baustelle ▶ Festpreis ▶ Bei Standardausführung preisgünstig	▶ Kaum Auswahl bei den verwendeten Materialien ▶ Zusatzkosten für individuelle Änderungen ▶ Keine unabhängige Qualitätskontrolle ▶ Wiederverkaufswert geringer als bei Massivbau ▶ Schallschutz geringer als bei Massivbau ▶ Eventuell lange Wartezeiten bis zum Aufbau des Hauses
Architektenhaus	▶ Individuelle Planung ▶ Unabhängige Qualitätssicherung in Planung und Bauausführung aller Gewerke ▶ Fachliche Beratung zum Kostensparen in allen baulichen Bereichen ▶ Beratung beim Grundstückskauf	▶ Suche nach einem passenden Architekten eventuell aufwendig ▶ Rund 15 Prozent der Baukosten kommen als Architektenhonorar dazu (die Planungskosten sind bei Hausanbietern im Kaufpreis einkalkuliert).
Bauträgerhaus	▶ Kauf von Grundstück und Haus aus einer Hand ▶ Keine eigene Grundstückssuche erforderlich	▶ Risiko durch unseriöse Bauträger oder durch Insolvenz des Bauträgers ▶ Individuelle Änderungen können teuer werden

on und Durchhaltevermögen. Wenn Ihnen der Kopf schwirrt und Sie unsicher sind, wie Sie sich entscheiden sollen, machen Sie erst einmal eine Pause und halten Sie inne, bevor Sie am Ende des Termins das Bemusterungsprotokoll mit einem möglicherweise unnötig höheren Kaufpreis unterschreiben.

Architektenhaus – welche Leistungen sind enthalten?

Architektinnen und Architekten planen Ihr Haus individuell und passen es maßgeschneidert an Ihre Bedürfnisse an. Aufgrund seiner Erfahrung kann ein Architekt viel Sparpotenzial in allen baulichen Bereichen aufzeigen und auch aus schwierigen Grundstücken sehr gute und häufig kreative bauliche Lösungen herausholen. Ein Architekt erstellt in enger Abstimmung mit Ihnen ein für Sie genau passendes Konzept und fertigt schließlich einen Entwurf an, der genehmigungsfähig ist. Er oder sie begleitet auch alle weiteren baulichen Stationen bis zur mängelfreien Übergabe des Hauses. Dazu gehört unter anderem das Beauftragen von Fachingenieuren, das Einholen von Angeboten verschiedener Baufirmen und das Ermitteln der Baukosten.

Das Bauen mit einem Architekten muss trotz Architektenhonorar nicht unbedingt teurer sein als der Kauf eines Fertighauses. Wenn Sie eine Architektin mit allen Leistungsphasen, also mit der gesamten Planung und Betreuung Ihres Bauprojekts bis hin zum Einzug, beauftragen, beträgt das Honorar 13 bis 15 Prozent der Bausumme. Das Honorar von Architektinnen und Architekten kann zwar frei verhandelt werden, orientiert sich aber in der Regel an der Honorarordnung für Architekten und Ingenieure, der HOAI. Sie enthält die Honorare, die bei allen Zwischenschritten beim Entstehen eines Hauses anfallen.

Wichtig ist, dass Sie eine Architektin finden, die auf Ihre Vorstellungen und Wünsche eingeht und gleichzeitig sinnvolle Anregungen gibt. Die „Chemie“ muss stimmen. Sie können einen Architekten jedoch auch nur mit einzelnen Leistungsphasen beauftragen. So kann er zum Beispiel einen genehmigungsfähigen Entwurf erstellen und Sie übergeben die Bauausführung dann selbst an einen Generalunternehmer oder Bauträger.

Bauträgerhaus – bequemer Hauserwerb oder Risiko?

Bauträger verkaufen Grundstücke inklusive einer noch zu errichtenden Immobilie, zu deren Bau sie sich verpflichten. Die Kombination aus Grundstück und Haus bietet der Bauträger für einen Festpreis an, der je nach Bauweise und verwendeten Materialien sehr günstig sein kann, und er kümmert sich als Bauherr um alles, was mit dem Hausbau zu tun hat. Sie als Käufer oder Käuferin haben einen konkreten Ansprechpartner für alle Fragen bis hin zur Bauabnahme.

Die Leistungsphasen der HOAI

LP 1: Grundlagenermittlung
LP 2: Vorplanung
LP 3: Entwurfsplanung
LP 4: Genehmigungsplanung
LP 5: Ausführungsplanung
LP 6: Vorbereitung der Vergabe
LP 7: Mitwirkung bei der Vergabe
LP 8: Objektüberwachung
LP 9: Objektbetreuung

Auf der einen Seite ist dies bequem, weil Sie sich weder um die Grundstückssuche noch um die Bauabläufe kümmern müssen. Sie schließen nur den Kaufvertrag ab und können im Idealfall nach Fertigstellung des Hauses einfach einziehen. Auf der anderen Seite kann auf dem Weg dahin einiges schiefgehen. Es kann zum Beispiel deutlich teurer werden, wenn Sie erst nach Vertragsabschluss Sonderwünsche äußern. Dann hat der Bauträger freie Hand, den Preis zu erhöhen, denn durch das Annehmen von Änderungen nach Vertragsabschluss kann die Preisbindung des Bauträgers hinfällig werden. Individuelle Wünsche sollten Sie daher unbedingt vor Vertragsabschluss vorbringen. Dann lassen sich Änderungen, die nicht wesentlich in die vorgegebenen Standards eingreifen, wie das Versetzen, Einfügen oder Weglassen einer leichten Trennwand, häufig ohne Mehrkosten oder zu einem fairen Aufpreis realisieren.

Lassen Sie sich nicht vom Bauträger unter Druck setzen, indem er behauptet, andere Interessenten stünden schon Schlange, und lesen Sie vor Vertragsabschluss die Leistungsbeschreibung genau durch. Welche konkreten Leistungen werden versprochen? Welche Qualitätskriterien spielen bei der Bauausführung eine Rolle? Ist die Erschließung des Grundstücks im Kaufpreis enthalten? Der Verband Privater Bauherren (VPB) empfiehlt, den Vertrag vor Unterschrift von einem unabhängigen Sachverständigen prüfen zu lassen.

Da für Bauträger keine fachliche Qualifikation vorgeschrieben ist, kann im Grunde jeder als Bauträger auftreten. Daher sollten Sie sich erst einmal über die Seriosität des Bauträgers informieren. Am besten holen Sie Referenzen ein, besichtigen andere Projekte des Bauträgers und fragen Käufer nach deren Erfahrungen. Hat das Unternehmen einen tadellosen Ruf, ist das unter Umständen einen höheren Kaufpreis wert. Es kommt vor, dass Bauträger pleitegehen und Sie dann vor Ihrem halb fertigen Haus stehen. Lassen Sie sich die Fertigstellung garantieren, dazu sollte der Bauträger eine Fertigstellungsbürgschaft durch die ausführende Bank vorweisen können. Am besten ist es, wenn der Bauträger eine Versicherung gegen Insolvenz in der Bau- und Gewährleistungsphase vorweisen kann. Geht der Bauträger nach der Fertigstellung in Insolvenz, kann es sein, dass Sie keinen Anspruch mehr auf Beseitigung von Mängeln haben. Daher sollten Bauträger vor Vertragsabschluss auch eine Bürgschaft für Mängelgewährleistungsansprüche vorweisen können. Um nicht in eine Kostenfalle zu geraten, sollten Sie sich unbedingt von einer fachlich qualifizierten Person begleiten lassen. Das kann für die baulichen Belange ein Architekt sein, für die vertraglichen Angelegenheiten ein Fachanwalt für Baurecht. Sie können sich auch vom Bauherrenschutzbund oder vom Verband Privater Bauherren beraten lassen.

ZEITLICHEN RAHMEN FÜR KFW-FÖRDERUNG BEACHTEN

Seit Januar 2021 gilt: Wer als Käufer eines Bauträgerhauses oder eines Fertighauses mit einem förderfähigen KfW-Standard von der Förderung durch die KfW-Bank profitieren möchte, muss den Förderantrag stellen, bevor der Kaufvertrag unterschrieben wird. Wer erst nach der Unterschrift den Antrag stellt, geht bei der Förderung leer aus.

„ZUSATZKOSTEN IM BLICK BEHALTEN!"

Dipl.-Ing. Andrea Blömer vom Verband Privater Bauherren e. V. (VPB), Architektin und Leiterin des VPB-Regionalbüros Iserlohn, im Gespräch

Wie können Bauherren vermeiden, Kosten zu übersehen?

Ein Architekt wird ja häufig gefragt, was das Haus kostet. Dann schaut er oft nur in den Kostengruppen 300 und 400 nach und teilt diese Kosten mit. Ich lege für meine Bauherren eine Excel-Tabelle an, in der von A bis Z steht, wo beim gesamten Hausbau Kosten anfallen können, auch wenn darin nicht für alle Einträge schon konkrete Kosten angegeben werden können. Dann stolpert der Bauherr zumindest darüber und fragt zum Beispiel, ob es etwa extra Geld kostet, wenn ein Statiker kommen muss. Ja, es kostet Geld. Oder die Bauherren haben besondere Auflagen, weil sie zum Beispiel in einem Naherholungsgebiet bauen und bestimmte Grünflächen anlegen müssen. Das sind dann Zusatzkosten, die zunächst einmal mit dem Hausbau selbst nichts zu tun haben, aber dennoch anfallen.

Ist eine derartige Liste auch für Käufer von Fertighäusern hilfreich?

Hier sollte man ebenfalls eine Tabelle anlegen, in der die Kosten für die Grundausstattung stehen und in einer weiteren Spalte die Zusatzkosten für Extrawünsche. In dieser Tabelle sollte auch Platz für die Kosten vorgesehen werden, die im Kaufpreis nicht enthalten sind, zum Beispiel die Kosten für die Baugenehmigung, den Statiker für die Bodenplatte, das Bodengutachten oder den Notar. Zusätzlich empfehlen wir, die Auftragshöhe in Euro zusammen mit den Zahlungsplänen des Herstellers aufzuschreiben. Dann fällt einem leichter auf, wenn diese Pläne von den eigenen Vorstellungen abweichen. Ich hatte einen Fall, bei dem der Hersteller 70 Prozent des Kaufpreises schon nach Fertigstellung des Rohbaus haben wollte und bei Abnahme dann nur noch 5 Prozent. Die Käufer baten uns um Rat, und wir haben dann angeboten, dass wir einfach zwischendurch auf die Baustelle gehen, um rechtzeitig zu erkennen, ob die Bauherren vor der Abnahme Einspruch erheben und Mängel geltend machen müssen.

Wie kann man beim Fertighauskauf möglichst viele Kosten sparen?

Am meisten Kosten kann man sparen, wenn man sich für einen Standardhaustyp entscheidet. Ein Fertighaushersteller bietet normalerweise verschiedene Standardhaustypen an, mit verschiedenen Dächern, mit und ohne Erker, und auch mit verschiedenen Ausstattungsvarianten. Wenn man durch eine Fertighausausstellung geht, sieht man, was alles möglich ist. Dort wird allerdings meist nicht der Standardhaustyp ausgestellt, weil die Anbieter natürlich gerne teurere Varianten verkaufen möchten. Wenn man diese dann mit einem Standardhaustyp vergleicht, wird man feststellen, dass die Zimmer möglicherweise kleiner sind, oder die Wände, Fenster und Türen eine andere Anordnung als in der Ausstellung haben. Beim Besuch einer Fertighausausstellung kann es natürlich schwierig sein, den verlockenden Angeboten zu widerstehen. Zum Beispiel können gerade, wenn es um die Wahl der

Fliesen oder der elektrischen Ausstattung geht, schon kleinere Änderungswünsche kostenmäßig stark zu Buche schlagen. Besser ist es also, sich für die Standardfliesen zu entscheiden und diese bei Bedarf erst später auszutauschen.

Sind Häuser von Bauträgern preiswerter als Fertighäuser?

Bauträgerhäuser können preiswert sein, was allerdings häufig daran liegt, dass an der Qualität von Material und Ausführung gespart wird, zum Beispiel bei Fliesen, Bodenbelägen, Innentüren und Schallschutz. Häufig sind dann auch Eigenleistungen erforderlich, die deutlich über die üblichen Eigenleistungen wie Tapezieren oder Streichen hinausgehen. Fertighäuser gibt es in den unterschiedlichsten Ausführungen und Preislagen, es kommen allerdings immer Kosten von 20 000 bis 25 000 Euro für die Bodenplatte dazu. Wichtig zu wissen ist, dass bei Fertighäusern und Bauträgerhäusern Straßenanschluss und Außenanlagen nicht inbegriffen sind, die Kosten dafür fallen also zusätzlich an. Auch der Notar für den Kaufvertrag muss vom Käufer bezahlt werden. Ein Vorteil von Bauträgerhäusern ist, dass Bauträger genau planen müssen, um im Preis zu bleiben, womit dann auch Kostensicherheit für den Käufer gegeben ist. Da Bauträger aus Datenschutzgründen keine Referenzen angeben können, sollte man möglichst gut ihre Angebote vergleichen.

Kann man sparen, wenn man bestimmte Posten aus dem Vertrag herausnimmt?

Wenn man aus dem Angebot des Hausanbieters etwas herausnimmt, zum Beispiel die Tapeten oder die Fliesen, um diese dann selbst zu kaufen, lassen sich die Hausanbieter einen entgangenen Gewinn trotzdem bezahlen. Diese Kosten sieht man nicht, aber ich weiß aus Erfahrung, dass die Hersteller eben auch daran verdienen wollen.

Sollte man beim Kauf eines Fertighauses einen Energieberater hinzuziehen?

Nein, nicht zwingend. Eigentlich sollte der Fertighausanbieter einen Blower-Door-Test veranlassen, um die Luftdichtheit des Gebäudes, die für die Energieeffizienz relevant ist, nachzuweisen. Verbraucherzentralen können Ihnen anbieten, die entsprechenden Unterlagen durchzuschauen und die technischen Rahmenbedingungen des Tests zu prüfen.

Braucht man einen Architekten?

Ja, denn wenn Sie bei einer Fertighausfirma die Bodenplatte nicht zusätzlich mitbestellen wollen – die Kosten dafür sind in den Angeboten nicht enthalten –, brauchen Sie einen Architekten. Der Fertighausanbieter liefert Ihnen normalerweise nur die Angaben, wo die Verankerungspunkte sind, an welchen Stellen Wasser- und Stromleitungen ankommen sollen. Um die Bodenplatte müssen Sie sich in der Regel selbst kümmern. Auch einen Bodengutachter und einen Statiker müssen Sie selbst engagieren. Bei all diesen Dingen kann ein Architekt helfen.

Sollte man Grundrissänderungen vornehmen, auch wenn dies die Kosten erhöht?

Es gibt manchmal Raumzuschnitte, bei denen ich rate, sie zu hinterfragen. In den Grundrisszeichnungen, die Bauherren von Fertighausanbietern ausgehändigt bekommen, ist in der Regel nicht vermerkt, wie groß die Räume sind. Zum Beispiel wirken Schlafzimmer in derartigen Grundrissen häufig größer, als sie tatsächlich sind. Dieser Eindruck wird dadurch hervorgerufen, dass ein Doppelbett eingezeichnet ist, das aber in Wirklichkeit dann nur 1,40 Meter breit sein kann. Auch bei Kinderzimmern muss man aufpassen – wenn diese kleiner als zehn Quadratmeter sind, wird es eng. Zudem gibt es Wohnungsbauförderungsrichtlinien, die Kinderzimmer, die kleiner als zehn Quadratmeter sind, nicht als wohnungsbauförderfähig akzeptieren. Diese Richtlinien variieren je nach Bundesland. Wenn man ein förderungsfähiges Finanzierungskonzept haben möchte, lohnt es sich, sich mit diesen Regelungen zu beschäftigen.

VORBEREITUNG HILFT SPAREN

Schon lange, bevor der Bagger anrückt, um die Baugrube auszuheben, können Sie durch die sorgfältige Vorbereitung Ihres Bauprojekts unnötige Kosten reduzieren. Das beginnt schon mit der Planung des Baubeginns.

Der richtige Zeitpunkt für den Baubeginn

Um Bauschäden von Anfang an vorzubeugen und somit Kosten zu sparen, sollte die Zeit des Baubeginns gut überlegt sein. Grundsätzlich eignen sich Frühjahr und Herbst am besten. Im Frühjahr ist beim Bauen jedoch Hauptsaison und es werden viele Bauprojekte gestartet, weil dann bis zum Winter das Haus bezugsfertig ist. Dadurch ist die Nachfrage nach Materialien und Fachkräften hoch, sodass es schwierig sein kann, fündig zu werden. Durch die hohe Nachfrage können zudem die Preise steigen.

Wer dagegen im Herbst mit dem Bau beginnt, umgeht dieses Problem und kann viel Geld sparen. Der Rohbau kann dann bis zum Winter fertig sein und bis zum Weiterbau gut trocknen und durchlüften. Allerdings sind im Herbst die Tage kürzer, was kürzere Arbeitszeiten bei Tageslicht zur Folge hat. Im ungünstigsten Fall kann sich die Bauzeit dadurch verlängern, was nicht nur Auswirkungen auf Ihren Baukredit haben kann, sondern auch den geplanten Einzug verzögert.

Im Winter mit dem Bau zu beginnen empfiehlt sich nicht, denn Frost und Schnee können den Bau ebenfalls verzögern, und manche Materialien können beim Einbau bei Minusgraden Schaden nehmen. Auch im Sommer zu beginnen ist nicht immer optimal, jedenfalls, wenn man noch vor Weihnachten einziehen möchte. Der Zeitdruck kann dann dazu verleiten, einzuziehen, wenn der Estrich noch nicht vollständig getrocknet ist oder die Wände noch Restfeuchte enthalten. Bauschäden sind dann vorprogrammiert. Wer mit dem Einzug jedoch keinen unmittelbaren Zeitdruck hat, kann mit einem Baubeginn im Sommer oder Herbst unter Umständen Kosten sparen.

Die Baustelle einrichten

Bevor die eigentlichen Arbeiten beginnen, muss die Baustelle so vorbereitet werden, dass ein reibungsloser Bauablauf möglich ist. Viele Details wollen bedacht sein.

Bevor die Baustelle eingerichtet werden kann, muss ein Baustellenplan erstellt werden, in dem zum Beispiel der Grundriss des Hauses, die Lage von Wasser- und Stromanschlüssen, die Standorte der benötigten Baumaschinen, der Ablageplatz für die Baumaterialien, der Bereich für den Bauschutt, das Baubüro, das meist aus einem Container besteht, die sanitären Anlagen sowie die Zu- und Abfahrtswege eingetragen sind. Ein durchdachter Baustellenplan bietet einen Überblick über die Organisation der Baustelle und erleichtert die Bauabläufe, was wiederum dazu beiträgt, Zeit und Kosten zu sparen.

Da für den Betrieb einer Baustelle Strom und Wasser erforderlich sind, müssen die Anschlüsse dafür rechtzeitig beantragt werden. Die Kosten für die Einrichtung der Baustelle mit all ihren Komponenten hängen in erster Linie von der Größe des zu bauenden Hauses ab. Baufirmen berechnen für das Einrichten und Sichern der Baustelle in der Regel zwischen 2 und 10 Prozent der Baukosten. Die große Schwankungsbreite ergibt sich aus verschiedenen Faktoren: Dazu gehören die Jahreszeit, die

Lage des Grundstücks, die Art des Baugrunds, die Höhe des Bedarfs an Sicherungsmaßnahmen, Menge und Art der benötigten Baumaschinen, zum Beispiel welche Art Baukran erforderlich ist, und damit verbunden auch die Bebauung in der unmittelbaren Nähe. Ist zum Beispiel die Zufahrt zur Baustelle für Baufahrzeuge zu eng, wie es bei Hinterliegergrundstücken der Fall sein kann, erhöht das die Kosten für die Bauabläufe.

Sparen können Sie an diesen Kosten nicht, unabhängig davon, ob Sie die Baustelleneinrichtung selbst organisieren oder in fachliche Hände legen. Allerdings können Sie dafür sorgen, überraschende Zusatzkosten zu vermeiden, indem Sie die Leistungsbeschreibung der Baufirma genau lesen. Steht darin zum Beispiel, dass Sie als Bauherr oder Bauherrin für die Wasser- und Stromkosten, die für die Baustelle anfallen, selbst aufkommen müssen, kann Sie diese Vereinbarung je nach Dauer des Bauprozesses mehrere Tausend Euro zusätzlich kosten. Lassen Sie sich deshalb dabei von Fachleuten unterstützen. Beratungen zu allen baurechtlichen und bautechnischen Aspekten bieten der Bauherren-Schutzbund (BSB) und der Verband privater Bauherren (VPB).

Sicherheit auf der Baustelle – nicht am falschen Ende sparen

Die Baustellenverordnung (BaustellV) soll sicherstellen, dass die Anforderungen des Arbeitsschutzes eingehalten und Unfälle auf der Baustelle vermieden werden. Als privater Bauherr stehen Sie hier in der Verantwortung: Im Rahmen Ihrer Aufsichtspflicht müssen Sie sich regelmäßig darüber informieren, dass die geforderten Schutzmaßnahmen eingehalten werden. Dabei müssen Sie nach bestem Wissen und Gewissen die Baustelle beurteilen und elementare Versäumnisse, die Ihnen auffallen, sofort beanstanden.

Wichtig ist in diesem Zusammenhang auch, dass keine Kinder gefährdet werden können. Bauzäune, Leitplanken sowie eine gute Beleuchtung und Beschilderung sind auf einer Baustelle daher unumgänglich. Daneben müssen Bäume, Teile des Grundstücks und Nachbarhäuser vor den Baumaßnahmen geschützt werden, sowie die Baustelle selbst vor Regen, Sturm und Feuer.

Um all diesen Sicherheitsanforderungen gerecht zu werden, sollten Sie nicht am falschen Ende sparen und die Absicherung der Baustelle nicht selbst übernehmen, sondern Profis überlassen. In der Regel übernimmt die ausführende Baufirma die Sicherung, die Kosten hängen vom Umfang der Baustelle und von den im Einzelfall nötigen Maßnahmen ab.

Versicherungen

Auch bei noch so guter Planung und Vorbereitung: Irgendetwas Unvorhergesehenes kann immer passieren. Schäden, Unfälle oder ähnliche Unglücksfälle können enorme Folgekosten mit sich bringen. Mit auf die Bedürfnisse von Bauherren und Bauherrinnen zugeschnittenen Versicherungen lassen sich die finanziellen Risiken in Schach halten.

Für Bauherren wichtige Versicherungen

Bauherrenhaftpflichtversicherung

- Kosten: Einmalzahlung von 100 bis 200 Euro bei einer Bausumme von 250 000 Euro
- Deckung: Schäden von Dritten, die im Zusammenhang mit dem Bau entstehen

Feuer-Rohbau-Versicherung

- Kosten: kostenlos, wenn vor Baubeginn eine Wohngebäudeversicherung beim selben Anbieter abgeschlossen wurde
- Deckung: Brände, Blitzschlag, Explosionen

Bauleistungsversicherung

- Kosten: Einmalzahlung von 360 bis 660 Euro bei einer Bausumme von 250 000 Euro
- Deckung: Schäden durch höhere Gewalt und Vandalismus

Bauhelfer-Unfallversicherung

- Kosten: je nach Versicherungsumfang 30 bis 50 Euro pro Helfer
- Deckung: Unfälle von privaten Bauhelfern auf der Baustelle und auf dem Weg dorthin

Haftpflichtversicherung für unbebaute Grundstücke

- Kosten: je nach Versicherungsleistung 5 bis 85 Euro für ein Grundstück von 500 Quadratmetern
- Deckung: Schäden von Dritten bei Verstoß des Bauherrn gegen die Verkehrssicherungspflicht

Pflichten des Bauherrn

- Anzeige der Baustelleneinrichtung oder des Baubeginns bei der Baugenehmigungsbehörde
- Regelmäßige Baustellenbesuche
- Sicherheits- und Gesundheitskoordination
- Organisation von Baustrom, Bauwasser, Bau-WC
- Genehmigungen, Anzeigen und Anmeldungen (etwa für private Bauhelfer, Kranaufstellung, Zufahrten, Stellplätze)
- Prüfung der Baufortschritte
- Mögliche Mängel feststellen und rügen

Verwendung mit freundlicher Genehmigung des Bauherren-Schutzbundes

Während eine Bauherren-Haftpflichtversicherung eventuelle durch die Bauphase entstandene Schäden abdeckt, zum Beispiel an Nachbarhäusern, schützt eine Bauleistungsversicherung gegen Schäden durch höhere Gewalt, eine Feuer-Rohbau-Versicherung gegen Blitzschlag und ähnliche Ereignisse. Eine Haftpflichtversicherung für unbebaute Grundstücke übernimmt die Kosten für Schäden Unbeteiligter, falls die Baustelle nicht ausreichend gesichert ist. Wenn Sie private Helfer beim Bau engagieren, sind Sie selbst für deren Sicherheit verantwortlich und müssen verpflichtend eine Bauhelfer-Unfallversicherung abschließen. Manche Versicherungen bieten eine Multi-Risk-Bauversicherung an, die alle genannten Schadensfälle abdeckt, sodass Bauherren keine einzelnen Verträge abschließen müssen.

BAUMÄNGEL VERMEIDEN

Selbst wenn die Baustelle optimal eingerichtet ist, lauern während der Bauausführung vermeidbare Kostenfallen. Sie entstehen meist durch unentdeckte Baumängel. Laut Bauherrenschutzbund (BSB) weisen 10 bis 20 Prozent der Neubauten Baumängel auf.
Typische Mängel sind:

- feuchte Kellerwände durch fehlerhafte Abdichtung, was eventuell den Austausch ganzer Bauteile erforderlich machen kann
- Risse in der Fassade
- offene Fugen
- mangelnde Luftdichtheit der Gebäudehülle durch lückenhafte Folien
- Lücken in der Dämmung
- nicht dicht schließende Fenster.

Manche Schäden werden auch erst im Laufe der Zeit sichtbar. Tückisch ist zum Beispiel aufsteigende Feuchtigkeit an Innenwänden durch zu frühes Verlegen des Bodenbelags auf einen noch nicht vollkommen trockenen Estrich. Dann müssen die Wände getrocknet, der Putz ausgebessert und ein neuer Bodenbelag verlegt werden.

Fehler auf der Baustelle können passieren, entscheidend ist jedoch, dass sie rechtzeitig bemerkt werden. Dann kann der Verursacher nachbessern und für den eventuell entstandenen Folgeschaden aufkommen.

Doch Vorsicht: Selbst wenn Mängel rechtzeitig entdeckt und vom Verursacher behoben werden, können auf Bauherren Kosten zukommen: die sogenannten Sowiesokosten. Diese fallen an, wenn ein Bauunternehmer bei der Beseitigung selbst verursachter Mängel Materialien benötigt, die er von Anfang an hätte verarbeiten müssen. Hätte er nämlich alles richtig gemacht, hätte er die benötigten Baumaterialien von Anfang an angeboten und berechnet. Die betreffenden Material- und Arbeitskosten wären also sowieso angefallen und müssen vom Bauherrn bezahlt werden, auch wenn der Bauunternehmer gewährleistungspflichtig ist.

Den Bauprozess streng kontrollieren

Um Baumängel möglichst früh entdecken zu können, sind detaillierte Bau- und Leistungsbeschreibungen, in denen alle Bauteile und Materialien aufgelistet sind, ausgesprochen wichtig. Diese sollten mit dem tatsächlichen Zustand auf der Baustelle abgeglichen und immer wieder geprüft werden. Bauherren und Bauherrinnen sollten regelmäßig und nach jedem Bauabschnitt den baulichen Zustand kontrollieren und dabei schriftlich und mit Fotos Mängel, die ihnen auffallen, dokumentieren. Allerdings sind Bauherren in der Regel fachliche Laien – ob Arbeiten fachgerecht durchgeführt wurden, können sie oft kaum beurteilen. Um sicherzustellen, dass alle Arbeiten fach- und termingerecht erledigt werden und dass bei Bedarf sofort nachgebessert wird, empfiehlt sich eine sorgfältige Kontrolle der Bauabläufe durch eine externe Fachperson. Wenn diese Überprüfung nach jedem Baufortschritt erfolgt, lassen sich auch versteckte Mängel aufspüren, weil noch alle Bereiche zugänglich und nicht durch Putz oder Aufbauten verdeckt sind. So werden zum Beispiel Elektroarbeiten vor dem Innenputz begutachtet, die Kellerwände und die Abdichtung vor dem Verfüllen der Baugrube oder die sanitäre Rohrinstallation vor dem Verputzen.

Der Verband Privater Bauherren (VPB) rät, gerade bei Pauschalangeboten schlüsselfertiger Häuser einen unabhängigen Sachverständigen als Baubegleiter hinzuzuziehen, der den Bauprozess regelmäßig kontrolliert. Geeignete Baubegleiterinnen und -begleiter vermitteln zum Beispiel der Verband Privater Bauherren (VPB), der Bauherrenschutzbund (BSB), die Verbraucherzentralen, der TÜV und die Industrie- und Handelskammer (IHK).

Das Honorar für einen fachkundigen Baubegleiter liegt bei durchschnittlich 100 Euro pro Stunde, je nach Region nach unten oder oben abweichend. Der anfallende Gesamtbetrag hängt davon ab, wie reibungslos die Bauarbeiten laufen. So können im Idealfall drei bis fünf Baustellenbesuche ausreichen; mit etwa 1 500 bis 2 000 Euro (regionale Abweichungen möglich) an Gesamthonorar kann man rechnen, wenn alles gut läuft. Wichtiger als die Anzahl der Kontrollen ist der richtige Zeitpunkt, nämlich beim Übergang von einem Gewerk zum nächsten. Die damit im Verhältnis zur gesamten Bausumme eher niedrigen Kosten können Sie vor unnötigen und möglicherweise hohen Zusatzkosten bewahren, ganz abgesehen von dem Ärger mit der umgekehrten Beweislast nach der Abnahme.

BAUBEGLEITER SOLLTEN VERSICHERT SEIN

Der Verband Privater Bauherren (VPB) rät, bei der Entscheidung für einen Baubegleiter unbedingt darauf zu achten, dass dieser eine Haftpflichtversicherung gegen fehlerhafte Beratung hat, und sich die entsprechende Police auch zeigen zu lassen.

Gut zu wissen: Überprüfungen der Qualität der Bauleistungen nach Baufortschritt alleine stellen keine Teilabnahmen dar. Das ist wichtig, weil bei einer Teilabnahme die Gewährleistungsfrist für die abgenommene Leistung zu laufen beginnt. Eine rechtsverbindliche Teilabnahme würde nur dann vorliegen, wenn die Vertragsparteien vorher vereinbart hätten, dass Teilabnahmen erfolgen sollen.

Regelmäßige Baubesprechungen abhalten

Kommunikation ist alles – auch beim Bauen. Alle am Bau Beteiligten sollten sich regelmäßig über den Baufortschritt austauschen, die Planung abstimmen, Probleme ansprechen und Lösungen erarbeiten. Normalerweise nehmen an einer Baubesprechung der Architekt, der Bauleiter, der Statiker und ein Vertreter der beauftragten Baufirma teil. Sie als Bauherrin oder Bauherr sollten ebenfalls anwesend sein, sodass Sie immer auf dem Laufenden sind. So können Sie mögliche Probleme, Mängel und vor allem die Kosten immer im Blick behalten.

„BAUFORTSCHRITT KONTROLLIEREN!“

Ulrike Gantert, Rechtsanwältin und Fachanwältin für Bau- und Architektenrecht, über Baumängel und wie sie sich verhindern lassen:

Was kann ein Bauherr tun, wenn er Baumängel feststellt?

Werden Baumängel vor der Abnahme festgestellt, sollten die Abnahme unter Beschreibung der Mangelsymptome verweigert und keine weiteren Zahlungen geleistet werden. Werden Baumängel dagegen erst nach der Abnahme festgestellt, sollten diese dokumentiert und gegenüber dem Vertragspartner gerügt werden, und es sollte ihm gleichzeitig eine Frist zur Mangelbeseitigung gesetzt werden. Meine Mandanten weise ich immer darauf hin, dass sie die Gewährleistungsfrist im Blick behalten müssen. Ganz wichtig ist in diesem Zusammenhang der Hinweis darauf, dass eine schriftliche Mängelrüge im Normalfall nicht zu einer Verlängerung der Gewährleistungsfrist führt.

Wie lassen sich Baumängel am wirkungsvollsten verhindern?

Nach meiner Erfahrung kommt es entscheidend darauf an, den Baufortschritt streng zu kontrollieren und etwaige Mängel rechtzeitig zu rügen. Dazu sollte man idealerweise einen baubegleitenden Fachmann hinzuziehen (die Stundensätze liegen häufig unter 100 Euro). Es wird oftmals genügen, wenn der Fachmann einmal im Monat auf die Baustelle kommt und ein bis zwei Stunden lang genau hinschaut. So kann man für relativ wenig Geld den Stand der Dinge fachlich beurteilen lassen.

Wer haftet, wenn beim Rohbau gebrauchte Baumaterialien verwendet werden und später Mängel auftreten?

Diese Frage kann man nicht pauschal beantworten. Die ausführende Baufirma haftet grundsätzlich für Mängel der von ihr erbrachten Werkleistung. Ob durch die Verwendung gebrauchter Baumaterialien ein Mangel entstanden ist, hängt von den Umständen des Einzelfalls ab: Wenn der Bauherr gebrauchte Baustoffe zur Verfügung stellt, muss die Baufirma eventuelle Bedenken, die sie wegen der Qualität dieser Baustoffe hat, anmelden und den Bauherrn auf die damit verbundenen Risiken hinweisen. Möchte der Bauherr diese Baustoffe trotzdem einsetzen, haftet er selbst für spätere Mängel und nicht die Baufirma. Verwendet die Baufirma dagegen vom Bauherrn zur Verfügung gestellte Baustoffe „blind“ und übersieht, dass deren Lebensdauer oder Funktionalität eingeschränkt ist, haftet sie für diese Mängel.

Welche juristischen Risiken bestehen bei Eigenleistungen?

Grundsätzlich kann der Bauherr Eigenleistungen nur dann erbringen, wenn er die betreffenden Leistungen nicht anderweitig beauftragt hat. Sofern ein Bauherr Eigenleistungen erbringt, riskiert er Streit, wenn es später zu Schäden kommt und ihre Ursache nicht klar ist. Bauträger und Bauunternehmer schieben die Schuld in der Regel auf den Bauherrn und umgekehrt. Wird eine Eigenleistung zu spät erbracht, gerät unter Umständen der ganze Bauablaufplan ins Schwanken. Für etwaige daraus resultierende Zusatzkosten müsste der Bauherr aufkommen.

SPAREN DURCH EIGENLEISTUNG

Wer sich auf der Baustelle selbst mit Zeit und Arbeitskraft einbringen möchte, hat dafür beim Rohbau, vor allem jedoch beim Innenausbau und natürlich beim Anlegen von Garten und Terrasse viele Möglichkeiten. Ob und wie viel Geld sich dabei sparen lässt, hängt von verschiedenen Faktoren ab. Laut Bauherrenschutzbund sind durch in der Freizeit erbrachte Eigenleistungen eines Bauherrn Einsparungen in Höhe von maximal 5 bis 10 Prozent der Gesamtbausumme möglich.

Zu bedenken ist jedoch: Selbst geübte Heimwerker werden für bestimmte Arbeiten länger brauchen als Profis. Wenn die Eigenleistung so zu einer Verlängerung der Bauzeit führt, kann dies wiederum an anderer Stelle höhere Kosten verursachen, etwa durch längere Mietzahlungen für Ihre bisherige Wohnung.

Beim Abwägen der Ersparnis durch Eigenleistungen sollten Sie auch bedenken, welcher Arbeitsaufwand dabei auf Sie zukommen kann. Es ist ja nicht mit der eigentlichen handwerklichen Tätigkeit getan, sondern es stehen zum Beispiel auch Recherchen, Entscheidungen, Bemusterungen und Besprechungen an. Neben Ihrem eigentlichen Beruf und dem Alltag kann das eine sehr große Herausforderung sein, die Zeit und Energie fordert.

Eigenleistungen, auch „Muskelhypothek" genannt, gelten bei Banken als Eigenkapital. Damit eine Bank eine Eigenleistung als Eigenkapital anerkennt, müssen vorab bestimmte Angaben gemacht werden. Dazu zählen die Art der Eigenleistung, die ausführenden Personen, die berufliche Qualifikation des oder der Ausführenden, die Materialkosten und die veranschlagten Lohnkosten sowie, einzeln aufgeschlüsselt, die konkret zu erwartende Kostenersparnis.

Nur der Stundenlohn für Handwerker, den Sie durch Ihre eigene Arbeit sparen, wird von Banken angerechnet. Dazu sollten Sie eine Aufstellung der betreffenden Gewerke von Ihrer Architektin, Ihrem Planer oder Fertighausanbieter einholen. Wichtig ist, dass darin die Material- und Lohnkosten getrennt ausgewiesen sind. Um die aktuellen Lohnkosten zu erhalten, können Sie auch Angebote von Handwerksbetrieben einholen. Von den Lohnkosten rechnen Sie dann den realistischen Stundenanteil heraus, den Sie selbst leisten können. Die gesparten Lohnkosten dividiert durch den Stundensatz des Handwerkers – je nach Ge-

Zeitlicher Aufwand für Eigenleistungen

Die folgenden Angaben beziehen sich auf ein beispielhaftes Reiheneckhaus mit 140 Quadratmetern Wohnfläche und drei Stockwerken. Das Haus ist unterkellert. Auf die Angabe von Kosten wird bewusst verzichtet, da diese starken zeitlichen und regionalen Schwankungen unterworfen sind.

- Trockenbau mit Wärmedämmung der Dachflächen: 102 Stunden
- Fensterbänke innen setzen: 3 Stunden
- Fliesen und Platten legen: 48 Stunden
- Zimmertüren setzen: 79 Stunden
- Maler- und Lackierarbeiten: 94 Stunden
- Bodenbeläge einbauen: 89 Stunden
- Tapezierarbeiten: 31 Stunden
- Außenanlage: 30 Stunden

Gesamtaufwand: 476 Stunden

Quelle: Verband Privater Bauherren e.V.

Mit diesen Eigenleistungen können Sie Kosten sparen

Die mögliche Einsparung beträgt etwa 50 Euro pro Handwerkerstunde.

- Wände verputzen
- Wände streichen oder tapezieren
- Bodenbeläge verlegen
- Fliesen legen
- Beim Trockenbau: Gipskarton- oder Gipsfaserplatten montieren, schleifen und spachteln
- Rasen ansäen
- Sträucher einsetzen und Pflanzbeete anlegen
- Das Grundstück bei Bedarf mit Randsteinen, Sträuchern oder Gartenzaun einfassen

werk zwischen 50 und 80 Euro – ergibt den erforderlichen Zeitaufwand.

Zu besseren Konditionen bei der Finanzierung durch die Bank tragen Eigenleistungen allerdings nur in begrenztem Umfang bei. Je nach Bank werden maximal 30 000 Euro an Eigenleistungen angerechnet. In vielen Fällen sind jedoch Eigenleistungen im Gegenwert von rund 10 000 Euro realistischer.

Fallstricke bei der Eigenleistung

Wer mit Eigenleistungen die Baukosten senken möchte, muss sich vor allen Dingen ehrlich und realistisch einschätzen. Dabei helfen zwei Fragen: Welche Arbeiten können Sie handwerklich mit Sicherheit bewältigen? Und wie viel Zeit können Sie dafür erübrigen?

Viele Bauherrinnen und Bauherren neigen dazu, sich in diesen Punkten zu überschätzen. Neben dem Beruf die Wochenenden und den Urlaub in den Hausbau zu stecken ist eine nicht unerhebliche Belastung. Maximal 20 Stunden pro Woche sind neben eigener Berufstätigkeit für den Baustelleneinsatz realistischerweise drin. Dabei sollten Sie auch Zeitpuffer einplanen: Was ist, wenn Sie unerwartet krank werden, wenn Notfälle in der Familie oder besondere Belastungen am Arbeitsplatz auftreten?

Weitere Punkte, die Sie bei der Entscheidung für oder gegen Eigenleistungen abwägen müssen, sind etwa: Besitzen Sie alle für den geplanten Bauabschnitt nötigen Werkzeuge? Falls nicht, müssen Sie diese kaufen oder ausleihen. Eigene Fehler bei der Bauausführung können teuer werden, wenn sie dann von professionellen Handwerkern ausgebessert werden müssen. Es besteht auch das Risiko, sich beim ungewohnten Engagement auf dem Bau zu verletzen. Und es ist auch immer zu bedenken, dass Sie zwar Handwerkerkosten sparen können, jedoch keine Materialkosten. Zudem müssen Sie möglicherweise den Transport des Baumaterials zur Baustelle selbst und auf eigene Kosten organisieren. Eine Ausnahme stellen Ausbauhäuser von Fertighausanbietern dar, bei denen der Käufer sogenannte Ausbaupakete bestellt hat, um den Innenausbau seines Fertighauses selbst vornehmen zu können. In diesem Fall liefert der Fertighausanbieter die für den jeweiligen Bauabschnitt nötigen und vorab besprochenen Materialien in der richtigen Menge und zum richtigen Zeitpunkt an die Baustelle (siehe Seite 41).

Wenn Sie oder Ihre Familienmitglieder beim Bau Eigenleistungen erbringen, haften Sie für Mängel der Eigenleistungen. Sollten Ihre Leistungen auf Vorarbeiten eines Bauunternehmers aufbauen, kann es beim Auftreten von Mängeln schwierig sein, festzustellen, ob die Eigenleistung oder die Leistung des Bauunternehmers mangelhaft erbracht wurde. Wenn Sie zum Beispiel Fertigparkett auf den von einem Fachmann errichteten Estrich verlegen und sich später die Parkettbahnen lösen, weil der Estrich mangelhaft ausgeführt wurde, müssen Sie das beweisen. Denn der Estrichleger wird argumentieren, dass er seine Leistung fachgerecht erbracht hat und das Parkett unfachmännisch verlegt wurde. Sofern die Leistungen eines Fachmanns auf Ihren Eigenleistungen aufbauen, kann es im Fall des späteren Auftretens von Mängeln ebenfalls zu Streitereien kommen. Denn der Fachmann wird sich darauf berufen, dass die Eigenleistungen unfachmännisch durchgeführt wurden, ohne dass dies für ihn erkennbar war. Auch in diesem Fall müssten Sie beweisen, dass der Bauunternehmer seine Leistung mangelhaft erbracht hat, wenn Sie ihn auf Mangelbeseitigung in Anspruch nehmen wollen. Eine saubere Trennung von Handwerkerleistungen und Eigenleistungen sowie das rechtzeitige Begutachten eines fertigen Bauabschnitts können helfen, Streitereien über die Gewährleistungsverpflichtung des Bauunternehmers zu vermeiden.

Ein weiterer Fallstrick ist der Zeitfaktor: Schaffen Sie es nicht rechtzeitig, mit einem Arbeitsabschnitt fertig zu werden, können die nachfolgenden Handwerker ihre Arbeit nicht fristgerecht aufnehmen. Dadurch verzögert sich nicht nur der Bau, sondern die Handwerker haben Leerlauf. Derartige Verzögerungen können hohe Folgekosten und somit eine eventuell nötige Nachfinanzierung zur Folge haben. Den Kostenvorteil durch Ihre Eigenleistung kann das dann wieder zunichtemachen. Sicherer ist es, Eigenleistungen erst dort einzubringen, wo die Fachfirmen bereits fertig sind, also im Innenausbau gegen Ende der Bauphase. Dann fällt der Zeitdruck weg, rechtzeitig fertig zu sein, bevor Handwerker mit dem nächsten Gewerk beginnen.

Für Familienmitglieder oder Freunde, die im Rahmen der Eigenleistungen mithelfen, müssen Sie jeweils eine Bauhelfer-Unfallversicherung abschließen, und zwar unabhängig davon, ob die Helfer und Helferinnen von Ihnen bezahlt werden oder als Familienmitglieder unentgeltlich mitarbeiten. Für jeden Bauhelfer beträgt die einmalige Versicherungssumme zwischen 30 und 50 Euro. Zudem muss jeder Helfer bei der Berufsgenossenschaft der Bauwirtschaft (BG Bau) angemeldet werden. Alles in allem kann es unter Umständen kostensparender sein, Ihre Zeit und Energie in Ihrem eigenen Beruf einzusetzen und das so verdiente Geld dafür zu verwenden, professionelle Handwerker zu engagieren, die Ihr Bauprojekt fristgerecht und fachlich einwandfrei ausführen und dafür Gewährleistung bieten.

Wann sind Eigenleistungen sinnvoll?

Bei Eigenleistungen können Sie am meisten Kosten dort sparen, wo es um die Arbeitszeit und nicht um die Materialkosten geht. Der Lohnanteil von Handwerkern, den Sie sparen, kann je nach Gewerk 50 bis 80 Euro pro Stunde betragen. Obwohl es auch beim Rohbau Bereiche gibt, die geübte Heimwerker selbst übernehmen können, bietet sich das meiste Einsparpotenzial beim Innenausbau an. Hier finden sich geeignete Möglichkeiten für geübte wie auch für weniger geübte Heimwerker. Je nach Zeit und Geschick können Sie zum Beispiel Wände streichen und tapezieren, Holz- oder Metallrahmen für leichte Trennwände aufstellen, Trockenbauwände montieren, verspachteln und schleifen, Fußbodenbeläge verlegen, mit etwas Übung auch Fliesen legen, leichte Trennwände mit Dämmstoff füllen, Zimmertüren einbauen oder beim Dach die Dämmung zwischen den Sparren oder auf der obersten Geschossdecke anbringen.

Wenn Sie wenig Zeit oder Übung haben, aber dennoch am Bau mitwirken möchten, sollten Sie sich auf wenige einfache Tätigkeiten beschränken, die Sie selbst ausführen können. Als Hobbyhandwerker den Profis zuzuarbeiten ist dagegen nur bedingt empfehlenswert. Es kann durchaus sinnvoll sein, die Fliesen oder die Holzdielen ins Haus zu tragen und zum Beispiel zurechtzulegen, um die Lohnkosten für Handlanger zu sparen. Das gemeinsame Verlegen des Bodens hingegen kann unter Umständen mehr Zeit kosten, als wenn Profihandwerker alleine arbeiten, und würde somit keine große Ersparnis bringen. Zu prüfen wäre im Einzelfall auch, ob dann die Gewährleistung überhaupt noch greift.

Typische Arbeit in Eigenleistung: Anbringen eines Dämmstoffs zwischen den Dachsparren

Im Außenbereich können Sie sich ebenfalls einbringen und zum Beispiel Wege anlegen, Zäune aufstellen, Rollrasen ausrollen, Beete anlegen, Pflanzen setzen und einiges mehr. Hier haben Sie vor allem keinen Zeitdruck, denn Sie können diese Arbeiten je nach verfügbarer Zeit und finanziellen Möglichkeiten auch nach und nach angehen.

Am Rohbau hingegen sollten sich nur geübte Bauherren beteiligen, idealerweise mit Handwerksberuf. Wände mauern und verputzen, Treppen einbauen oder den Dachstuhl errichten sind anspruchsvolle Tätigkeiten, die viel Erfahrung erfordern. Zudem sind beim Rohbau aufgrund des hohen Anteils der Materialkosten – sie machen rund 40 Prozent der Rohbaukosten aus – die Möglichkeiten zum Kostensparen durch Eigenleistung nur begrenzt. Mit Ausnahme des zeitintensiven Verputzens von Außenwänden liegen die Einsparmöglichkeiten beim Rohbau je nach Einsatz und Können zwischen 10 und 30 Prozent der gesamten Rohbaukosten. Dabei sollten Sie jedoch bedenken, dass bei derartigen Arbeiten nicht nur das Verletzungsrisiko steigt, sondern bei fehlerhafter Ausführung eine dann unter Umständen nötige fachgerechte Korrektur sehr teuer werden kann. Ausschließlich dem Fachmann überlassen sollten Sie Gas-, Wasser-, Elektro- und Sanitärinstallationen sowie das Einsetzen von Fenstern.

So können Ausbaustufen aussehen

Das folgende Beispiel bezieht sich auf ein Musterhaus mit einer Netto-Grundfläche von 127 Quadratmetern. Das Haus verfügt über ein Erd- und ein Dachgeschoss mit einer Kniestockhöhe von 105 Zentimetern und einer Dachneigung von 35 Grad.

Ausbaustufe 1 (Ausbauhaus)
ca. 192 000 Euro

- Sanitärinstallation in den Wänden
- Komplette Sanitärgrundinstallation inkl. Wasserverteiler
- Komplette Elektroinstallation inkl. Zählerschrank
- Geschosstreppe
- Haustüre, Fenster inkl. Rollladen und Innenfensterbänken eingebaut
- Komplette Spenglerarbeiten
- Dach gedämmt, Eindeckung mit Ton-Dachziegeln, Dachentwässerung
- Geschossdecke mit Wärme- und Schallschutz
- Innenwände mit Gefachdämmung und doppelter Beplankung
- Außenwände mit Einbruchschutz, Wärme- und Schallschutz, innen Holzwerkstoffplatte und Gipsbautafel
- Außenfassade komplett fertiggestellt
- Garantieleistungen und Güteüberwachungen des Herstellers
- Baustelleneinrichtung, Transport, Montage, Reststoffcontainer
- Planung, Bauleitung und Statik

Ausbaustufe 2 (technikfertig)
ca. 217 000 Euro

- Heizungsinstallation und Lüftungssystem
- Fußbodenaufbau

Ausbaustufe 3 (fast fertig)
ca. 227 000 Euro

- Sanitärausstattung
- Wandfliesen
- Decken- und Dachflächenverkleidung

Ausbaustufe 4 (bezugsfertig)
ca. 249 000 Euro

- Zimmertüren
- Sonstige Bodenbeläge
- Malerarbeiten
- Bodenfliesen

Quelle: SchwörerHaus, -Bau- und Ausstattungsbeschreibung 1/2020

Ausbauhaus – lohnt sich das?

Unter einem Ausbauhaus versteht man den Rohbau eines Fertighauses. Die Außenwände sind gedämmt, das Dach ist dicht, und Fenster und Haustür sind eingebaut. Je nach Größe und Ausbaustandard kostet ein Ausbauhaus ab rund 120 000 Euro aufwärts. Der Innenausbau ist dann Sache des Bauherrn, ebenso wie Planung und Koordination der Arbeitsabläufe sowie der Kauf und Transport der für den Ausbau benötigten Materialien. Da Fertighaushersteller oft auch weitergehende Ausbaustufen anbieten, kann man den Umfang der Eigenleistungen individuell anpassen. Sogenannte Ausbaupakete unterstützen Bauherren noch weiter: Dabei werden die Materialien in der richtigen Menge und zum richtigen Zeitpunkt vom Fertighaushersteller an die Baustelle geliefert, und er übernimmt für die Qualität der Ware auch die Gewährleistung.

Der Begriff Ausbauhaus ist rechtlich nicht geschützt und daher nicht klar definiert, sodass es im Ermessen des Herstellers liegt, welche baulichen Leistungen er damit anbietet und vertraglich zusichert. Den Grad des gewünschten Ausbaus sollten Sie daher zunächst abklären. Manche Hersteller bieten verschiedene Ausbaustufen an. Dabei ist es beispielsweise empfehlenswert, die Elektroinstallation vom Hersteller mit übernehmen zu lassen.

Ein Ausbauhaus sollte bei Übergabe mindestens Folgendes enthalten:

- gedämmte Außenwände
- tragende Innenwände
- gedämmtes Dach samt Dachdeckung
- Fassadenputz oder -verkleidung
- Fenster und Rollläden
- Haustür und Terrassentür
- Leerrohre für elektrische Leitungen
- Rohre für Wasser und Abwasser
- ggf. Vorrichtungen für Gasanschlüsse.

Finanziell bietet ein Ausbauhaus mehrere Vorteile: Es kostet zunächst deutlich weniger als ein bezugsfertiges Haus, und die Kreditinstitute rechnen bei der Vergabe eines Darlehens Ihre Eigenleistung als Eigenkapital an, auch Muskelhypothek genannt. Ein weiterer Vorteil liegt neben der Kostenersparnis darin, dass Sie bei der Gestaltung des Innenausbaus viel individuellen Spielraum haben.

Dennoch: Den Innenausbau selbst zu übernehmen bedeutet, auch wenn es sich nur um Teilbereiche handelt, einen hohen Zeitaufwand, und es ist handwerkliches Können erforderlich. Kosten sparen lässt sich dabei am besten, wenn man als Bauherr selbst einen entsprechenden Handwerksberuf ausübt. Viele Bauherren, die Hobby-Heimwerker ohne baulich-professionellen Hintergrund sind, überschätzen sich und ihre Fähigkeiten, was in der Folge zu höheren Kosten führen kann. Daher ist bei der Überlegung zu einem Ausbauhaus ein selbstkritischer Blick auf das eigene Können und die persönlichen Zeitreserven besonders wichtig und eine Beratung durch Profis unbedingt empfehlenswert. Dabei sollten Sie außerdem bedenken, dass Sie bei selbst ausgeführten Arbeiten für Fehler auch selbst haften.

Der Innenausbau umfasst grundsätzlich folgende Arbeiten:

- leichte Trennwände einbauen
- Estrich, Fußbodenheizschlangen und Bodenbeläge verlegen
- Innenwände verputzen und streichen oder tapezieren
- Innentüren einbauen
- Sanitärobjekte in den Bädern installieren
- Trinkwasser- und Abwasserleitungen anschließen
- Gas- und Stromleitungen vorbereiten
- Heizungsanlage vorinstallieren.

Ganz ohne Handwerker geht es allerdings nicht, denn Elektrik, Gasanschluss und Anschließen der Heizungsanlage müssen laut Gesetz von Fachleuten vorgenommen werden. Die Handwerker und die damit verbundenen Termine müssen Sie selbst koordinieren und sich mit eventuell auftretenden Problemen, zum Beispiel baulichen Fehlern oder Zeitverzögerungen bei der Fertigstellung, befassen. Manche Hersteller bieten einen Montageservice an.

Alles in allem können Sie, wenn Sie als geübter Heimwerker mit eigenen Helfern den Innenausbau selbst vornehmen, laut dem Verband Privater Bauherren (VBP) insgesamt bis zu 18 000 Euro an Lohnkosten für Handwerker sparen.

In zweiter Reihe vorn dabei

WOHNHAUS IN HAMBURG
KARSTEN GROOT ARCHITEKTEN

Ein klarer Baukörper, ein einfacher Grundriss und reduzierte Fensterflächen halfen, Kosten zu sparen.

Eine schlichte, eingespannte Glasplatte dient als Vordach und schützt den Hauseingang. Die Bodenplatten verlegte der Bauherr in Eigenleistung.

Ein schmales Budget und ein noch schmaleres Grundstück erforderten kreative Lösungen: Es entstand ein Wohnhaus mit klaren Grundrissen, das überraschend viel Platz und Licht bietet und dadurch räumlich großzügig wirkt.

Situation Für das extrem schmale und lange Grundstück, den rückwärtigen Teil des elterlichen Gartens, lagen anfangs weder ein Bebauungsplan noch eine Baugenehmigung vor. Nachdem die Architekten bei der zuständigen Behörde für den nötigen rechtlichen Rahmen gesorgt hatten, bestand ihre nächste Herausforderung darin, die Wünsche der vierköpfigen Bauherrenfamilie mit dem vorhandenen Budget in Einklang zu bringen. Die Bauherren verzichteten auf einen Keller und waren auf Anregung der Architekten darüber hinaus bereit, ihre eigenen Wohnvorstellungen kritisch zu hinterfragen. Dies führte schließlich zu einer Reduktion der Wohnfläche, zum Verzicht auf unnötige Baumasse und zur Wahl einfacher technischer Anlagen. All dies zusammen trug dazu bei, die Baukosten entscheidend zu reduzieren.

Baukörper und Materialien Da die Zufahrt zwischen dem an der Straße stehenden Elternhaus und dem Nachbargrundstück äußerst eng war, erwies es sich als schwierig, die Baustelle einzurichten und anzufahren. Daher entschieden sich die Architekten für eine Holzständerbauweise, bei der die Tragkonstruktion ohne den Transport sperriger Bauteile vor Ort errichtet werden konnte. Die Bauzeit betrug nur acht Monate. Das Haus hat zwei Vollgeschosse und einen unbeheizten Spitzboden, der als Kellerersatz dient, wodurch nicht die gesamte Dachfläche, sondern nur die oberste Geschossdecke gedämmt werden musste. Ein späterer Ausbau zu einem zusätzlichen Raum ist dabei immer noch möglich.

Aus Kostengründen fiel bei den Geschossdecken die Wahl auf Holzbalkendecken und bei den Fenstern auf Standardformate und Kunststoffrahmen. Mit dieser Fensterart sparten die Bauherren im Vergleich zu Holz- oder Holz-Alufenstern mindestens 30 Prozent. Auf Glasschiebetüren zur Terrasse verzichteten die Bauherren, was eine weitere wesentliche Kostenersparnis bedeutete.

Grundriss und Innenraum Durch die mittige Lage von Hauseingang und Windfang führt der offene Wohnbereich um das Erdgeschoss herum, sodass keine Verkehrsflächen anfallen. Zudem ist der Grundriss flexibel nutzbar: Die in Raummitte angeordnete zweiläufige Treppe gliedert den Wohnraum in einen größeren Koch-Essbereich und einen kleineren Wohnbereich mit angrenzendem Fernsehraum. Dieser etwa acht Quadratmeter große Raum lässt sich später bei Bedarf durch eine leichte Trennwand als Gästezimmer oder als Büro abteilen. Als Bad dient dann das Gäste-WC neben dem Eingang, das mit einer schwellenfreien Dusche ausgestattet ist. Durch die räumliche Gliederung lassen sich einzelne Funktionsbereiche definieren. Bei diesem Haus ist vor allem der hintere Wohnbereich mit dem Kaminofen das Reich der Kinder. Die Treppe im Zentrum des Wohnraums besteht aus weiß lackierten Tischlerplatten und Eichenholzstufen mit einem einfachen Stahlgeländer, das vorübergehend zur Absturz- und Kindersicherung mit Netzen bespannt wurde. Ein Fenster über der Treppe sorgt für Tageslicht, wodurch das Zwischenpodest zu einem begehrten Spielbereich und Sitzplatz geworden ist.

Im Obergeschoss führt die klare Grundrissstruktur zu gut nutzbaren Räumen ohne jede Platzverschwendung. Zugunsten der beiden Kinderzimmer, die mit jeweils rund 14 Quadratmetern viel Platz bieten, beschränkten sich die Bauherren bei der Größe des Bades auf knapp acht Quadratmeter. Auch der Flur kann dank eines Fensters gut mehrfach genutzt werden, zum Beispiel als Arbeitsplatz oder als Spielflur, sodass es im gesamten Haus keine verschwendeten Verkehrsflächen gibt. Dies trug maßgeblich dazu bei, dass die Wohnfläche von 138 Quadratmetern optimal ausgenutzt werden konnte und das Wohnhaus innen größer wirkt, als es ist.

In die Treppe ist ein Regal integriert, und unter dem Podest verbirgt sich ein kleiner Stauraum. So wird der vorhandene Raum optimal ausgenutzt.

Ansicht von Südosten: Die Terrasse ist der Küche vorgelagert. Rechts an der Terrasse vorbei führt der Weg entlang der Längsseite zum Hauseingang.

Energiekonzept Mit seinen rund 45 Zentimeter dicken und gut gedämmten Außenwänden erfüllt das Haus leicht den KfW-55-Standard. Anstelle einer zentralen Lüftungsanlage sorgt eine dezentrale Wohnraumlüftung für eine permanente Frischluftzufuhr, unterstützt durch Stoßlüften übers Fenster. Der Primärenergiebedarf wird über eine Luftwärmepumpe in Kombination mit einer Fußbodenheizung gedeckt, was als kostengünstigste Heizvariante angesichts der dichten Gebäudehülle völlig ausreichend ist. Daher ist auch der Kaminofen im Wohnraum nicht an das Heizsystem angeschlossen, dennoch heizt er, wenn in Betrieb, durch den offenen Grundriss weite Teile des Hauses. Die Kabel für eine Photovoltaikanlage wurden vorgerüstet, sodass die Anlage später installiert werden kann.

Garten und Außenanlagen Beim Bau des Wohnhauses wurde Rücksicht auf den alten Baumbestand im elterlichen Garten genommen. Dabei begrenzten unter anderem Zypressenhecken das Grundstück, die als Sichtschutz gute Dienste leisten. Die Terrassenplatten aus Beton, die auch den Hausbegang befestigen, verlegte der Bauherr in Eigenleistung.

Projektdaten

Architektur: Sabrina Jantke, Karsten Groot Architektur, Hamburg
Anzahl der Bewohner: 4
Grundstücksgröße: ca. 563 m²
Wohnfläche: 138 m²
Anzahl der Vollgeschosse: 2
Keller: nein
Energiestandard: KfW-55-Standard
Energiekonzept: Luftwärmepumpe, Kaminofen, dezentrale Wohnraumlüftung
Konstruktion und Materialien: Holzständerbau, Holzbalkendecken, Kunststofffenster, Lärchenholzfassade, Ziegeldeckung
Jahr der Fertigstellung: 2017

Baukosten: 2 090 Euro brutto pro m² Wohnfläche (KG 300 + 400)
Bauwerkskosten: 288 700 Euro brutto (KG 300 + 400)

Kostensparende Aspekte:

- Offener Grundriss im Wohnbereich: Verzicht auf Trennwände und Türen
- Rollladen anstatt Lamellenraffstores
- Verzicht auf zentrale Lüftungsanlage
- Standardmaße bei Fenstern
- Verzicht auf Glasschiebetüren
- Kunststofffenster
- Eigenleistungen (Fliesen der Bäder, Malerarbeiten, Außenanlagen und Handlangertätigkeiten bei den Zimmermannsarbeiten)
- Kurze Bauzeit (acht Monate) durch effiziente Planung

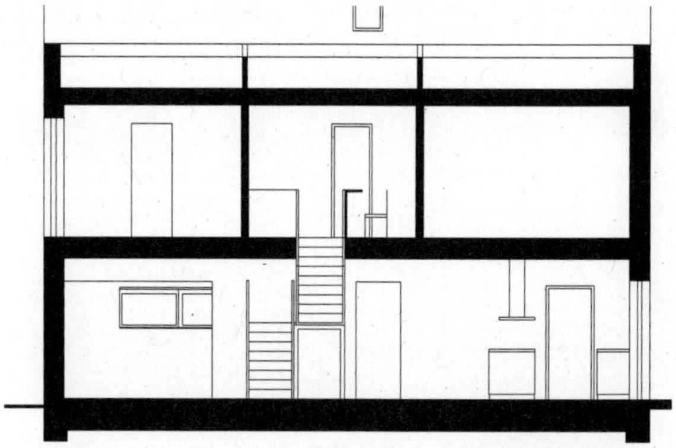
Obergeschoss

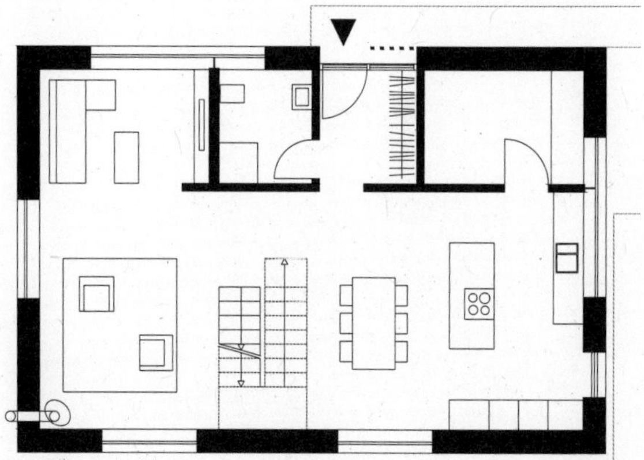
Erdgeschoss

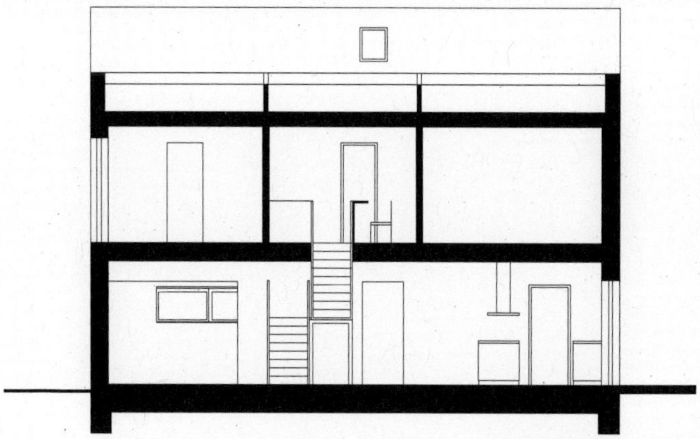
Längsschnitt

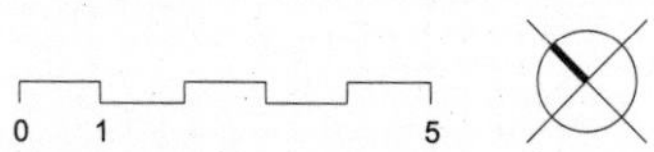

Wohnen im Winkel

L-FÖRMIGES WOHNHAUS IN FRANKEN
CLAUS ARNOLD ARCHITEKT BDA

Ein Haus, zwei Dächer: Auf kleinem Grundstück entstand ein schlichtes Wohnhaus mit Charme, das mit minimalen Erschließungsflächen und maximaler Privatheit punktet.

Situation In ländlicher Gegend fanden die Bauherren ein kleines, leicht abfallendes Grundstück in einem heterogenen Neubaugebiet. Mit begrenztem Budget sollte ein Haus mit etwa 120 Quadratmetern Wohnfläche entstehen, wobei den Bauherren ein großes Arbeitszimmer wichtig war. Um möglichst viel Privatsphäre zu ermöglichen, wählte der Architekt ein winkelförmiges Gebäude, das mit seinen beiden unterschiedlich hohen, einfachen Riegeln den Freibereich einfasst und von der Straße abschirmt. Nach Süden und Westen öffnet sich das Haus über große Glasfassaden zur Sonne hin, währen die Nord- und Ostseite weitgehend geschlossen ist.

Die von den Gebäuderiegeln eingefasste Terrasse gleicht das leichte Gefälle des Grundstücks aus.

Die Treppe führt in den offenen Arbeitsbereich im Obergeschoss. Im Hintergrund eines der Schlafzimmerfenster.

Baukörper und Materialien Da das Wohnhaus als monolithischer Mauerwerksbau mit 36,5 cm dicken Hochlochziegeln gebaut wurde, konnte der Architekt auf eine Wärmedämmung der Außenwände verzichten. Und obwohl durch die unterschiedlich hohen Baukörper zwei Dächer nötig waren, entstanden nur minimale Mehrkosten im Vergleich zu einer durchgehenden Dachfläche: Kostensparend wirkten sich die einfachen, geraden Dächer aus, die zudem mit nur wenigen Reihen Keramikdachziegeln auskamen.

Grundriss und Innenraum Durch die Erschließung im Knotenpunkt der beiden Riegel öffnen

sich die Privaträume vom Eingangsbereich ausgehend nach zwei Seiten zur Terrasse hin. Die Bauherren wünschten sich eine zur Terrasse hin offene Wohnküche und einen räumlich davon unabhängigen Wohnbereich mit viel Tageslicht, aber überwiegender Festverglasung. Von diesem Bereich aus führt die Treppe ins offene Obergeschoss, das – anders als der Trakt mit der Wohnküche – auch zum Dachraum hin offen ist. Vom Arbeitsplatz, der zudem als Verteiler zu Bad und Schlafraum dient, hat man einen weiten Ausblick in die Landschaft. Bei Bedarf könnte dieser Bereich später mit einer leichten Trennwand abgeteilt werden.

Energiekonzept Das Wohnhaus entspricht den energetischen Vorgaben der damals gültigen EnEV 2014/16. Es wird mittels Gasbrennwerttherme und Fußbodenheizung beheizt, Solarthermie und Photovoltaik sind vorgesehen und die entsprechenden Installationen bereits angelegt. Auf der Süd- und der Westseite heizt die Sonne mit, während die überwiegend geschlossene Nordseite als Klimapuffer dient. Auf eine Lüftungsanlage konnten die Bauherren verzichten, da wegen der Baukörperform eine manuelle Querlüftung ausreicht. Lediglich im Bad musste eine kleine Abluftanlage installiert werden.

Garten und Außenanlagen Den Bauherren war ein vor Wind und Einblicken geschützter Außenbereich wichtig. Ein derartiger Bereich wurde durch die Gebäudeform möglich: Die beiden Gebäuderiegel fassen eine Lärchenholzterrasse ein, die auf den gegenüberliegenden Seiten durch eine Ligusterhecke geschützt ist. Auf eine Garage verzichteten die Bauherren aus Kostengründen zunächst und kauften erst zu einem späteren Zeitpunkt eine Fertiggarage dazu.

Die Wohnküche öffnet sich links über Glasschiebetüren zur Terrasse.

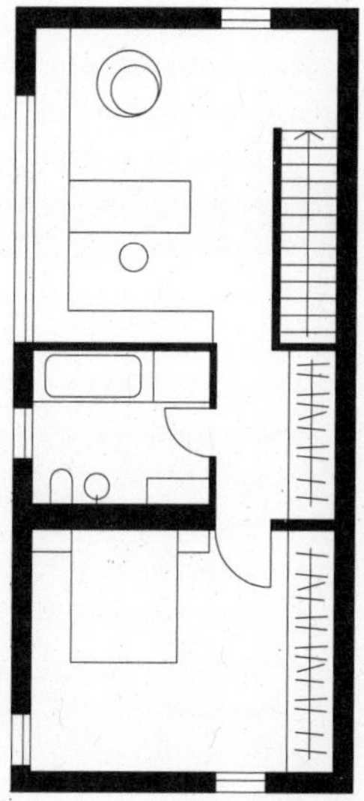

Obergeschoss

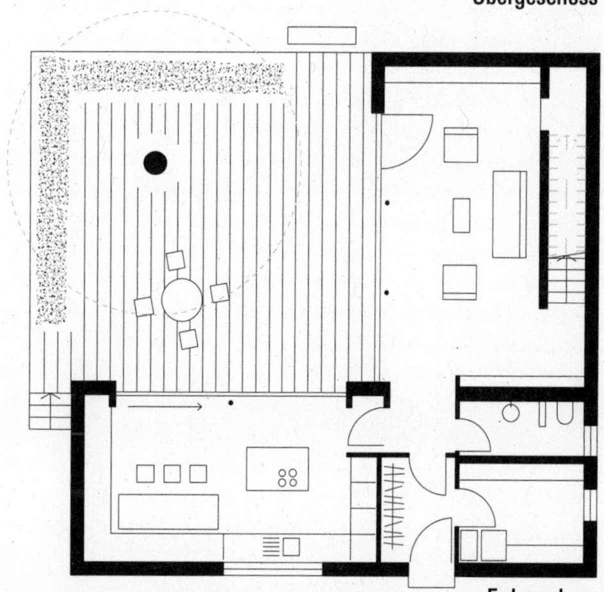

Erdgeschoss

Projektdaten

Architektur: Claus Arnold Architekt BDA, Würzburg
Anzahl der Bewohner: 2 (3 möglich)
Grundstücksgröße: 550 m²
Wohnfläche: 124 m²
Anzahl der Vollgeschosse: 2
Keller: nein
Energiestandard: gemäß EnEV 2014/16
Energiekonzept: Gasbrennwert-Therme, Fußbodenheizung, Fensterlüftung. Große Glasflächen nach Süden, weitgehend geschlossener Baukörper nach Norden
Konstruktion und Materialien: Mauerwerksbau monolithisch; Hochlochziegel 36,5 cm unverfüllt; Dach: Holzweichfaserdämmung; Dachdeckung: Keramikdachziegel
Jahr der Fertigstellung: 2016
Baukosten: ca. 2 000 Euro pro m² Wohnfläche (KG 300 + 400) Bauwerkskosten 250 000 Euro brutto (KG 300 + 400)

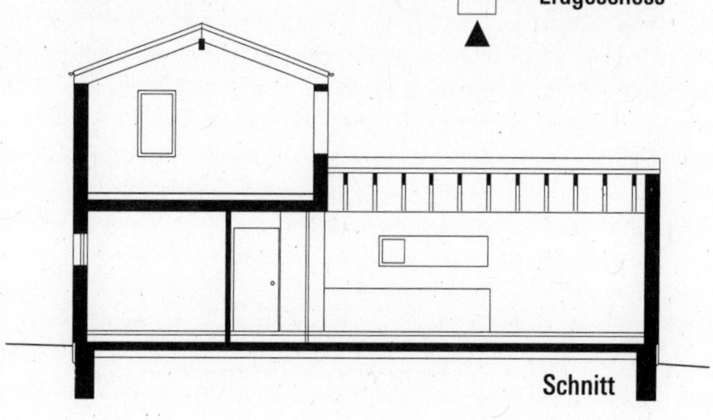

Schnitt

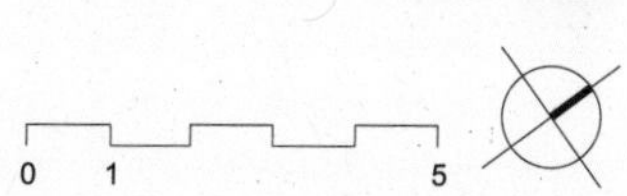

Kostensparende Aspekte:
- Monolithische Bauweise mit Putzfassade
- Einfache Dachformen ohne Dachfenster
- Minimierte innere Erschließungsflächen
- Im Wohnraum weitgehend Festverglasung
- Einfache Detailausbildung

HAUSTECHNIK UND ENERGIE

Gebäudehülle und Heizsystem müssen im Sinne einer ganzheitlichen Planung gut aufeinander abgestimmt sein, um die Energiekosten so niedrig wie möglich halten zu können. Dabei spielt die Verringerung von Wärmeverlusten eine wesentliche Rolle. Bereits der gesetzlich vorgeschriebene Mindestenergiestandard bietet sehr gute Voraussetzungen, um mit einem modernen Heizsystem und unter Verwendung regenerativer Energiequellen die Energiekosten im Vergleich zu älteren Bestandsbauten sehr deutlich zu senken. Wenn dann noch die kostenlos verfügbare Sonnenenergie ins Spiel kommt, bieten sich weitere Möglichkeiten zum Sparen von Energiekosten.

GANZHEITLICH PLANEN SPART KOSTEN

Bis 2050 sollen alle Mitgliedstaaten der Europäischen Union klimaneutral sein – darauf hat sich das Europäische Parlament im April 2021 mit den EU-Staaten geeinigt. Dieses Ziel hat auch Auswirkungen auf den Neubau von Wohnhäusern: Das Bauen selbst wird durch den dafür benötigten energetischen Standard zwar teurer, allerdings reduziert sich auch der Energiebedarf der fertigen Häuser, was sich positiv auf die Betriebskosten auswirkt.

Etwa drei Viertel des Energiebedarfs eines Wohnhauses entfallen auf den Bedarf an Energie für Heizung und Warmwasserbereitung. Um diesen Anteil zu senken, müssen die Gebäudehüllen von Neubauten luftdicht und so gut gedämmt sein, dass Wärmeverluste auf ein Minimum reduziert werden. Die verwendete Anlagentechnik, zum Beispiel die Heizungsanlage, muss energieeffizient sein, das heißt, sie muss die verwendeten Brennstoffe gut ausnutzen. Zusätzlich muss der Energiebedarf für die Heizung beziehungsweise die Warmwasserbereitung zu mindestens 15 Prozent durch regenerative Energien gedeckt werden. Diese Anforderung können Bauherren zum Beispiel mit einer ausreichend dimensionierten Solarthermieanlage zur Warmwasserbereitung oder mit einer Wärmepumpe erfüllen. Öl- oder Kohlekessel dürfen ab dem Jahr 2026 überhaupt nicht mehr neu eingebaut werden.

Laut dem Verband Privater Bauherren (VPB) stiegen durch derartige Maßnahmen seit Einführung der damals gültigen EnEV 2014/16 die Baukosten um rund 10 Prozent. Die Heizkosten sanken dagegen deutlich. Beispiele für Investitionskosten, Fördermaßnahmen und jeweilige Energiekosten werden in diesem Kapitel genauer beschrieben.

Zusammenspiel von Bauform, Materialien und Heiztechnik

Um den Bedarf an Heizenergie und somit die Betriebskosten zu minimieren, ist es mit Wärmedämmung allein nicht getan. Um auch die Baukosten im Rahmen zu halten, bedarf es vielmehr einer ganzheitlichen Planung, denn bereits einfache Maßnahmen können zu deutlichen Einsparungen führen.

Bereits während der Planung können Sie entscheidende Weichen stellen, um Ihren Energiebedarf und damit sowohl Ihre Bau- als auch Ihre späteren Energiekosten zu verringern. Wenn ein Baugrundstück durch hohe Bäume oder nahe Nachbarhäuser verschattet wird, kann sich das, je nachdem, aus welcher Himmelsrichtung der Schattenwurf kommt, auf den Energieverbrauch der Bewohner und somit auf die Heizkosten auswirken. Im Idealfall ist die Südseite frei, sodass sich die Wohnräume und die Dachflächen optimal zur Sonne ausrichten lassen. Über große Fenster heizt die Sonne dann passiv und mittels Solarthermie auf den Dachflächen aktiv mit, was die Heizungsanlage deutlich entlasten kann.

Im Norden angeordnete Nebenräume oder Treppen dienen dagegen als thermische Pufferzone. Neben einer sehr guten Wärmedämmung lassen sich mit nur wenigen und kleinen Fenstern die Energieverluste auf der „kalten" Nordseite wirkungsvoll minimieren.

Wenn man bedenkt, dass bis zu 70 Prozent der Wärmeverluste durch die Gebäudehülle verursacht werden (Transmissionswärmeverluste), sollten die Hüllflächen im Verhältnis zum beheizten Gebäudevolumen möglichst klein sein. Dies erreicht man am besten mit einem kompakten, schnörkellosen Baukörper. Vor-

und Rücksprünge in der Fassade vergrößern die Außenwandflächen und somit die Wärmeverluste über die Fassade. Außerdem können, wenn der Dämmstoff über Eck nicht lückenlos angebracht wird,sogenannte Wärmebrücken entstehen, an denen mehr Wärme entweicht als an angrenzenden Bereichen. Dieses Problem kann auch bei undichten Anschlüssen von Fenstern und Türen auftreten.

Das ideale Verhältnis von Hüllfläche A zu beheiztem Raumvolumen V, das sogenannte A/V-Verhältnis, besitzt die Kugel. Als Baukörper kommt ein Würfel dem idealen A/V-Verhältnis einer Kugel am nächsten. Ein sehr guter und für Einfamilienhäuser auch erreichbarer Wert für das A/V-Verhältnis liegt bei 0,5 m^{-1}. Werte von 0,6 bis 0,7 m^{-1} stehen ebenfalls für kompakte Gebäude, während bei Neubauten häufig immer noch Werte von 1,0 m^{-1} und darüber Realität sind. Zum Vergleich: Doppelhäuser haben ein A/V-Verhältnis von 0,6 bis 0,9 m^{-1}, Mehrfamilienhäuser von etwa 0,3 m^{-1}.

Wenn Sie das A/V-Verhältnis Ihres Hauses ermitteln möchten, benötigen Sie zwei Größen: das Raumvolumen (Innenraum: Länge x Breite x Höhe) und die Außenflächen (Außenmaße: Länge x Breite). Dazu teilen Sie Ihren Baukörper in geometrische Teilkörper mit klaren Maßen. Vorsprünge, Dächer und andere Anbauten werden jeweils eigens berechnet. Bei Schrägdächern multiplizieren Sie die Grundfläche des Daches mit einem dem Neigungswinkel entsprechenden Faktor (bei einer Neigung von 40 Grad beträgt dieser zum Beispiel 1,3054). Tabellen mit den jeweiligen Faktoren und sogar fertige Dachflächenrechner sind im Internet bei Portalen von Dachdeckern und Baustofffirmen leicht zu finden. So können Sie relativ einfach die einzelnen Volumina und Außenflächen Ihres Wohnhauses berechnen und die Werte dann jeweils addieren. Alternativ bitten Sie einfach Ihren Fertighaushersteller oder Ihre Architektin um die exakten Maße und Volumina.

Wärmedurchlässigkeit, U-Wert und Dämmwirkung

Neben der Südausrichtung des Hauses und der kompakten Baukörperform ist für die Höhe des Heizenergiebedarfs die Wärmedämmung der Gebäudehülle entscheidend. Die entscheidende physikalische Größe für die Wärmedurchlässigkeit zum Beispiel einer Außenwand oder eines Fensters ist der sogenannte U-Wert („unit of heat transfer"), auch Wärmedurchgangskoeffizient genannt. Er wird in Watt pro Quadratmeter und Kelvin (W/m²K) angegeben und beschreibt diejenige Energiemenge, die pro Zeiteinheit durch ein Bauteil mit einer Fläche von 1 m² fließt, wenn auf beiden Bauteilseiten ein Temperaturunterschied von 1 Kelvin herrscht. Die physikalische Einheit „Kelvin" ist im Falle eines Temperaturunterschieds mit Grad Celsius gleichzusetzen. Die U-Werte der einzelnen Gebäudekomponenten, wie Außenwand, Dach und Fenster, geben Auskunft über die Wärmeverluste der Gebäudehülle. Je kleiner der U-Wert ist, desto besser ist die Dämmwirkung der Wand beziehungsweise des jeweiligen Bauteils.

Um eine sehr gute Dämmwirkung zu erreichen, ist nicht immer ein Dämmstoff erforderlich. Werden etwa wärmedämmende Ziegel oder Porenbetonsteine verwendet, kann eine 36,5 Zentimeter dicke gemauerte Außenwand ohne zusätzliche Dämmschicht die Anforderungen des GEG bereits erfüllen. Bei Massivbauten ist dies die kostengünstigste Bauweise (siehe Seite 113).

Bei dünneren Außenwänden ohne ausreichende Dämmwirkung, wie zum Beispiel bei Betonwänden, muss auf der Wandaußenseite ein Dämmstoff angebracht werden. Die kostengünstigste Variante ist in diesem Fall das sogenannte Wärmedämmverbundsystem, bei dem der Putz direkt auf den außen liegenden Dämmstoff, der mit einem Putzträger versehen ist, aufgebracht wird. Ausführliche Erläuterungen zu Konstruktionen und Dämmstoffen finden Sie ab Seite 126.

„Viel Dämmung bringt viel" stimmt übrigens nur bedingt. Sobald mit einer gewissen Dämmstoffstärke, die je nach Dämmstoff zwischen 14 und 24 Zentimeter liegen kann, ein sehr guter U-Wert erreicht ist, bringt eine zusätzliche Dämmschicht keinen weiteren Vorteil. Eine Ausnahme stellt das Passivhaus dar, bei dem besonders viel Dämmstoff zum Einsatz kommt (siehe Seite 57).

ENERGIESTANDARDS

In Deutschland muss jedes neu errichtete Wohngebäude einem gesetzlich festgelegten Mindeststandard genügen. Grundlage dafür ist das Gebäudeenergiegesetz (GEG). Schon im Jahr 2010 war in der EU-Gebäuderichtlinie dieser Standard für die Zeit ab dem Jahr 2021 festgelegt worden. Er entspricht im Wesentlichen der zuletzt gültigen EnEV 2014/16, die bereits eine sehr hohe Gesamtenergieeffizienz von Neubauten und einen minimierten Energiebedarf gefordert hatte. Die maximal zulässigen Werte für den Primärenergiebedarf orientieren sich im GEG an einem Referenzgebäude mit einem Jahresprimärenergiebedarf von 100 kWh/m²a. Ein Gebäude nach Mindeststandard darf nur 75 Prozent der Werte dieses Referenzgebäudes aufweisen. Darüber hinaus sollen regenerative Energiequellen aus der unmittelbaren Umgebung verwendet werden.

Wer über diesen vom GEG geforderten Mindeststandard deutlich hinausgeht, kann dafür zusätzliche Fördermittel beantragen.

Fördermöglichkeiten

Der Staat unterstützt Neubauten von privaten Wohnhäusern mit günstigen Krediten und Zuschüssen, deren Höhe von der Energiequelle und dem Energiestandard abhängig ist. Die bisherigen Förderungen durch das BAFA (Bundesamt für Wirtschaft und Ausfuhrkontrolle) und die KfW-Bank (Kreditanstalt für Wiederaufbau) werden ab 2021 mit der Förderung der BEG (Bundesförderung für effiziente Gebäude) zusammengefasst.

- Neubauten, die einem hohen KfW-Effizienzhaus-Standard entsprechen, werden von der KfW-Bank (Kreditanstalt für Wiederaufbau) gefördert.
- Achtung: Eine Förderung der Effizienzhaus-Stufe 55 ist nur noch bis zum 31. Januar 2022 (Datum der Antragstellung) möglich, danach entfällt sie.
- Höhere Effizienzhaus-Standards, wie das KfW-Effizienzhaus 40, und Sanierungen werden weiterhin gefördert.
- Je nach Bundesland bieten Kommunen und Energieversorgungsunternehmen eigene Förderungen an.

Architekten und Energieberaterinnen können über die Fördermöglichkeiten aufklären. Informationen geben auch die Architektenkammern der Länder.

KfW-Effizienzhaus (55, 40, 40 Plus)

Der KfW-Effizienzhaus-Standard wird von der Kreditanstalt für Wiederaufbau (KfW) definiert. Dabei führen Bauweise und technische Ausstattung eines Hauses zu einem geringeren Jahresprimärenergiebedarf als beim gesetzlich vorgeschriebenen Mindeststandard.

Die maximal zulässigen Werte für den Primärenergiebedarf und für die Wärmeverluste durch die Außenwände (Transmissionswärmeverluste) orientieren sich bei KfW-Effizienzhäusern ebenfalls an einem Referenzgebäude mit einem Jahresprimärenergiebedarf von 100 kWh/m²a. Ein KfW-55-Haus zum Beispiel benötigt 55 Prozent der Primärenergie des Referenzgebäudes, beim KfW-40-Haus sind es 40 Prozent. Je niedriger der Kennwert hinter dem Begriff „KfW" ist, desto höher ist die Einsparung an Primärenergie. Beim KfW-Effizienzhaus 40 Plus kommt Photovoltaik zur Stromgewinnung unterstützend hinzu.

Die KfW-Bank fördert den Neubau von Wohnhäusern mit KfW-Effizienzhaus-Standard 40 mit finanziellen Zuschüssen und zinsgünstigen Krediten. Voraussetzung dafür ist unter anderem die Baubegleitung durch einen Energieberater.

Die Kredite in Höhe von bis zu 150 000 Euro werden für jede abgeschlossene Wohneinheit gewährt (Einliegerwohnungen gelten als eigene Wohneinheit). Darüber hinaus übernimmt die KfW-Bank 50 Prozent der Kosten für den baubegleitenden Energieberater, wenn er als Sachverständiger in der Expertenliste der Deutschen Energie-Agentur (dena) für Förderprogramme des Bundes eingetragen ist. Nähere Informationen dazu finden Sie online unter: kfw.de/inlandsfoerderung/Privatpersonen/Neubau.

Energiekennwerte in kWh/m²a

Wichtig für die Bestimmung des Energiestandards sind folgende physikalische Größen:

- **Heizwärmebedarf:** Die berechnete Energiemenge, die nötig ist, um ein Gebäude zu beheizen. Dabei wird von einer Raumtemperatur von 20 Grad Celsius ausgegangen.
- **Endenergiebedarf:** Er umfasst den Heizwärmebedarf und berücksichtigt zusätzlich die Energieverluste durch das Heizungssystem, den Betrieb der haustechnischen Anlagen sowie durch die Warmwasserbereitung.
- **Primärenergiebedarf:** Die Primärenergie entspricht der Endenergie, enthält jedoch zusätzlich eine ökologische Bewertung des verwendeten Energieträgers. Herkunft, Transport und Umwandlung des Energieträgers werden durch den sogenannten Primärenergiefaktor berücksichtigt. Der berechnete Endenergiebedarf wird mit diesem Faktor multipliziert. Er liegt etwa für den nicht erneuerbaren Anteil von Holz bei 0,2 und für fossile Brennstoffen bei 1,1.

Passivhaus und KfW-40-Haus im Vergleich

Passivhäuser und KfW-Effizienzhäuser 40 sind energieoptimierte Gebäude mit besonders dichter Gebäudehülle. Die energetische Qualität beider Haustypen ist zwar vergleichbar, die jeweiligen Kriterien für die geforderten Grenzwerte unterscheiden sich jedoch, und ein Passivhaus ist baulich aufwendiger.

Während bei einem KfW-Effizienzhaus 40 der Jahresprimärenergiebedarf maximal 40 Prozent des Bedarfs eines Referenzgebäudes (100 kWh/m²a) und der Transmissionswärmeverlust maximal 55 Prozent des Verlusts eines Referenzgebäudes betragen darf, wird beim Passivhaus die Energieeffizienz unter anderem über einen maximalen Grenzwert für die Luft- und Winddichtheit der Gebäudehülle und über den sogenannten Heizwärmebedarf ermittelt. Dieser darf beim Passivhaus maximal 15 kWh/m²a betragen, und eine zentrale Lüftungsanlage ist zwingend vorgeschrieben. Beim KfW-Effizienzhaus 40 muss der Heizwärmebedarf lediglich unter 25 kWh/m²a liegen, und eine Lüftungsanlage kann je nach Heizsystem verpflichtend sein, ist es aber nicht grundsätzlich. Ein Grenzwert für die Luftdichtheit der Gebäudehülle ist beim KfW-Effizienzhaus 40 nicht vorgegeben. Bei einem Passivhaus ist die Gebäudehülle so dicht und stark gedämmt, dass in der Regel kein Heizsystem erforderlich sein sollte. Meist genügen die hausinternen Wärmequellen, wie die Körperwärme der Bewohner und die Abwärme von Haushaltsgeräten sowie die Sonneneinstrahlung durch große Fenster auf der Südseite, um eine behagliche Raumtemperatur zu gewährleisten. Die Nebenräume bilden auf der Nordseite eine thermische Pufferzone und dürfen daher nur kleine Fenster haben.

In Passivhäusern sind alle Räume annähernd gleich warm, auch die Oberflächen der Wände und Fußböden weisen dieselben angenehmen Temperaturen auf, und zwar sowohl im Sommer wie im Winter. Durch eine zentrale Lüftungsanlage werden die Räume durchgehend mit gereinigter und, bei entsprechender Zusatzausstattung der Anlage, befeuchteter Frischluft versorgt. Beim KfW-Effizienzhaus 40 kann dagegen eine zusätzliche Heizquelle, zum Beispiel eine Luftwärmepumpe, nötig sein.

Für Passivhäuser und KfW-Effizienzhäuser 40 eignen sich Gebäude aus Stein und aus Holz gleichermaßen. Entscheidend ist immer, wie dicht die Gebäudehülle ist und wie gut sie gedämmt ist. Die Kriterien für ein KfW-Effizienzhaus 40 hat die Kreditanstalt für Wiederaufbau (KfW) eingeführt, die für ein Passivhaus werden vom privaten Passivhausinstitut in Darmstadt definiert, das bei entsprechendem Nachweis das Passivhaus-Zertifikat verleiht. Passivhäuser werden wie KfW-Effizienzhäuser 40 von der KfW gefördert. Für eine Förderung eines Passivhauses, die der eines KfW-Effizienzhauses 40 entspricht, muss ein Nachweis gemäß den Bilanzierungsvorschriften für KfW-Effizienzhäuser geführt werden. Fördermittel für Passivhäuser gibt es auch in Form öffentlicher Zuschüsse, die zum Beispiel auch bei der Deutschen Bundesstiftung Umwelt (DBU) beantragt werden können sowie bei manchen regionalen Banken und Umweltstiftungen. Da sich Förderrichtlinien und -summen ändern können, auch die von der KfW-Bank, sollten Sie die aktuellen, für Ihr Bauprojekt infrage kommenden Fördermöglichkeiten immer prüfen.

Helfen Passivhaus- und KfW-Effizienzhaus 40 beim Kostensparen?

Ob sich ein Passivhaus oder ein KfW-40-Haus im Hinblick auf das Kostensparen lohnt, lässt sich nicht pauschal beantworten. Der extrem niedrige Bedarf an Heizenergie wird mit einem höheren baulichen und technischen Aufwand erkauft, der sich in etwa 15 Prozent höheren Baukosten im Vergleich zu einem GEG-Niedrigstenergiegebäude niederschlägt. Der vom GEG geforderte Mindeststandard für Neubauten ist bereits so angesetzt, dass diese auch ohne Passivhaus- oder KfW-Effizienzhaus 40-Standard nur noch relativ wenig Heizenergie benötigen. Dieser Bedarf lässt sich natürlich noch weiter senken. Dafür ist allerdings deutlich mehr Wärmedämmung erforderlich. Für einen Neubau nach GEG-Kriterien genügt eine 14 bis 16 Zentimeter dicke Dämmschicht. Beim Passivhaus muss sie mit 24 bis 30 Zentimetern fast doppelt so dick sein, um den Energiebedarf gegen null zu drücken. Durch den dickeren Außenwandaufbau kann Wohnfläche verloren gehen, es sei denn, das Grundstück ist entsprechend groß, sodass der Mehrbedarf an Platz keine Rolle spielt. Wie sehr sich die Heizkosten reduzieren, hängt von mehreren Faktoren ab, unter anderem von der Größe der Fensterflächen, der Geometrie und der Ausrichtung des Gebäudes zu den Himmelsrichtungen, der verwendeten Anlagentechnik und anderem mehr. Bei einem KfW-Effizienzhaus 40 liegt die Kosteneinsparung für die benötigte Energie im Vergleich zu einem Referenzgebäude nur bei etwa 25 bis 30 Prozent, obwohl der Primärenergiebedarf auf 40 Prozent begrenzt ist. Das liegt daran, dass der Einspareffekt nicht linear verläuft.

Zum Grundgedanken bei einem Passivhaus und einem KfW-Effizienzhaus 40, den Energiebedarf deutlich zu reduzieren, gehört auch der energiesparende Umgang mit Haushaltsgeräten und Beleuchtung. Die Geräte sollten dem höchsten Energiesparstandard entsprechen und der Strombedarf idealerweise durch Photovoltaik gedeckt werden – dies entspräche dann einem KfW-Effienzhaus 40 Plus beziehungsweise einem Passivhaus Plus.

Die damit verbundenen erhöhten Baukosten können durch günstige Kredite und Tilgungszuschüsse teilweise aufgefangen werden. Der Tilgungszuschuss beträgt je nach Effizienzhausstufe 15 bis 50 Prozent. Auch für Einzelmaßnahmen werden Tilgungszuschüsse gewährt. Für eine Förderung durch die KfW-Bank (Kredite und Zuschüsse) ist der Passivhausstandard allerdings nicht erforderlich, denn die Fördermittel richten sich nach den Effizienzhaus-Standards, die die KfW-Bank selbst vergibt (KfW-Effizienzhaus 40 Plus und 40). Man kann jedoch auch für ein Passivhaus KfW-Förderung in Anspruch nehmen, wenn die Referenzwerte des Passivhauses nach den Bilanzierungsvorschriften für KfW-Effizienzhäuser nachgewiesen werden.

Fenster: Zwei- oder Dreischeibenverglasung?

Wer am U-Wert der Fenster spart, spart an der falschen Stelle, denn die beste Dämmung nützt nichts, wenn Wärme über die Fensterflächen entweichen kann. Bei der Wahl der Fenster sollten Sie daher genau darauf achten, dass der von den Herstellern angegebene U-Wert nicht nur das Glas selbst (U_g-Wert), sondern auch den Rahmen umfasst. In diesem Fall spricht man vom U_W-Wert.

Die Kosten für Fenster richten sich nach Größe und Format, Art der Verglasung und nach dem Material des Fensterrahmens. Wer bei Fenstern sparen möchte, sollte dafür nicht die preiswerteren Zweifachverglasungen wählen, sondern eher die Möglichkeiten berücksichtigen, die im Kapitel „Bauwerk und Mate-

Messen der Luftdichtheit mittels Blower-Door-Test: Über einen Ventilator wird im Haus Unterdruck erzeugt.

rialien" beschrieben sind (siehe Seite 130). Dies betrifft zum Beispiel Größe und Format von Fenstern oder die Frage, wo Öffnungsflügel und wo Festverglasungen sinnvoll sind. Aus energetischer Sicht sind Fenster mit Dreifachverglasung am wirkungsvollsten, weil sie U_g-Werte aufweisen, die mit etwa 0,6 W/m²K deutlich unter denen von Zweifachverglasungen (1,1 W/m²K) liegen. Fenster mit Dreifachverglasung sind rund 15 Prozent teurer als Fenster mit Zweifachverglasung, dafür tragen sie entscheidend zum Energiesparen bei und leisten dadurch auch einen Beitrag zum Klimaschutz.

Wann genau sich die Kosten für eine Dreifachverglasung amortisieren, hängt davon ab, wie viel Heizenergie Sie durchschnittlich verbrauchen. In der Regel kann man von etwa zehn Jahren ausgehen, bis die höheren Investitionskosten durch die gesparten Heizkosten wieder „drin" sind – eine im Verhältnis zur üblichen Nutzungsdauer eines Eigenheims relativ kurze Zeitspanne. Ein weiterer positiver Effekt besteht darin, dass Sie mit energetisch hochwertigen Fenstern neben der Heizkostenersparnis finanziell etwas unabhängiger von der Preisgestaltung von Energieanbietern sind.

Luftdichtheit – der Blower-Door-Test

Damit die Wärme im Haus bleibt, muss die Gebäudehülle nicht nur gut gedämmt, sondern auch luftdicht sein. Die Dichtheit einer Gebäudehülle wird mit dem sogenannten Blower-Door-Test nachgewiesen, bei dem ein in eine Türöffnung eingesetzter Ventilator, der von einer luftdichten Plane umgeben ist, Unterdruck im Haus erzeugt. Eine Wärmebildaufnahme (Thermographie) gibt anschließend Aufschluss über die Lage möglicher Schwachstellen in der Gebäudehülle. So können Leckagen durch sofortiges Nachbessern von vorneherein vermieden werden. Der Verband Privater Bauherren (VPB) empfiehlt, beim Kauf eines Fertighauses noch vor Beginn des Innenausbaus einen solchen Blower-Door-Test zu veranlassen. Der Test dauert üblicherweise rund drei Stunden und kostet für ein durchschnittliches Einfamilienhaus ab circa 300 Euro, je nach Größe des Hauses, Umfang des Tests und Anbieter auch mehr.

WANN BRAUCHT MAN EINE LÜFTUNGSANLAGE?

Lüftungsanlage – ja oder nein? Vorgeschrieben ist beim Neubau die Vorlage eines Lüftungskonzepts, das darstellt, wie angesichts der dichten Gebäudehüllen Feuchtigkeit aus der Raumluft effektiv abgeführt wird. Dazu können Lüftungselemente im Fensterrahmen dienen oder Durchlässe in der Außenwand in Kombination mit Abluftanlagen in den Feuchträumen, jeweils unterstützt durch Fensterlüftung, aber auch dezentrale und zentrale Lüftungsanlagen. Der Einbau einer Lüftungsanlage mit Wärmerückgewinnung – ob zentral oder dezentral – ist jedoch nur dann verpflichtend, wenn es sich um besonders dichte Gebäude handelt, bei denen Fensterlüftung nachweislich nicht ausreicht. Dies ist zum Beispiel beim zertifizierten Passivhaus und beim KfW-Effizienzhaus 40 Plus der Fall. In allen anderen Fällen können Sie als Bauherr oder Bauherrin selbst entscheiden, welches Lüftungskonzept Sie bevorzugen. Wesentlich ist bei der Entscheidung für oder gegen eine Lüftungsanlage, ob Sie „von Hand" ausreichend lüften können, um mögliche Bauschäden und damit verbundene spätere Mehrkosten zu vermeiden.

Warum lüften?

Für ein gesundes Raumklima sind die Raumlufttemperatur, die Luftfeuchtigkeit, der Sauerstoffgehalt und die Sauberkeit der Raumluft, also die möglichst geringe Schadstoffbelastung, entscheidend. Während die Raumtemperatur im Wohnbereich je nach Raum üblicherweise zwischen 19 und 24 Grad Celsius liegen sollte, sollte die Luftfeuchte immer 40 bis 60 Prozent relativer Feuchte betragen. Die Anwesenheit der Bewohner beeinflusst das Raumklima: Sie atmen, bringen von außen Bakterien und Viren mit, duschen, kochen, bewegen sich im Raum und wirbeln Staub auf und so weiter. In einem Drei- bis Vier-Personen-Haushalt fallen zum Beispiel täglich rund zehn Liter Feuchtigkeit durch Atmen, Kochen und Duschen an. Dazu kommen weitere Luftbestandteile wie die CO_2-Konzentration, Staub, Schadstoffe, die aus Möbeln oder Oberflächen ausdünsten, Pollen, Gerüche und auch Radon, ein im Erdreich natürlich vorkommendes radioaktives Edelgas, das, wenn die Bodenplatte nicht entsprechend abgedichtet wird, in höherer Konzentration gesundheitsschädlich sein kann. Die Luftfeuchte ist abhängig von der Temperatur: Steigt diese, sinkt der Feuchtegehalt der Luft. In gut gedämmten Gebäuden sind die Oberflächen der Innenraumwände angenehm warm, wodurch meist eine geringere Raumlufttemperatur als komfortabel empfunden wird und weniger Heizenergie nötig ist. Allerdings können sich in gut gedämmten und luftdichten Gebäuden auch leicht Feuchtigkeit und Schadstoffe anreichern. Bei zu hoher Luftfeuchtigkeit besteht die Gefahr, dass sich an kälteren Stellen, wie Gebäudeaußenecken, Kondenswasser bildet, was Schimmelbildung fördert. Daher ist es bei dichten Gebäuden besonders wichtig, die Raumluft immer wieder auszutauschen, was das GEG mit dem sogenannten Mindestluftaustausch fordert. Einen genauen Wert gibt das GEG nicht vor, es gilt jedoch ein rund 0,5-facher Luftwechsel pro Stunde als empfehlenswert. Ob dies durch regelmäßige Fensterlüftung erfolgen kann oder ob eine Lüftungsanlage sinnvoll oder sogar vorgeschrieben ist, hängt von verschiedenen Faktoren ab, unter anderem vom gewählten energetischen Standard.

Fensterlüftung

Beim Lüften über Fenster wird bei Neubauten wegen ihrer dichten Gebäudehüllen tägliches mehrfaches Stoßlüften empfohlen. Bei einer vierköpfigen Familie gilt fünfmaliges Stoßlüften pro Tag als Richtwert, wenn alle Familienmitglieder anwesend sind. Auch wenn die Bewohner tagsüber nicht anwesend sind, sollte idealerweise drei Mal am Tag für Stoßlüftung gesorgt werden, ansonsten muss auf jeden Fall morgens und abends gründlich durchgelüftet werden. Wie lange die Fenster offen bleiben müssen, richtet sich nach der Außentemperatur – je kälter es ist, desto kürzer die Lüftungsdauer. Von November bis März genügen zum Beispiel 4 bis 10 Minuten bei weit geöffneten Fenstern oder alternativ 3 Minuten Querlüften. Im Sommer und Herbst sollte je nach Außentemperatur idealerweise jeweils 15 bis 25 Minuten lang gelüftet werden.

Keine Sorge: Im Winter kühlen bei den kurzen Lüftungszeiten Wände, Decken und Böden nicht aus, und die Raumluft erwärmt sich durch die Strahlungswärme in kurzer Zeit wieder. Daher sollte man im Winter lieber öfter kurz als seltener und länger lüften. Vermeiden sollte man allerdings, die Fenster dauerhaft in Kippstellung zu lassen. Denn dann kühlen bei niedrigen Außentemperaturen die angrenzenden Wände aus. Um sie wieder zu erwärmen, wird mehr Heizenergie benötigt. Zudem kann sich an kalten Wandflächen leicht Schimmel bilden.

Eine sehr effektive Lüftungsmethode ist es, Fenster in verschiedenen Stockwerken zu öffnen, um den Kamineffekt zu nutzen: Dabei strömt im Erdgeschoss kalte Luft ins Gebäude, erwärmt sich und steigt nach oben, wo die warme Luft dann über ein weiteres geöffnetes Fenster abgeführt wird. Diese Lüftungsvariante eignet sich auch gut zur Nachtauskühlung eines Gebäudes, allerdings nur bei ausreichendem Einbruchsschutz.

Wenn Sie bereit sind, regelmäßig die Fenster zum Lüften zu öffnen, können Sie auf den Einbau einer Lüftungsanlage verzichten und somit Kosten sparen. Wenn Sie hingegen nicht regelmäßig alle Räume lüften können, weil Sie zum Beispiel häufiger außer Haus sind, ist der Einbau einer Lüftungsanlage dringend zu empfehlen, um Bauschäden durch sich langsam ansammelnde Feuchtigkeit zu vermeiden.

Mechanische Lüftungsanlagen

Lüftungsanlagen sorgen rund um die Uhr für den nötigen Luftaustausch, indem sie saubere Frischluft, die durch spezielle Filter gereinigt wird, zuführen und gleichzeitig Feuchtigkeit, Schadstoffe und Gerüche abführen. Dabei können Lüftungsanlagen mit Wärmerückgewinnung einen Teil der Wärme, die beim Absaugen der verbrauchten Raumluft verloren geht, die sogenannte Abluftwärme, dem Raum wieder zuführen. Manche Anlagen können die Raumluft zudem bei Bedarf befeuchten. Grundsätzlich unterscheidet man bei Lüftungsanlagen drei Varianten: reine Abluftanlagen sowie dezentrale und zentrale Lüftungsanlagen. Welche dieser Varianten sich für Ihr Haus am besten eignet, hängt von Anzahl und Größe der Räume, vom zu belüftenden Raumvolumen ab und davon, wie oft die Luft ausgetauscht werden muss.

Abluftanlagen

saugen in WC, Bad und Küche verbrauchte Luft ab. Dadurch entsteht ein leichter Unterdruck, durch den Frischluft durch Lüftungsschlitze in Fenstern oder durch Einströmöffnungen in der Wand in den Raum nachströmen kann. Abluftanlagen sorgen für einen hygienischen Luftwechsel bei relativ niedrigen Anschaffungskosten, die je nach Ausführung zwischen 1 500 und 3 000 Euro liegen. Allerdings kann es zu Zugluft kommen, und die Wärme der Abluft geht ungenutzt verloren. Zum Energiesparen eignen sich Abluftanlagen daher nicht, sie sorgen jedoch für einen gewissen Luftwechsel und sollten auf jeden Fall mit Fensterlüftung kombiniert werden.

Dezentrale Lüftungsgeräte mit Wärmerückgewinnung

bieten mehr Komfort als reine Abluftanlagen. Sie sorgen für einen hygienischen Luftwechsel durch einen in die Wand eingesetzten Ventilator, der seine Drehrichtung ändern kann. Dadurch müssen keine Lüftungsleitungen im

Haus verlegt werden, was auch geringere Raumhöhen erlaubt. Allerdings lüften die Geräte nur einzelne Räume, und es entstehen Geräusche, die stören könnten. Für die Lüftungsgeräte muss in jedem Raum, der belüftet werden soll, genügend Außenwandfläche sowie genügend Platz unter oder neben dem Fenster für das zu installierende Gerät vorhanden sein. Dezentrale Geräte eignen sich zum Beispiel auch gut für den nachträglichen Einbau, etwa im Rahmen einer Sanierung.

Die Anschaffungskosten für eine dezentrale Lüftungsanlage mit Wärmerückgewinnung für ein durchschnittliches Einfamilienhaus (circa 130 m²) liegen zwischen 5 000 und 8 000 Euro. Die Kosten für den Einbau sind darin nicht enthalten, diese sind jedoch vergleichsweise gering, wenn von vorneherein entsprechende Wanddurchlässe geplant werden. Ein dezentrales Lüftungssystem ist im Hinblick auf das Preis-Leistungsverhältnis die preiswerteste und am einfachsten zu realisierende Variante einer effektiven Lüftungsanlage – die nötigen Lüftungsaufsätze an der Fassade muss man dafür allerdings in Kauf nehmen. Alternativ kann man auf optisch elegantere Laibungslüfter zurückgreifen.

Zentrale Lüftungsanlagen laufen oft auch unter dem Begriff „Komfortlüftung". Bei derartigen Anlagen sind alle Räume über Zu- und Abluftleitungen an ein zentrales Gerät in einem Technikraum angeschlossen. Dadurch entstehen im Wohnbereich selbst keine Geräusche. Die Frischluft wird über Filter und Wärmetauscher geführt, sodass die in der Abluft enthaltene Wärme den Räumen zusammen mit der Frischluft wieder zugutekommt. An heißen Tagen sorgt eine Umgehungsleitung, ein sogenannter Bypass, dafür, dass sich die eingesaugte Luft über den Wärmetauscher nicht zusätzlich erwärmt und so in der Nacht die Raumtemperaturen absinken können.

Allerdings: Kostengünstig ist eine Komfortlüftung nicht. Die Anschaffungskosten betragen 6 000 bis 8 000 Euro, mit Einbau 10 000 Euro und mehr. Dazu kommen noch die Kosten für die notwendige regelmäßige Wartung sowie, wie bei dezentralen Anlagen auch, den regelmäßigen Austausch der Filter, der sich bei zentralen Anlagen jedoch auf ein einziges Gerät beschränkt. Denn wenn sich Keime in den Leitungen ansammeln, verkehrt sich der Nutzen einer Lüftungsanlage ins Gegenteil.

Eine Komfortlüftung muss genau auf die Größe des Gebäudes abgestimmt sein, damit keine Energie verschwendet wird. Auch das kann die Gesamtkosten in die Höhe treiben: In den Decken muss genügend Platz für die Lüftungsrohre vorgesehen werden, anderenfalls müssen abgehängte Decken eingezogen werden. Ein Technikraum ist ebenfalls erforderlich. Bei einer Komfortlüftung sollten wie bei einer dezentralen Lüftung die Fenster möglichst geschlossen bleiben, da die Lüftungsanlage sonst mit erhöhtem Stromverbrauch reagiert. Bei einer zentralen Lüftungsanlage ist die Steuerung jedoch einfacher als bei einer dezentralen Anlage. Sie lässt sich raumweise programmieren und kann im Sommer bei Bedarf so eingestellt werden, dass auf Fensterlüftung umgestellt wird.

Wenn Sie sich für eine zentrale Lüftungsanlage entscheiden, sollten Sie dies gleich am Anfang der Planung tun, denn ein nachträglicher Einbau ist, wenn überhaupt möglich, mit erheblichen Mehrkosten verbunden.

WÄRMERÜCKGEWINNUNG

Zentrale und dezentrale Lüftungsanlagen mit Wärmerückgewinnung führen über einen Wärmetauscher circa 90 Prozent der Wärme der abtransportierten, verbrauchten Raumluft der angesaugten Frischluft wieder zu, sodass diese Wärme nicht verloren geht. Die zurückgewonnene Wärme kann die Heizungsanlage etwas entlasten und in gewissem Umfang dazu beitragen, die Heizkosten zu senken. Wie hoch der Einspareffekt im Einzelfall ist, kann für die jeweiligen Räume nur mithilfe einer Wärmebedarfsrechnung ermittelt werden. Als alleinige Wärmequelle ist eine Komfortlüftungsanlage jedoch nicht ausreichend. Die durch Wärmerückgewinnung genutzte Abwärme wird übrigens dem vom Gebäudeenergiegesetz (GEG) zum Heizen geforderten Anteil an Erneuerbaren Energien angerechnet.

GÜNSTIGE HEIZSYSTEME

Mindestens 15 Prozent der zum Heizen und Kühlen benötigten Endenergie müssen seit dem Jahr 2009 mit erneuerbaren Energien gedeckt werden – was damals das Erneuerbare-Energien-Wärmegesetz (EEWärmeG) forderte, ist seit 2020 im Gebäudeenergiegesetz (GEG) verankert. Neu beim GEG im Vergleich zum EE-WärmeG ist, dass auch Photovoltaik den geforderten Anteil von 15 Prozent abdecken kann.

Mit welchem Heizsystem lässt sich dieser Forderung am kostengünstigsten nachkommen? Im Hinblick auf die Investitionskosten zählen Gasbrennwertthermen und Luftwärmepumpen zu den günstigsten Heizungsanlagen. Für den geforderten regenerativen Anteil beim Einsatz von Gasbrennwertthermen ist die kostengünstigste Lösung die Kombination mit Solarthermie. Die zum Betrieb von Wärmepumpen nötige elektrische Energie muss nicht notwendigerweise regenerativ erzeugt werden, um die Anforderungen des GEG zu erfüllen. Der erforderliche Strom lässt sich jedoch auch mit einer Photovoltaikanlage gewinnen.

Pelletöfen gelten ebenfalls als regenerativ betriebene Heizsysteme und entsprechen daher den Anforderungen des GEG. Sie benötigen jedoch zusätzlichen Platz für den Pelletlagerraum, was sich dann bei den Baukosten pro Quadratmeter Wohnfläche bemerkbar macht.

Welches Heizsystem für Ihr Haus am kostengünstigsten ist, hängt unter anderem vom Wärmebedarf des Gebäudes ab und davon, ob Sie in erster Linie bei den Investitionskosten oder langfristig bei den Betriebskosten sparen möchten. Dies wird für die einzelnen Heizsysteme im Folgenden genauer beleuchtet.

Wärmeverteilung im Raum

Da in Neubauten nur noch Heizungsanlagen mit niedrigen Vorlauftemperaturen (30 bis 40 Grad Celsius) eingebaut werden, müssen auch die Systeme zur Wärmeverteilung in den Räumen darauf abgestimmt sein. Am effektivsten arbeiten Flächenheizungen, da sie gleichmäßig und großflächig Strahlungswärme abgeben. Dadurch kann sogar die Raumtemperatur ohne Einbußen beim Komfort um 2 bis 3 Grad Celsius gesenkt werden. In neuen Wohnhäusern sind Fußbodenheizungen und Wandflächenheizungen üblich. Herkömmliche Heizkörper (Radiatoren) benötigen höhere Vorlauftemperaturen und eignen sich daher für moderne Heizungsanlagen nicht. Eine Ausnahme stellen sogenannte Niedertemperaturheizkörper dar, die ebenfalls mit niedrigen Vorlauftemperaturen auskommen. Alle drei Varianten (Fußbodenheizung, Wandflächenheizung und Niedertemperatur-Radiator) haben jeweils Vor- und Nachteile (siehe Tabelle auf Seite 64). Am preiswertesten sind Fußbodenheizungen, die 30 bis 60 Euro pro Quadratmeter inklusive Einbau kosten. Wandflächenheizungen sind teurer und schlagen mit 80 bis 200 Euro pro Quadratmeter zu Buche. Für Niedertemperaturradiatoren muss man mit mehreren Hundert Euro pro Heizkörper rechnen. Wandradiatoren können vor allem im Bad in Form von elektrisch betriebenen Röhrenheizkörpern sinnvoll sein, zum Beispiel, um Handtücher zu trocknen.

Hybridheizung: Kostengünstig durch Kombination von Energiequellen

Für eine Hybridheizung werden zur Wärmegewinnung fossile mit regenerativen Energiequellen kombiniert. So kann zum Beispiel eine Gasbrennwerttherme im Zusammenspiel mit Solarthermie, mit einer Luftwärmepumpe oder mit einem Pelletofen betrieben werden. Eine derartige Hybridheizung erfüllt die Mindestanforderungen des GEG. Brennwertthermen sind hocheffektiv, weil die Wärme der Abgase ebenfalls zum Heizen genutzt wird – unabhängig davon, ob als Energiequelle Erdgas oder Erdöl dient. Bei Neubauten wird jedoch in der Regel auf Erdgas zurückgegriffen. Für Ölbrennwertthermen im Neubau gibt es keine Förderung.

Eine Gasbrennwerttherme kostet zwischen 3 000 und 7 000 Euro inklusive Einbau. Wenn ein Gasanschluss erst angelegt werden muss, können jedoch hohe Zusatzkosten entstehen. Nach der Entscheidung für eine Gasbrennwerttherme sind Sie abhängig vom fossilen Brennstoff Gas. Der Gaspreis beträgt derzeit knapp 8 Cent pro Kilowattstunde (Stand November 2021), die Preise für Erdgas sind jedoch langfristig nicht vorhersehbar. Fossile Brennstoffe unterliegen seit 2021 dem CO_2-Emissionshandel, sodass bis zum Jahr 2025 mit einer Preissteigerung für Erdgas und Heizöl von etwa 15 Prozent zu rechnen ist.

Zu den Kosten einer Gasbrennwerttherme addieren sich die Kosten für die Nutzung der zusätzlich nötigen regenerativen Energiequellen. Eine Solarthermieanlage zum Beispiel, die ausschließlich der Warmwasserbereitung dient, kostet bei einem Einfamilienhaus durchschnittlicher Größe rund 5 000 Euro, zuzüglich etwa 2 000 Euro für Montage und Installation. Man rechnet dabei mit einer Kollektorfläche von 1 bis 1,5 Quadratmeter pro Bewohner. Wie hoch der tatsächliche Ertrag einer Solaranlage ist, hängt unter anderem von der Ausrichtung der Kollektoren zu den Himmelsrichtungen und von der Dachneigung ab. Im günstigsten Fall beschert Solarthermie eine rund 50-prozentige Kostenersparnis für die Warmwasserbereitung.

Eine Hybridheizung, bestehend aus einer Gasbrennwerttherme und Solarthermie, wird häufig im Paket angeboten. Je nachdem, ob Solarthermie nur zur Warmwasserbereitung genutzt wird oder ob sie zusätzlich die Heizung unterstützen soll, kostet eine derartige Hybridheizung zwischen 12 000 und 17 000 Euro. Davon können 15 bis 25 Prozent im Rahmen von „BEG Wohngebäude" als Erneuerbarer Energien-Bonus bezuschusst werden.

Gas-Brennwertthermen lassen sich anstatt mit Solarthermie auch mit Luftwärmepumpen kombinieren, weil beide Heizsysteme mit niedrigen Vorlauftemperaturen arbeiten. Eine Luftwärmepumpe übernimmt dabei die Hauptaufgabe für Heizung und Warmwasserbereitung, während die Gasbrennwerttherme nur in Spitzenzeiten dazugeschaltet wird. Für eine derartige Hybridheizung, bestehend aus Gasbrennwerttherme und Luftwärmepumpe, fallen für ein durchschnittliches Einfamilienhaus Investitionskosten in Höhe von 12 000 bis 19 000 Euro an, je nach Wärmebedarf und dem jeweiligen Anteil der beiden Hybridkomponenten. Im Betrieb kommen noch die Kosten für den elektrischen Antrieb der Luftwärmepumpe hinzu.

Pelletheizung anstatt Kaminofen

Wer auf die besondere Atmosphäre eines Kaminfeuers trotz der Zusatzkosten für einen Kaminofen nicht verzichten möchte, kann mehrere Fliegen mit einer Klappe schlagen und somit die Kosten eingrenzen: Mit einem Pelletofen, der mit Glasfront im Wohnzimmer aufgestellt

Flächenheizungen und Niedertemperaturradiatoren im Vergleich

	Fußbodenheizung	Wandflächenheizung	Niedertemperaturradiator
Vorteile	Preisgünstigste Variante einer Flächenheizung; gleichmäßige Wärmeverteilung im Raum; jeder Heizkreis einzeln regelbar	Reagiert schneller als Fußbodenheizung; Strahlungswärme von der Seite	Reagiert schnell und lässt sich gezielt an- und ausschalten
Nachteile	Träge in der Regulierung; nicht für alle Bodenbeläge geeignet	Große Wandflächen nötig; keine Möbel vor den beheizten Wandflächen aufstellbar	Nimmt Platz weg, kann einstauben und Staub aufwirbeln
Kosten	30–80 Euro/m²	75–200 Euro/m²	500–1 000 Euro pro Heizkörper

ist, lässt sich eine ähnlich behagliche Atmosphäre erzeugen und zugleich das gesamte Haus mit regenerativen Energien beheizen. Ein weiterer Vorteil: Sie können beim Kauf einer Pelletheizung von Fördergeldern profitieren.

Eine Holzpelletheizung kostet inklusive Pufferspeicher, Fördersystem und Installation je nach Heizleistung zwischen 15 000 und 25 000 Euro, vergleichbar mit den Kosten einer Erdwärmepumpe. Dazu kommen jedoch noch die Kosten für ein Pelletlager, für das Sie ausreichend Raum vorsehen müssen. Außerdem benötigt man einen Schornstein, für den Kosten von etwa 8 000 Euro anfallen. Die BEG (Bundesförderung für effiziente Gebäude) fördert Pelletöfen mit Pufferspeicher mit einem Zuschuss in Höhe von 35 Prozent der förderfähigen Kosten. Die Kosten für die Pellets lagen im November 2021 bei knapp 270 Euro pro Tonne, was bei einem Einfamilienhaus mit einem Verbrauch von etwa 20 000 kWh pro Jahr Heizkosten in Höhe von knapp 1 000 Euro bedeutet – wiederum vergleichbar mit den Betriebskosten einer Erdwärmepumpe. Für Pellets ist allerdings ein Lagerraum erforderlich, der mindestens den benötigten Jahresvorrat an Pellets fassen kann. Seine Größe hängt daher vom Wärmebedarf des Gebäudes ab, sollte für ein Einfamilienhaus jedoch in jedem Fall 4 bis 8 Quadratmeter betragen.

Pelletheizungen gelten als klimaneutral, und es entsteht durch den Einsatz von Staubabscheidern fast kein Feinstaub – im Gegensatz zu der Verbrennung von Scheitholz.

Einen Kaminofen (Stückholzofen) kann man günstig im Baumarkt erwerben, allerdings benötigt man für den Betrieb wie beim Pelletofen einen Schornstein. Kaminöfen sind in der Regel Einzelfeuerstätten und daher als alleinige Heizung selbst in gut gedämmten Häusern nicht sinnvoll, weil sie den Raum, in dem sie aufgestellt sind, leicht zu stark aufheizen und sich schlecht regeln lassen. Kaminöfen eignen sich daher nur für den gelegentlichen Einsatz. Anders sieht es bei wasserführenden Kaminöfen aus. Hier wird die Wärme in ein bestehendes Heizsystem eingespeist, sodass ein derartiger Kaminofen dieses Heizsystem unterstützen kann.

Fernwärme

Bei Fernwärme wird die Energie zum Heizen zentral von Kraftwerken erzeugt und in Form von heißem Wasser über ein Rohrsystem an Haushalte abgegeben. Im Haus selbst ist dafür eine Wärmeübergabestation erforderlich. Die Kosten dafür können je nach Region bei bis zu 12 000 Euro liegen. Häufig werden diese Kosten jedoch mit dem Bezugspreis für die Wärme verrechnet. Da dies meist unterschiedlich gehandhabt wird, sollte man verschiedene Angebote zum Vergleich einholen. Dennoch ist es nicht unbedingt preisgünstig, mit Fernwärme zu heizen, weil die dauerhaften Kosten für den Bezug von Wärme deutlich höher sind, als es bei regenerativ betriebenen Einzel-Heizsystemen der Fall ist, und weil man mit Fernwärme von den jeweiligen Energiepreisen am Markt abhängig ist.

Wenn in der Nähe Ihres Grundstücks ein Fernwärmenetz besteht, kann es zwar zunächst günstiger und auch platzsparender sein, diesen Anschluss zu nutzen, anstatt ein eigenes Heizsystem einzubauen. Dennoch ist Vorsicht geboten: Die Kosten für Fernwärme sind vergleichsweise hoch, und ist ein Haus einmal ans Netz angeschlossen, ist ein Anbieterwechsel nicht mehr möglich. Manche Heizkraftwerke werden zudem mit fossilen Brennstoffen, wie Erdgas und Steinkohle, betrieben, was vielleicht nicht jeder und jede unterstützen möchte.

Allerdings müssen in manchen Kommunen Neubauten verpflichtend an das bestehende Fernwärmenetz angeschlossen werden. Auf die Höhe der Kosten und deren Entwicklung, die von den örtlichen Energieversorgern abhängen, haben Sie als Hauseigentümer keinen Einfluss. Diese Kosten können je nach Anbieter für ein durchschnittliches Einfamilienhaus bei etwa 2 000 bis 2 500 Euro pro Jahr liegen, sind also höher als beim Betrieb einer Wärmepumpe. Dafür haben Sie keine Investitionskosten. Ein Fernwärmeanschluss lohnt sich bei einem Neubau am ehesten in dicht besiedelten Gebieten, weil sich der Grundpreis für die Nutzung der nötigen Infrastruktur (Kraftwerk, Leitungsnetz) anteilig auf alle angeschlossenen Haushalte verteilt.

WÄRMEPUMPEN

Wärmepumpen sind umweltfreundlich, wenn der zum Antrieb benötigte Strom regenerativ erzeugt wird. Da sie keinen Brennstoff benötigen, fallen Kosten im Betrieb nur für den elektrischen Antrieb einer Wärmepumpe an. Ein weiterer kostensparender Aspekt von Wärmepumpen ist, dass weder ein gemauerter Schornstein (wie bei Pelletöfen) noch eine Abgasleitung (wie bei Brennwertthermen) erforderlich ist. Daneben erhöhen Wärmepumpen den Wert einer Immobilie und somit deren Wiederverkaufswert.

Wärmepumpen entziehen mithilfe von elektrischer Energie der Außenluft, dem Erdreich oder dem Grundwasser Wärme, die dann mittels Kompressoren auf eine Temperatur von 35 bis 40 Grad Celsius gebracht wird. Diese niedrigen Vorlauftemperaturen genügen, um die Wärme über Flächenheizungen im Haus verteilen zu können. Zum Vergleich: Bei herkömmlichen Heizsystemen und der Verwendung von Heizkörpern muss das Wasser je nach System auf mindestens 50 Grad Celsius geheizt werden. Erd- und Grundwasserwärmepumpen sind wegen der konstanten Temperaturen tief unter der Erdoberfläche viel effizienter als Luftwärmepumpen. Diese sind zwar in der Anschaffung preiswerter, benötigen jedoch bei sehr niedrigen Außentemperaturen mehr Strom zum Antrieb.

Welche Wärmepumpe sich im Einzelfall am besten eignet und am wirtschaftlichsten ist, hängt von mehreren Faktoren ab, unter anderem vom Wärmebedarf des Hauses, der auch vom Energiestandard abhängt, von der gewünschten Leistung der Wärmepumpe sowie vom Grundstück. Je nach Art einer Wärmepumpe und nötiger Heizleistung können Anschaffung, Einbau und Anschließen einer Wärmepumpe zwischen 12 000 und 30 000 Euro kosten.

Da Wärmepumpen zum Antrieb elektrische Energie benötigen, entstehen für das Heizen Stromkosten, die je nach Wärmepumpenart, Wärmebedarf des Gebäudes und individuellem Verbrauch seiner Bewohner sehr unterschiedlich ausfallen können.

Wie effektiv eine Wärmepumpe arbeitet, beschreibt ihr Wirkungsgrad, dessen Maß die sogenannte Jahresarbeitszahl ist. Erd- und Grundwasserwärmepumpen haben zum Beispiel eine Jahresarbeitszahl von 4, das heißt, die Wärmepumpe liefert etwa vier Mal so viel Energie, wie für ihren Betrieb benötigt wird. Dieser hohe Wirkungsgrad ergibt sich wegen der konstanten Temperaturen in Erdreich und Grundwasser. Luftwärmepumpen haben dagegen eine Jahresarbeitszahl von etwa 3, das heißt, sie benötigen bei gleicher Wärmeleistung mehr Strom zum Antrieb als Erd- und Grundwasserwärmepumpen.

Wärmepumpen sollten mit einem Pufferspeicher kombiniert werden, der die erzeugte Wärme speichert und bei Bedarf an die Flächenheizung abgibt. Dann muss die Wärmepumpe seltener anspringen, was ihre Lebensdauer erhöht und die Stromkosten reduziert. Je nach Speichervolumen und Funktionstyp, zum Beispiel ob ein Pufferspeicher nur für die Heizung oder auch für die Warmwasserbereitung genutzt wird, kostet der Speicher für einen Vierpersonenhaushalt zwischen 500 und 1 500 Euro.

Luftwärmepumpen

Luftwärmepumpen, auch Luft-Wasser-Wärmepumpen genannt, saugen Außenluft an und entziehen dieser Wärme, selbst bei Minusgraden. Erdarbeiten sind dafür nicht notwendig. Luftwärmepumpen können draußen oder drinnen aufgestellt werden, der Aufwand für ihre Installation ist gering. Daher sind sie von allen

Wärmepumpenarten am kostengünstigsten in der Anschaffung und am einfachsten zu installieren. Durch ihren geringen Wirkungsgrad stoßen sie jedoch bei sehr tiefen Außentemperaturen an ihre Grenzen. Sie benötigen zudem mehr Strom als Erd- oder Grundwasserwärmepumpen. Luftwärmepumpen eignen sich daher eher für sehr gut gedämmte Gebäude mit niedrigem Energiebedarf, wie Passivhäuser oder KfW-40-Effizienzhäuser, oder als Ergänzung zu einer Gasbrennwerttherme.

Die Investitionskosten für eine Luftwärmepumpe belaufen sich auf 12000 bis 15000 Euro. Die Stromkosten hängen von der Größe und vom Energiebedarf des Hauses ab, können mit bis zu 1500 Euro pro Jahr jedoch 500 bis 1000 Euro mehr betragen als bei Erd- oder Grundwasserwärmepumpen.

Erdwärmepumpen

Bei Erdwärmepumpen (Sole-Wasser-Wärmepumpen) werden Erdwärmetauscher im Erdreich entweder horizontal verlegt oder vertikal mithilfe einer Tiefenbohrung versenkt. Bei der horizontalen Verlegung spricht man von Erdwärmekollektoren, die in einer Tiefe von 1,5 bis zwei Metern frostsicher unter der Oberfläche verlegt werden. Dafür muss genügend freie Fläche auf dem Grundstück vorhanden sein, und diese darf weder versiegelt noch mit Bäumen bepflanzt werden, da die Wurzeln sonst die Rohre beschädigen könnten.

Mit Flächenkollektoren lassen sich pro Quadratmeter Bodenfläche rund 25 Watt Wärme entziehen. Um ein durchschnittliches Einfamilienhaus zu beheizen, sind daher 300 bis 400 Quadratmeter Bodenfläche nötig. Die Kosten für Flächenkollektoren liegen bei rund 25 Euro pro Quadratmeter Bodenfläche, sodass man mit rund 10000 Euro rechnen kann.

Bei vertikal in den Boden gesetzten Erdsonden ist eine Tiefenbohrung von bis zu 100 Metern erforderlich, die Kosten liegen je nach Bodenbeschaffenheit bei 50 bis 100 Euro pro Meter Bohrtiefe, was 10000 Euro oder mehr kosten kann. Tiefenbohrungen sind allerdings genehmigungspflichtig, da sie einen größeren Eingriff ins Erdreich darstellen. Erdsonden eignen sich daher vor allem bei kleineren Grundstücken. Sie sind in der Summe teurer als Flächenkollektoren, erbringen dafür aber rund ums Jahr eine gleichbleibende Wärmeleistung wegen der überwiegend konstanten Temperaturen im tieferen Erdreich. Dies ist auch der Grund für den hohen Wirkungsgrad der Erdwärmepumpe.

Die Kosten für Erdwärmepumpen setzen sich zusammen aus den Erdwärmetauschern (Tiefensonden mit Bohrung ab etwa 10000 Euro oder Erdwärmekollektoren mit Verlegung mit jeweils bis zu 10000 Euro), der Wärmepumpe selbst (je nach Heizleistung 6000 bis 8000 Euro) sowie den Kosten für Montage und Anschluss (rund 5000 Euro). Insgesamt kann man für eine Erdwärmepumpe mit Kosten in der Größenordnung von 18000 (Flachkollektoren) bis 23000 Euro (Erdsonden) rechnen.

Der Vorteil von Erdwärmepumpen im Vergleich zu Luftwärmepumpen liegt im höheren Wirkungsgrad von Erdwärmepumpen. Das bedeutet, sie benötigen bei gleicher Wärmeleistung weniger Strom zum Antrieb und können im Winter auch in Spitzenzeiten, in denen Luft-

Eine Luftwärmepumpe sollte mit dem Ventilator nicht gegen die Hauptwindrichtung aufgestellt sein.

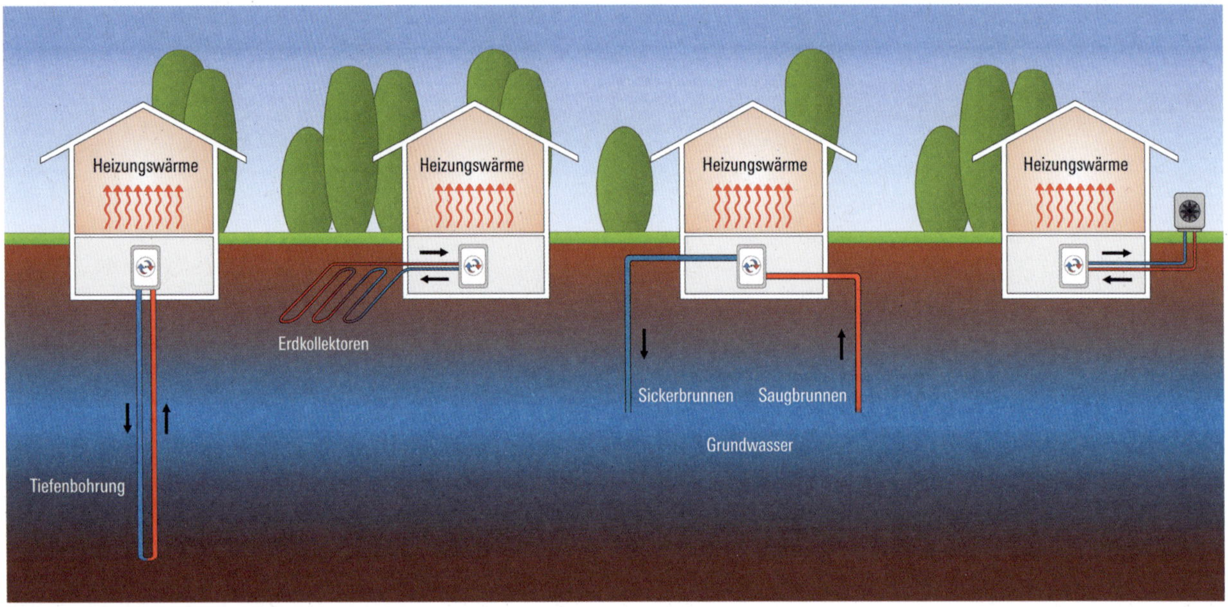

Arten von Wärmepumpen, von links nach rechts: Erdwärmepumpe mit Tiefensonden, Erdwärmepumpe mit Flachkollektoren, Grundwasserwärmepumpe und Luftwärmepumpe

wärmepumpen an ihre Leistungsgrenze geraten, zuverlässig Wärme liefern.

Grundwasserwärmepumpen

Grundwasserwärmepumpen (Wasser-Wasser-Wärmepumpen) sind wie Erdwärmepumpen sehr effektiv, da die Temperatur des Grundwassers mit 7–12 Grad Celsius relativ konstant ist. Mithilfe zweier Brunnen (Förder-/Saugbrunnen und Schluck-/Sickerbrunnen) zum Ansaugen und Abgeben des Grundwassers und eines Kompressors kann eine Grundwasserwärmepumpe die gewonnene Energie an einen Wärmetauscher abgeben. Für das Antasten des Grundwassers ist allerdings eine wasserrechtliche Genehmigung erforderlich. In Trinkwasserschutzgebieten sind Grundwasserwärmepumpen nicht zulässig.

Für den Einsatz einer Grundwasserwärmepumpe müssen noch weitere Voraussetzungen erfüllt sein: Der Grundwasserstand sollte nicht tiefer als 15 Meter liegen, der Abstand der beiden Brunnen mindestens 15 Meter betragen und das angesaugte Grundwasser nicht kälter als 8 Grad Celsius und zudem nicht eisenhaltig sein. Darüber hinaus darf die Fließgeschwindigkeit des Grundwassers nicht zu hoch sein.

Brunnenbohrungen sind teuer und aufwendig, die Kosten einer Grundwasserwärmepumpe können daher inklusive Bohrung und Installation zwischen 24000 und 30000 Euro betragen. Dafür liegen aufgrund der hohen Effizienz einer Grundwasserwärmepumpe die Heizkosten deutlich niedriger. Die Jahresarbeitszahl einer Grundwasserwärmepumpe kann bis zu 5 betragen, das heißt, sie kann aus 1 kW Strom 5 kW Heizwärme erzeugen.

Passives Kühlen mit Wärmepumpen

Wärmepumpen können im Sommer auch zum passiven Kühlen genutzt werden, weil sich der Wärmefluss umkehren lässt. Dazu wird die Wärme aus dem Heizkreislauf des Gebäudes mithilfe eines Wärmetauschers an das Erdreich abgegeben. Das dadurch kühlere, in den Rohren der Fußboden- oder Wandflächenheizung zirkulierende Wasser kühlt passiv die Räume, wodurch sich die Raumtemperatur um etwa 3 Grad Celsius senken lässt.

Welche Varianten sind kostengünstig?

Die Preisspanne für den Kauf einer Wärmepumpe liegt zwischen 12000 und 30000 Euro für Anschaffung und Einbau. Wenn es nur nach den Anschaffungskosten geht, sind Luftwärmepumpen die mit Abstand preisgünstigste Variante. Mit welcher Wärmepumpe allerdings langfristig am meisten Kosten gespart werden können, lässt sich nicht pauschal beantworten, denn es spielen dabei ganz verschiedene Faktoren eine Rolle: objektive Faktoren, wie die Art des Grundstücks, die Bodenqualität und der Energiebedarf des Gebäudes, und subjektive Faktoren, wie der Verbrauch an Heizwärme und Warmwasser.

Da Wärmepumpen zum Antrieb elektrische Energie benötigen, entstehen fürs Heizen Stromkosten, die sehr unterschiedlich ausfallen können. Bei einem Einfamilienhaus mit einer Wohnfläche von 110 Quadratmetern können laut Heizspiegel die Stromkosten für den Betrieb einer Wärmepumpe zwischen 500 und 1 500 Euro pro Jahr betragen. Wird der Strom über Photovoltaik auf dem eigenen Hausdach bereitgestellt, kostet das Heizen so gut wie nichts, allerdings sind die Investitionskosten höher (siehe "Kosten sparen mit Solarenergie", Seite 70).

TIPP ZUM SPAREN VON STROMKOSTEN

Für Wärmepumpen gibt es einen eigenen günstigen Stromtarif, den sogenannten Wärmepumpentarif, der (Stand 2021) je nach Energieversorger im Durchschnitt bei rund 24 Cent pro kWh und somit häufig um circa 20 Prozent niedriger als der Tarif für Haushaltsstrom liegt. Für die Nutzung des Wärmepumpentarifs, den fast alle Energieversorger anbieten, ist lediglich ein eigener Zähler erforderlich. Es lohnt sich also, Strompreise zu vergleichen.
Wärmepumpen mit einer Jahresarbeitszahl von 4 bis 5 sind wesentlich effizienter als solche mit einer geringeren Jahresarbeitszahl und verbrauchen daher weniger Strom, sodass sich langfristig der höhere Anschaffungspreis einer Erd- oder Grundwasserwärmepumpe lohnen kann. Wenn allerdings eine Wärmepumpe nur zur Warmwasserbereitung und zur Unterstützung zum Beispiel einer Gasbrennwerttherme dienen soll, lohnt sich eher eine einfache Luftwärmepumpe, die deutlich weniger kostet.

Welche Wärmepumpenart ist für mich am besten geeignet?

Die Tabelle bietet einen knappen Überblick über Vor- und Nachteile, Investitionskosten und Stromkosten pro Jahr für ein durchschnittliches Einfamilienhaus mit etwa 120 Quadratmetern Wohnfläche. Die genannten Investitionskosten schließen die Kosten für Einbau und Zubehör ein. Es handelt sich bei allen angegebenen Kosten um Mittelwerte, die Stromkosten sind abhängig von der jeweiligen Heizleistung.

Art der Wärmepumpe	Vorteile	Nachteile	Kosten Investition	Stromkosten pro Jahr
Luftwärmepumpe	Niedrige Investitionskosten; keine Erdbohrung nötig; Standort flexibel; Aufstellung auch im Keller möglich; auch zur Unterstützung eines anderen Heizsystems geeignet, etwa zur Warmwasserbereitung	Nur mittlerer Wirkungsgrad; höhere Energiekosten; verursacht Geräuschemissionen	12 000 bis 15 000 Euro	ca. 1 000 bis 1 500 Euro
Erdwärmepumpe	Hoher Wirkungsgrad; niedrige Energiekosten; Sonden platzsparend; auch zum Kühlen geeignet	Hohe Kosten für Erschließung der Wärmequelle; bei Flachkollektoren hoher Flächenbedarf auf dem Grundstück; bei Erdsonden Genehmigung erforderlich	18 000 bis 23 000 Euro	ca. 500 bis 1 000 Euro
Grundwasserwärmepumpe	Hoher Wirkungsgrad; niedrige Energiekosten; geeignet bei hohem Wärmebedarf; auch zum Kühlen geeignet	Hohe Kosten für Erschließung der Wärmequelle; Brunnenbohrungen nötig; wasserrechtliche Genehmigung erforderlich	24 000 bis 30 000 Euro	ca. 450 bis 500 Euro

KOSTEN SPAREN MIT SOLARENERGIE

Mit Sonnenenergie lassen sich kostenlos Wärme und Strom gewinnen. Doch Anschaffung und Installation der Solarmodule sind teuer. Ob sich diese Investition lohnt, hängt von den individuellen Gegebenheiten ab. Wenn das Haus einer vierköpfigen Familie in einer sonnenreichen Gegend steht und die PV-Module optimal nach Süden ausgerichtet sind, kann sich der Kauf von Photovoltaik nach 15 bis 20 Jahren amortisieren. Doch derart ideal sind die Bedingungen nicht immer. Allerdings wird der Einbau von Solarpaneelen finanziell von der BEG (Bundesförderung für effiziente Gebäude) gefördert. Auch der Kauf einer Photovoltaikanlage wird neben der Einspeisevergütung durch günstige Kredite und Zuschüsse gefördert. Die Programme unterscheiden sich je nach Bundesland, Stadt oder Gemeinde.

Übrigens: Obwohl Solarenergie als natürliche Energiequelle frei Haus zur Verfügung steht, ist deren Nutzung nicht vollständig klimaneutral, was an Herstellung und Entsorgung der benötigten Module liegt.

Solarthermie für Heizung und Warmwasser

Solarthermie bietet sich für die Warmwasserbereitung an, kann aber auch die Heizung unterstützen. Allein mit der Warmwasserbereitung ist der gesetzlich geforderte Pflichtanteil regenerativ erzeugter Energien an der Wärmeerzeugung erfüllt, auch wenn die Heizung selbst mit fossilen Brennstoffen betrieben wird. Solarthermie eignet sich daher gut als Ergänzung zu Gasbrennwertthermen.

Solarthermiekollektoren sollten für einen optimalen Ertrag eine Neigung von 45 Grad mit Ausrichtung nach Süden aufweisen. Die Kollektoren können jedoch auch senkrecht an einer Hausfassade montiert werden.

Wird Solarthermie nur für die Warmwasserbereitung genutzt, reicht eine Fläche von 1,5 Quadratmetern pro Bewohner für die Kollektoren aus. Soll auch Heizwärme erzeugt werden, erhöht sich der Flächenanteil auf etwa 2,5 Quadratmeter pro Person. Eine Solarthermieanlage für einen Vierpersonenhaushalt kostet inklusive Montage rund 10 000 Euro, wenn sie zur Heizungsunterstützung und zur Warmwasserbereitung dient. Wird sie nur zum Warmwasserbereiten genutzt, kostet sie etwa die Hälfte.

Für eine Solarthermieanlage im Neubau gewährt die BEG unter bestimmten Voraussetzungen Fördermittel, zum Beispiel, wenn die Anlage mindestens 20 Quadratmeter Bruttokollektorfläche und das entsprechende Pufferspeichervolumen aufweist.

Mit Photovoltaik Strom gewinnen

Voraussetzung für eine möglichst effektive Nutzung von Photovoltaik (PV) ist eine nach Süden orientierte Dachfläche, die nicht durch Bäume oder Nachbarhäuser verschattet sein darf. Wenn Sie die Anschaffung einer Photovoltaikanlage erwägen, sollten Sie die benötigten Module und den passenden Unterbau beim Neubau von Anfang an mitplanen. Sie können dann etwa flächenbündig in die Dachfläche integriert werden und die Dachdeckung ersetzen, denn sie bilden dann die wasserführende Schicht der Dachhaut. Ganz nebenbei sieht das auch eleganter aus als einzeln auf die Dachfläche montierte Module. Diese sogenannte Indachmontage kann beim Neubau sogar kostengünstiger sein. Zwar ist die flächenbündige Integration zunächst teurer, als die PV-

Module einfach auf der bestehenden Dachhaut zu befestigen. Dafür entfallen die Kosten für die Dacheindeckung und deren Wartung, sodass sich je nach Größe der Anlage im Vergleich zur Aufdachmontage ein gewisser Kostenvorteil ergeben kann.

Auch Flachdächer und Dächer von Garagen oder Carports eignen sich zur Montage von PV-Modulen, diese sollten dann aber je nach gewünschtem Ertrag und Himmelsrichtung eine Neigung von 30 bis 70 Grad aufweisen. Ein Carportdach, leicht geneigt, kann auch komplett aus PV-Modulen bestehen, zum Beispiel mit darunter angebrachter Ladestation für Elektroautos. Derartige Solarcarports gibt es fertig zu kaufen, aber auch als Selbstbausätze für Heimwerker. Die Kosten dafür beginnen ab 5 000 Euro, dazu kommt – bei Bedarf – die Ladestation für Elektroautos.

Für ein Vierpersonenhaus kostet eine PV-Anlage je nach Größe inklusive Installation und Inbetriebnahme zwischen 7 000 und 15 000 Euro. Bei der Frage, ob sich die Installation einer Photovoltaikanlage lohnt, sind neben dem Anschaffungspreis verschiedene weitere Faktoren in die Rechnung einzubeziehen: Ein vierköpfiger Haushalt benötigt im Schnitt pro Jahr etwa 4 000 kWh an elektrischer Energie. Eine Photovoltaikanlage mit einer Nennleistung von 1 kWp erwirtschaftet rund 1 000 kWh pro Jahr und benötigt dafür eine Fläche von 10 Quadratmetern. Ein Haus mit vier Bewohnern müsste also eine nach Süden orientierte Dachfläche von etwa 40 Quadratmetern aufweisen, um rein rechnerisch den gesamten Haushalt mit Strom zu versorgen. Da bei einem Steildach für die Dachfläche eines durchschnittlichen Einfamilienhauses rund 100 Quadratmeter angenommen werden können, müsste in unseren Breitengraden fast die gesamte südliche Dachhälfte mit Photovoltaikmodulen bestückt werden, um rechnerisch den gesamten jährlichen Strombedarf des Haushalts decken zu können.

Zu bedenken ist, dass der Ertrag einer Photovoltaikanlage von der Tages- und Jahreszeit abhängt und der tatsächlich anfallende Stromverbrauch oft nicht mit den Zeiten der Stromerzeugung zusammenfällt: Die größte Ausbeute liefert eine Photovoltaikanlage im Frühjahr und Sommer mit rund 70 Prozent der Jahresausbeute. In Herbst und Winter dagegen, wenn Strom etwa für eine Wärmepumpe benötigt wird, liegt der Ertrag nur bei etwa 30 Prozent.

Solarstrom für private Haushalte wird finanziell gefördert, wenn die PV-Anlage die Anforderungen des GEG erfüllt. Dazu gehört, dass ein Teil des gewonnenen Stroms ins öffentliche Netz eingespeist werden muss. Die BEG gewährt Zuschüsse zur Anschaffung und Installation der Anlage sowie günstige Kredite. Die Umweltbank und die Hausbank bieten ebenfalls Förderprogramme, und auch manche Bundesländer fördern die Anschaffung einer PV-Anlage. Darüber hinaus wird das Einspeisen des Stromüberschusses ins öffentliche Netz mit derzeit 6,93 Cent pro kWh (Stand Dezember 2021) für Anlagen mit einer Nennleistung unter 10 kWp über 20 Jahre gefördert.

Die Kosten der Anschaffung sind den durchschnittlichen Stromkosten und der Einspeisevergütung gegenüberzustellen: Die Strompreise steigen seit Jahren, und derzeit (Stand 2021) kostet eine Kilowattstunde Strom etwa 32 Cent, das macht bei einem Verbrauch von 4 000 kWh pro Jahr etwa 1 276 Euro. Die Einspeisevergütung sinkt dagegen kontinuierlich. Nach welchem Zeitraum sich die Anschaffung einer Photovoltaikanlage amortisiert, muss im Einzelfall geprüft werden. Unter test.de/Photovoltaik-Rechner-1391893–0 finden Sie dazu einen kostenfreien Rechner.

PHOTOVOLTAIK UND DIE STEUER

Durch das Einspeisen von Strom erzeugt man Umsätze, für die man normalerweise umsatzsteuerpflichtig ist. Lässt man sich als Kleinunternehmer einstufen, weil die jährlichen Gewinne unter 22 000 Euro liegen, ist man von der Umsatzsteuer befreit. Das muss jedoch nicht unbedingt sinnvoll sein: Wenn man nämlich auf die Einstufung als Kleinunternehmer verzichtet, kann man die Mehrwertsteuer in Höhe von 19 Prozent für die Anschaffung der Anlage vom Finanzamt zurückerstattet bekommen. Weitere Infos unter test.de, Stichwort „Steuern sparen mit Solarstrom" (kostenpflichtig).

Maximal offen

WOHNHAUS BEI KIRCHHEIM UNTER TECK
HOLZERARCHITEKTEN, STUTTGART

Zur Südseite öffnet sich das Haus mit großen Glasflächen, von denen mehr als die Hälfte festverglast sind.

Weil der Innenraum offen vom Eingang bis in den Wohnbereich verläuft, wirkt das Erdgeschoss weitläufig, und Türen und Trennwände konnten gespart werden.

Offen, großzügig und modern – dieses Wohnhaus beweist, dass hoher Wohnkomfort nicht teuer sein muss, und es liefert Anregungen, wo noch weitere Einsparungen möglich sind.

Situation Der Bebauungsplan schrieb in einem heterogenen Neubaugebiet ein zweigeschossiges Gebäude mit Flachdach oder Pultdach vor. Die Bauherren wünschten sich ein modernes Haus mit dunkler Fassade und Blick auf die nahe Burg Teck im Süden, wofür die Nord-Süd-Ausrichtung des Grundstücks ideal war. Der Architekt rückte das Gebäude weit an die nördliche Grundstücksgrenze, um im Süden Freiraum für Garten und Ausblick zu schaffen. Obwohl er wegen der Größe des Hauses bereits besonders auf die Kosten achten musste, sind noch weitere Möglichkeiten für Kosteneinsparungen erkennbar. Für die klare und moderne Architektur wurde der Architekt im Jahr 2020 vom Bund Deutscher Architekten Baden-Württemberg mit dem Hugo-Häring-Publikumspreis für vorbildliche Bauten ausgezeichnet.

Baukörper und Materialien Die Außenwände des kompakten Baukörpers bestehen aus einem 36,5 Zentimeter dicken monolithischen Ziegelmauerwerk, sodass keine zusätzliche Wärmedämmung nötig war. Einzig die wenigen Bauteile aus Beton, wie die Überzüge an den auskragenden Gebäudeteilen, mussten mit einem Wärmedämmverbundsystem kombiniert werden. Als Kontrast zum dunkelgrauen Putz sind auf der Nordseite Erdgeschoss und Garage ganzflächig, auf der Südseite nur Teilflächen mit thermisch vorbehandeltem Aspenholz, auch als Zitterpappel bekannt, verkleidet. Auf der zur Straße gewandten Nordseite ist das Gebäude bis auf einen schmalen Glasstreifen neben der Haustür komplett geschlossen, die Südseite ist dagegen weitgehend verglast. Durch die besonders lange Doppelgarage und den Holzschuppen auf der anderen Hausseite, die jeweils einen Zugang zum Garten haben, ist eigentlich bereits ausreichend Stauraum zum Beispiel für Fahrräder, Gartenmöbel und Kinderspielzeug vorhanden. Die Bauherren entschieden sich zusätzlich noch für einen gedämmten, aber unbeheizten Keller, der nicht zu Wohnzwecken dient. Aufgrund des hohen Grundwasserstands musste der Keller in Form einer weißen Wanne ausgeführt werden. Durch kreative Einsparungen an anderer Stelle konnten sich die Bauherren den Wunsch nach einem Keller, der immerhin Zusatzkosten in Höhe von 70 000 Euro verursachte, erfüllen. So wählten sie zum Beispiel für einen beträchtlichen Teil der Fensterflächen auf der Südseite eine Festverglasung mit schmalen Öffnungsflügeln. Zudem blieben die Betonoberflächen im Haus unverkleidet in Sichtqualität. Ein kleines, aber praktisches Detail: Das Ausgussbecken in der Garage konnte ohne nennenswerten Kostenaufwand angebracht werden, da es an der Außenwand des Gäste-Bads liegt und nur an die vorhandenen Wasserleitungen angeschlossen werden musste.

Grundriss und Innenraum Der Grundriss ist klar in eine Nebenraumzone an der Nordseite und eine Wohnzone an der Südseite gegliedert und kommt völlig ohne Flure aus. Im Erdgeschoss

Trotz ihrer Lage im rückwärtigen Bereich ist die Treppe taghell – die schräge Wand rechts im Bild in Kombination mit einem Dachoberlicht macht's möglich.

gehen die Raumbereiche vom Eingang bis zur Terrasse über zwei Stufen fließend ineinander über, sodass Trennwände und Türen auf ein Minimum reduziert werden konnten. Lediglich das Arbeitszimmer ist abgeteilt und könnte somit später auch als barrierefrei zugängliches Gäste- oder Schlafzimmer genutzt werden, zumal das Gäste-WC im Eingangsbereich mit einer Dusche ausgestattet ist. Durch den zweigeschossigen Luftraum über dem Essplatz wirkt das Haus offen und großzügig, während der über Eck reichende eingeschossige Wohnbereich eher geschützten Charakter hat. Im Obergeschoss bietet die breite, an zwei Seiten offene und taghelle Galerie, die als Verteiler zu den Privaträumen dient, genügend Platz zum Beispiel für einen Schreibtisch, einen Lesebereich oder eine Spielecke. Die Betontreppe ist ebenso wie die Unterseite der Geschossdecke in Sichtqualität belassen, wodurch Kosten für einen Treppenbelag sowie für Putz und Farbanstrich entfielen. Die Treppe liegt in der geschlossenen Nebenraumzone und erhält Tageslicht über ein Dachoberlicht – eine bei Flachdächern gute Möglichkeit, innen liegende Räume zu belichten. Um den gesamten Treppenbereich optisch aufzuwerten, entschieden sich die Bauherren für eine goldfarben gestrichene Wand, die in Kombination mit dem Oberlicht für eine helle und warme Atmosphäre sorgt. Man könnte ein derartiges Haus sogar noch kostengünstiger realisieren, indem man den Grundriss etwas abwandelt: Ohne den Gebäudevorsprung

Neben dem offenen, zweigeschossigen Essplatz bietet das Wohnzimmer links im Bild einen eher geschützten Rückzugsort.

im Wohnbereich wäre der Baukörper noch kompakter und die Hüllfläche kleiner. Würde man auf den Keller verzichten, ergäbe sich eine Kostenreduktion von etwa 15 Prozent. Zudem wäre es möglich, den Luftraum über dem Essplatz zu schließen, sodass im Obergeschoss auf der Südseite ein weiteres Kinderzimmer Platz findet. Damit würde die verfügbare Wohnfläche um circa fünf Prozent vergrößert.

Energiekonzept Das Wohnhaus entspricht den zur Bauzeit gültigen Vorgaben der EnEV 2016. Für eine möglichst hohe Energieeffizienz richtete der Architekt das Haus mit großflächigen Öffnungen nach Süden aus. Hier heizt die Sonne in Form passiver Solarenergie mit, während die Nordseite mit den Nebenräumen fast vollständig geschlossen ist. Dadurch entstehen auf der „kalten" Seite kaum Wärmeverluste. Als Heizsystem dient eine Gasbrennwerttherme, ergänzt durch Solarthermie. Aus Kostengründen verzichteten die Bauherren auf eine Lüftungsanlage, nur in den Bädern wird die Abluft mechanisch abgesaugt. Solarthermie- und Photovoltaikmodule, die auf dem teilweise begrünten Flachdach von außen nicht sichtbar schräg nach Süden aufgestellt wurden, unterstützen den Gewinn von Wärme und liefern zudem elektrische Energie.

Garten und Außenanlagen Die überdachte und durch den Gebäudevorsprung eingefasste Terrasse ist mit Eschenholz belegt, das thermisch vorbehandelt ist und im Laufe der Zeit natürlich vergraut. Um die Gartengestaltung und -bepflanzung kümmerten sich die Bauherren in Zusammenarbeit mit einer Gartenbaufirma selbst. Der ringsum durch hohe Gräser, Sträucher und Bäume eingefasste Rasen bietet den kleinen Kindern viel Platz zum Spielen.

Nach Norden, der Zufahrtseite, ist das Haus vollkommen geschlossen und im unteren Bereich durchgehend mit Holz verkleidet. Der schmale Glasstreifen neben der Haustür markiert den Eingang.

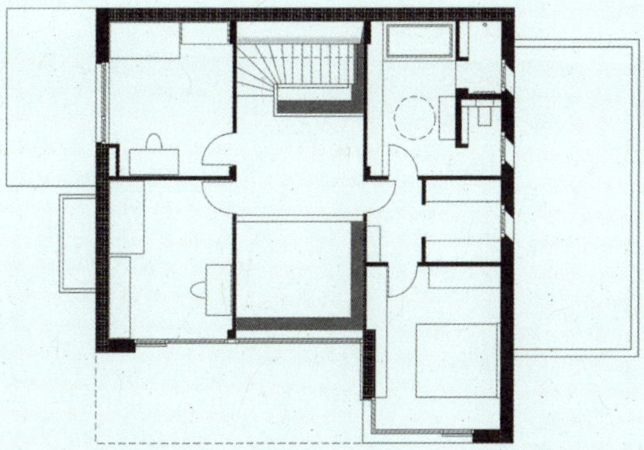

Obergeschoss

Projektdaten

Architektur: holzerarchitekten, Stuttgart
Anzahl der Bewohner: 4
Grundstücksgröße: 600 m^2
Wohnfläche: 215 m^2
Anzahl der Vollgeschosse: 2
Keller: ja
Energiestandard: Anforderung gemäß EnEV 2016
Energiekonzept: Gasbrennwerttherme, Solarthermie, Photovoltaik; Fußbodenheizung
Konstruktion und Materialien: Ziegelmauerwerk monolithisch 36,5 cm, teilweise Beton mit WDVS; Holzfassade aus Thermo-Aspe
Jahr der Fertigstellung: 2017
Baukosten:
ca. 2 400 Euro / m^2 Wohnfläche brutto (KG 300 + 400), inklusive Keller
Bauwerkskosten: 515 000 Euro brutto (KG 300 + 400)

Kostensparende Aspekte:
- kompakte Bauweise
- Verzicht auf Flure
- Einsparung von Türen und Trennwänden
- Reduzierte Materialauswahl: Ziegelmauerwerk, Beton und Holz
- Sichtbetonoberflächen im Innenraum
- Hoher Anteil an Festverglasung

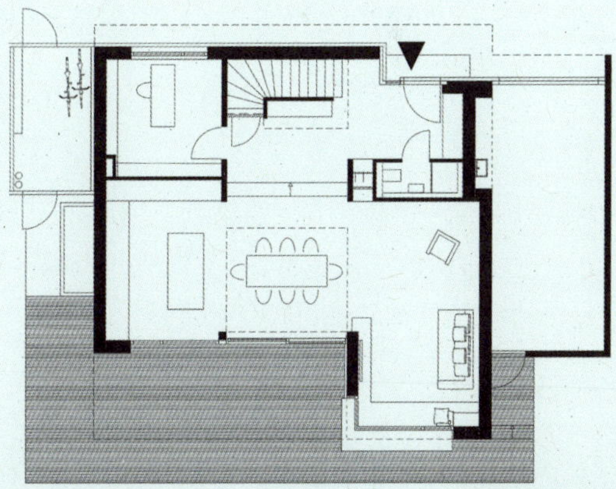

Erdgeschoss

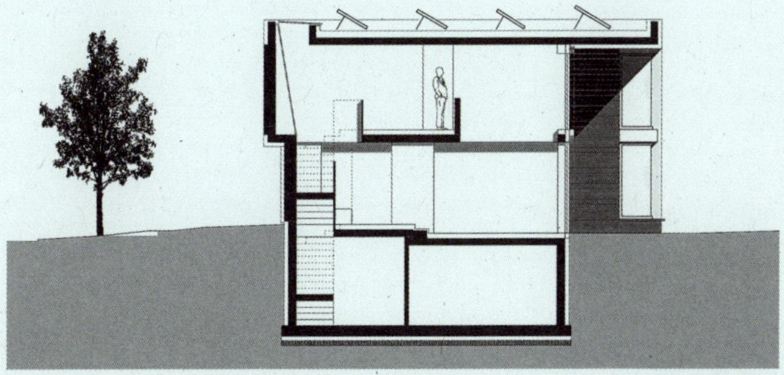

Querschnitt

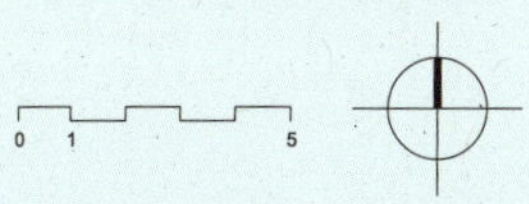

KOSTEN SPAREN DURCH GUTE PLANUNG

Eine überlegte Planung von Baukörperform, Raumprogramm und Grundrissen trägt dazu bei, die Baukosten zu reduzieren, und sorgt dafür, dass spätere bauliche Anpassungen mit nur geringem Arbeits- und Kostenaufwand einhergehen. Je kompakter der Baukörper, je geringer die Wohnfläche und je einfacher die Grundrisse, desto preiswerter das Haus. Daher lautet die wichtigste Frage, die Sie sich stellen sollten: Wie viel Platz brauche ich wirklich? Um dem wahren Bedarf näher zu kommen, hilft es abzuwägen, wie Sie und Ihre Familie die geplanten Räume konkret nutzen möchten. Beengt wohnen müssen Sie dabei nicht, denn ein guter Grundriss unterstützt die Abläufe im Haus und sorgt mit den verfügbaren Quadratmetern für gut nutzbare Räume.

WIE DIE BAUKÖRPER-FORM DIE KOSTEN BESTIMMT

Weniger ist mehr – dieses Credo des berühmten Architekten Ludwig Mies van der Rohe sollten Sie im Kopf behalten, wenn es um die Form Ihres neuen Hauses geht. Ein einfacher Baukörper trägt entscheidend zum Kostensparen bei. Dabei gilt: je kompakter, desto besser. Je geringer der Anteil an Außenflächen ist, desto geringer ist der mit ihnen verbundene bauliche Aufwand und desto geringer sind die Energieverluste über die Außenhülle. Ein Würfel zum Beispiel hat im Verhältnis zum Volumen die geringsten Außenflächen. Zum Vergleich: Zweigeschossige Gebäude haben bei gleicher Wohnfläche eine rund 25 Prozent geringere Hüllfläche als eingeschossige Gebäude, bei denen die anteiligen Flächen für die Bodenplatte und das Dach größer ausfallen.

Geradlinige Baukörper sparen Kosten

Machen Sie sich bewusst, dass jeder Vor- und Rücksprung der Fassade die Außenhülle vergrößert, was die Vorteile einer einfachen Baukörperform wieder zunichtemachen kann.

Beispiele dafür sind horizontale und vertikale Gebäuderücksprünge, mehrteilige Dachlandschaften, aber auch Gauben, Erker, Loggien und Wintergärten. So verlockend es erscheinen mag, seinem Haus mit einer bewegten Fassade Individualität zu verleihen: Dabei schlagen nicht nur das zusätzlich benötigte Material und der gesteigerte Arbeitsaufwand zu Buche. Derartige Vergrößerungen der Hüllfläche können außerdem zu unnötigen Wärmeverlusten führen und erfordern daher zum Teil aufwendige Dämmmaßnahmen an Kanten und Übergängen. Dem steht in den meisten Fällen ein verhältnismäßig geringer Gewinn an Wohnfläche gegenüber.

Schnörkellose, geradlinige Baukörper haben noch einen weiteren wichtigen Vorteil: Sie lassen sich mit einer einfachen Tragkonstruktion errichten, was wiederum die Vorfertigung von Wand-, Decken- und Dachelementen erleichtert. Wenn die Gebäudelängsseiten parallel angeordnet sind, vereinfacht dies die Deckenkonstruktion erheblich. Dabei sollten die Spannweiten nicht mehr als 5 Meter betragen, bei Holz sogar nur 4 Meter.

Größere Spannweiten lassen sich reduzieren, wenn diejenigen Trennwände, die zukünftig sicher nicht mehr versetzt werden sollen, massiv und tragend ausgeführt werden.

Balkone, Erker und Wintergärten

Der Balkon stammt ursprünglich aus dem Alpenraum, wo er in Kombination mit weiten Dachüberständen über die gesamte Gebäudelänge verlaufend Schutz vor Regen und Schnee bietet. Dieser praktische Aspekt tritt heute zugunsten des „Freizeitwerts" in den Hintergrund. Im Geschosswohnungsbau bilden Balkone meist den einzigen privaten Außenraum. Doch beim Einfamilienhaus, zu dem in aller Regel ein Garten und eine Terrasse gehören, sind sie ein Kostenfaktor, der ohne Verlust an Wohnqualität vermieden werden kann. Schon eine einfache selbsttragende Konstruktion, die auf Stützen vor die Gebäudehülle gesetzt wird und dadurch thermisch vom Gebäude getrennt ist, schlägt mit rund 10 000 Euro zu Buche, wovon der Bausatz rund 4000 Euro ausmacht. Der Rest setzt sich aus den Kosten für Montage und Geländer zusammen.

Wenn Sie mit einem Balkon liebäugeln, überlegen Sie sich, wie oft und wofür Sie ihn im Alltag tatsächlich nutzen würden, zumal Sie vielleicht ohnehin eine Terrasse haben. Schließlich ist eine Entscheidung gegen einen Balkon keine Entscheidung für immer: Ist eine entsprechende Baugenehmigung vorhanden, können Sie später, wenn Sie Ihr Haus zum Beispiel in zwei getrennte Wohnungen aufteilen möchten, immer noch einen selbsttragenden Balkon vor die Fassade stellen. Falls Sie sich diese Möglichkeit offenhalten möchten, sollten Sie das mit Ihrem Architekten oder Ihrer Architektin besprechen. Dann kann ein eventuell später hinzuzufügender Balkon im Gestaltungskonzept des Hauses berücksichtigt werden, und Sie können sicher sein, dass die Optik des Hauses durch die Ergänzung nicht leidet.

Erker vergrößern die Außenfläche eines Gebäudes und bringen im Innenraum meist nur einen unerheblichen Platzgewinn, der zudem nicht immer gut genutzt werden kann. Die zusätzlichen Quadratmeter sind teuer erkauft. Fertighaushersteller bieten Erker je nach Größe meist zu Preisen zwischen 5000 und 7000 Euro an. Dabei ist allerdings zu bedenken: Zu den reinen Baukosten kommen langfristig Heizkosten wegen der Wärmeverluste über die Glasscheiben hinzu.

Auch der Bau eines Wintergartens ist selbst in einfachster Ausführung mit relativ hohen Kosten verbunden. Manchmal wird er mit dem Argument des passiven Solarenergiegewinns begründet. Dieses Argument ist jedoch nicht unbedingt stichhaltig, da auf der Südseite häufig bereits die Fenster genügend zur passiven Energiegewinnung beitragen. Wenn überhaupt, sind Wintergärten in diesem Zusammenhang nur auf der Nordwestseite sinnvoll, um dort die Abendsonne einzufangen.

Ein einfacher, unbeheizter Wintergarten schlägt mit mindestens 1000 Euro pro Quadratmeter zu Buche, hinzu kommen noch die Bodenplatte und eventuell eine Markise, die mit 300 Euro pro Quadratmeter zu veranschlagen ist. Die Kosten für einen beheizten Wintergarten hingegen, der ganzjährig zum Wohnen genutzt werden kann, liegen laut Bundesverband Wintergarten e. V. bei mindestens 2000 Euro pro Quadratmeter in einfachster Ausführung. Dabei sind die Bodenplatte und der Bodenaufbau noch nicht eingerechnet. Dazu kommen laufende Kosten für die Heizung und die regelmäßige Reinigung der Glasflächen. Wer sich trotz dieser Kosten für einen Wintergarten entscheidet, sollte den Wintergarten in Größe, Form und Aussehen auf die Architektur des Hauses abstimmen, um den Wiederverkaufswert zu erhöhen.

So verringert sich bei zwei Stockwerken die Hüllfläche

Angenommen, Sie wollen ein zweigeschossiges Haus mit Flachdach und einer Grundfläche von 64 Quadratmetern bauen. Bei einer quadratischen Grundfläche hätte jede Außenwandfläche dann eine Länge von 8 Metern. Die Gebäudehöhe wird mit 7 Meter angenommen. Damit ergibt sich eine Hüllfläche des Gebäudes von insgesamt 352 Quadratmetern:[1]

Bodenfläche:	64 m²
+ Dachfläche:	64 m²
+ 4 Außenwandflächen	
von je 8 m × 7 m = 4 × 56 m²	= 224 m²
	= 352 m²

Wollen Sie stattdessen bei gleicher Wohnfläche eingeschossig bauen und haben dazu eine Grundfläche von 8 Meter × 16 Meter und eine Gebäudehöhe von 3,5 Meter ausgewählt, beträgt die Hüllfläche des Gebäudes insgesamt 424 Quadratmeter:

Bodenfläche:	128 m²
+ Dachfläche:	128 m²
+ 2 Stirnseiten von je 8 m × 3,5 m = 28 m²	= 56 m²
+ 2 Längsseiten von je 16 × 3,5 m = 56 m²	= 112 m²
	= 424 m²

Damit ist die Hüllfläche um 72 Quadratmeter größer, also um etwa 20 Prozent, für die bei gleicher Wohnfläche nur für die Baukörperform entsprechend mehr Baukosten entstehen.

[1]Berechnung vereinfacht, ohne Berücksichtigung von Wandstärken

WANN LOHNT SICH EIN KELLER?

Es gibt gute Gründe, die grundsätzlich für oder gegen einen Keller sprechen. Wenn der Boden felsig oder der Grundwasserstand hoch ist, kann der Bau eines Kellers unwirtschaftlich oder sogar nicht zulässig sein. Wenn es sich jedoch um ein Hanggrundstück, um ein besonders kleines Grundstück oder um teuren Baugrund handelt, kann ein Keller sinnvoll sein.

Welche Kosten fallen an?

Da sich die Entscheidung für oder gegen einen Keller später nicht mehr revidieren lässt, sollten Sie zu Beginn der Planung alle Argumente sorgfältig abwägen. Beim Bau eines Kellers fallen Kosten zum Beispiel für Erdaushub, Bau des Kellers, Dämmung und Abdichtung sowie für die Kellertreppe an. Je nach Bodenqualität, Bauausführung und geplanter Nutzung kann ein Keller mit einer Grundfläche von zum Beispiel 70 Quadratmetern zwischen 35 000 und 70 000 Euro kosten, eine Bodenplatte kostet dagegen nur rund 20 000 bis 25 000 Euro. Was der Bau eines Kellers wirklich kostet, hängt unter anderem vom Wassergehalt im Boden ab. Im günstigsten Fall tritt Wasser nur in Form von Bodenfeuchte oder von nicht stauendem Sickerwasser auf. Handelt es sich allerdings um Sickerwasser, das sich zeitweise aufstaut, oder um dauerhaft drückendes Wasser, wird die Ausführung des Kellers deutlich aufwendiger und teurer. Dann muss ein dichter Spundwandkasten vorgesehen, das Grundwasser abgepumpt und eine Wasserhaltung mit Rohren angelegt werden, was die Kosten erheblich in die Höhe treibt. Der Verband Privater Bauherren (VPB) rät, vor dem Kauf eines schlüsselfertigen Hauses zuerst ein Baugrundgutachten anfertigen zu lassen, bevor man sich für ein Angebot mit vermeintlich günstigem Keller entscheidet, denn Anbieter gehen bei der Preiskalkulation eines Kellers häufig von idealem Baugrund aus. Deutlichen Einfluss auf die Kosten hat außerdem, ob der Keller beheizt werden soll oder nicht, wovon wiederum abhängt, ob er außerhalb oder innerhalb der gedämmten Gebäudehülle liegt.

Daher sollten Sie sich zunächst überlegen, wie genau Sie einen Keller nutzen möchten. Können die gewünschten Räume eventuell auch ebenerdig untergebracht werden? Und wenn ja, welche Variante ist preiswerter? Diese Frage lässt sich nicht pauschal beantworten, denn die ebenerdige Variante kann zwar preiswerter sein, allerdings erhöht ein Keller den Wiederverkaufswert eines Wohnhauses.

Keller: Pro und Contra

Für einen Keller spricht:

- Kleines Grundstück
- Geeignete Bodenverhältnisse
- Hohe Bodenpreise
- Hanggrundstück
- Höherer Wiederverkaufswert des Hauses

Gegen einen Keller spricht:

- Hoher Grundwasserstand
- Felsiger Baugrund
- Ausreichend vorhandene Grundstücksfläche für ebenerdige Lager
- Höhere Baukosten
- Verlängerte Bauzeit
- Kein barrierefreier Zugang möglich (Kellertreppe)

Sollten Sie sich für einen Keller entschieden haben, können Sie die Kosten durch sorgfältige Planung unter Abwägung der Nutzung dennoch in gewissen Grenzen halten. Aufwendig und sehr kostspielig kann es zum Beispiel sein, wenn im Keller eine Dusche oder ein WC eingebaut, eine Waschmaschine aufgestellt oder ein Gully angelegt werden soll. Dann können leicht Zusatzkosten von mehreren Tausend Euro entstehen, denn damit das Abwasser abfließen kann, ist ein Gefälle zum Kanalanschluss nötig. Liegt der Keller jedoch tiefer, bedarf es einer Schmutzwasserpumpe und einer Hebeanlage, für die inklusive Einbau und Anschluss zwischen 2000 und 5000 Euro anfallen können. Für die Anlage muss auch genügend Platz vorgesehen und die regelmäßige Wartung bedacht werden. Für ein WC im Keller ist zusätzlich eine Fäkalienhebeanlage nötig.

Vollkeller, Teilkeller oder Naturkeller?

Ein Vollkeller ist dann sinnvoll, wenn die Grundstücksfläche sehr klein ist und daher Nebenräume wie zum Beispiel Waschküche, Gerätelager oder Speisekammer nicht ebenerdig untergebracht werden können. Bei einem Teilkeller muss zwar nicht das gesamte Haus unterkellert werden, allerdings kann er im Hinblick auf das Kosten-Nutzen-Verhältnis trotzdem eher unwirtschaftlich sein. Bezogen auf den Quadratmeter Kellerfläche verursacht ein Teilkeller mehr Kosten als ein Vollkeller, weil das unterschiedliche Setzen der Fundamente von Keller und Bodenplatte ausgeglichen werden muss. Ein Teilkeller ist jedoch immer dann sinnvoll, wenn es sich um ein Hanggrundstück handelt und ohnehin in den Hang gebaut werden muss.

Eine Alternative zum Voll- und Teilkeller stellt ein Naturkeller, auch Erdkeller genannt, dar. Er ist grundsätzlich unbeheizt und zeichnet sich durch einen naturbelassenen, unbefestigten Boden aus, der aus festgestampftem Lehm oder einfach aus Erde bestehen kann. Die Wände bestehen aus ungedämmtem Ziegelmauerwerk, was für ein natürliches Raumklima mit konstant niedrigen Temperaturen sorgt. Ein Naturkeller ist ideal zum Lagern von Lebensmitteln. Er kann entweder unter dem Haus oder separat davon angelegt werden, zum Beispiel in einem Hang mit ebenerdigem Zugang von außen. Für den Bau eines Naturkellers darf der Grundwasserstand allerdings nicht zu hoch sein.

Ein Erdkeller hat keinen befestigten Boden und eignet sich besonders gut zum Lagern von Lebensmitteln.

Naturkeller sind als Bausatz erhältlich, dessen Kosten von der Größe und der gewünschten Ausführung des Naturkellers abhängen. Sie können einen Naturkeller auch individuell planen, wobei man in beiden Fällen bei einfacher Ausführung mit rund 1000 Euro pro Quadratmeter Kellerfläche rechnen sollte. Bei aufwendigerer Ausführung, zum Beispiel mit Ziegelgewölbe, können die Kosten deutlich höher liegen.

„Kalter Keller" oder „warmer Keller"?

Von einem kalten Keller spricht man, wenn sich der Keller außerhalb der thermisch isolierten Gebäudehülle befindet und nicht beheizt ist. Damit keine Wärme aus dem beheizten Erdgeschoss verloren geht, muss die Kellerdecke gedämmt sein. Die Tür zwischen Innenraum und Kellertreppe gilt dann als Außentür und muss ebenfalls entsprechend gedämmt sein. Bei kalten Kellern sollte die Kellertreppe am besten in einen unbeheizten Bereich münden, etwa in den Windfang, der dann wiederum zu den Wohnräumen hin gedämmt werden muss.

Eine sehr kostensparende Variante kann es sein, wenn der kalte Keller nur von außen zugänglich ist. Dann bleibt die Kellerdecke zum

Seecontainer lassen sich vielseitig nutzen: als Lagerraum, Hobbyraum, Werkstatt, und ausgebaut sogar als Gästezimmer.

beheizten Bereich hin geschlossen und unangetastet, was die Dämmung der Kellerdecke vereinfacht. Ein kalter Keller eignet sich gut zum Lagern von Lebensmitteln, als Waschküche, Fahrradkeller oder als Lager für Garten- oder Heimwerkergeräte. Für das Aufstellen der Heizungsanlage eignet sich ein kalter Keller nur dann, wenn der Heizraum gedämmt ist, damit es nicht zu Wärmeverlusten über die Heizleitungen kommt und somit zu einem geringeren Wirkungsgrad der Heizungsanlage.

Ein warmer Keller hingegen ist in die thermisch isolierte Gebäudehülle einbezogen und muss ebenfalls wärmegedämmt sein. Ein warmer Keller eignet sich etwa als Hobbyraum, Büro oder Lager und Heizungsraum. Auch eine Souterrainwohnung für Besucher, Familienmitglieder oder späteres Pflegepersonal ist in einem wärmegedämmten Keller denkbar, allerdings muss die Nutzung eines Kellers als Wohnraum vom Bauamt genehmigt werden, wobei sich die Vorschriften je nach Bundesland unterscheiden können. Es geht dabei immer um Raumhöhen, Belichtung und Belüftung.

Um zunächst Kosten zu sparen, können Sie die Gestaltung der Oberflächen von Kellerwänden, -decken und -böden auf später verschieben. Die Entscheidung für einen kalten oder warmen Keller sollte allerdings bereits in der Planungsphase fallen, weil man den Keller nachträglich ohne kostenintensive Erdbewegungen nur von innen dämmen kann. Innendämmungen sind grundsätzlich problematisch und nur bei Sanierungen sinnvoll, denn sie haben drei wesentliche Nachteile: Durch geringste Ungenauigkeiten können Wärmebrücken entstehen, was Schimmelbildung begünstigt, die massiven Kellerwände können bei einer Innendämmung nicht als Wärmespeichermasse dienen, und die Wohnfläche im Keller verringert sich um die Stärke des Dämmstoffs.

RADON IM KELLER

Radon ist ein in der Umwelt natürlich vorkommendes radioaktives Edelgas. Wenn Radon aus dem Erdreich durch den Boden in den Keller eindringt, kann es sich dort ansammeln und im übrigen Haus verteilen. Da Radon je nach Raumluftkonzentration eine Gesundheitsgefahr darstellt, schreibt seit 2017 das Strahlenschutzgesetz vor, dass im Neubau bauliche Schutzmaßnahmen gegen das Eindringen von Radon getroffen werden müssen.

Alternativen zum Keller

Ist die Grundstücksfläche groß genug, kann es preisgünstiger sein, wenn Sie Abstellräume, Speisekammern und Ähnliches in einem unbeheizten Anbau unterbringen können. Moderne haustechnische Anlagen sind nicht sehr groß und können im Wohnbereich ebenerdig und je nach Anlage sogar unter dem Dach untergebracht werden. Waschküchen und Hauswirtschaftsräume sind ebenerdig sogar besser untergebracht als im Keller, denn dann ersparen Sie sich das Treppensteigen mit vollen Waschkörben. Kleine Abstellräume lassen sich häufig unauffällig unter einer Treppe unterbringen (siehe Seite. 163). Für Gästezimmer, Hobbyraum oder Sauna ist ebenfalls kein Keller erforderlich. Allerdings sind derartige Räume ein zusätzlicher Luxus, der auch bei ebenerdiger Anordnung ins Geld geht.

Unbeheizte Anbauten können zum Beispiel als einfacher Holzständerbau direkt an Garage oder Carport anschließen. Für einen einfachen Geräteschuppen inklusive Fenster fallen für einen Bausatz aus Holz ungefähr 70 Euro pro Quadratmeter an. Als Alternative zu einem Keller eignet sich auch eine größere oder längere Garage, in der Sie neben Pkw, Gartenmöbeln und Regalen auch Sportgeräte und Fahrräder unterbringen können. Für eine einfache Fertiggarage, die Platz für zwei Autos bietet, müssen Sie mit rund 6000 bis 9000 Euro rechnen. Eine Fertiggarage muss allerdings dem Bebauungsplan entsprechen, was zum Beispiel bedeuten kann, dass der Garage ein Satteldach aufgesetzt werden muss, was die Kosten erhöhen würde. Einfache Gartenhäuser oder Holzgaragen hingegen können Sie je nach Größe und Ausführung als Bausatz für 600 bis 3000 Euro im Baumarkt erwerben.

Eine ungewöhnliche, jedoch sehr preisgünstige Alternative zu einem Keller besteht darin, einen gebrauchten Seecontainer aufs Grundstück zu stellen, falls es dafür groß genug ist. Seecontainer gibt es üblicherweise als sogenannte „20-Fuß-" und „40-Fuß-Container". Ein 20-Fuß-Container ist 6 Meter lang, 2,4 Meter breit und 2,6 Meter hoch, hat also eine Grundfläche von knapp 15 Quadratmetern. Gebraucht kostet ein solcher Container rund 1000 Euro. Einen neuen 20-Fuß-Container mit Fenster und Wärmedämmung kann man für rund 4000 Euro finden. Ein 40-Fuß-Container ist genauso breit, aber doppelt so lang wie die 20-Fuß-Version und im gebrauchten Zustand für rund 2000 Euro erhältlich. Neu kostet ein 40 Fuß-Container etwa 5000 Euro, mit Wärmedämmung wesentlich mehr. Ein Container ist wasserdicht und wetterfest, hat eine Tür, und man kann auch selbst Fenster einbauen, sofern die Statik beachtet wird. Ein Container eignet sich als Waschküche ebenso wie als Abstellkammer oder als einbruchsicheres Lager für Fahrräder, Motorräder oder Sportgeräte. Für ein Auto reichen die Maße dagegen normalerweise nicht aus.

Wird ein Container entsprechend ausgebaut und gedämmt, kann er sogar als Gästeapartment dienen, als Hobbyraum oder als „Partykeller". Der Umbau eines Seecontainers im Do-it-yourself-Verfahren ist allerdings keine leichte Aufgabe, denn das Herausschneiden von Teilen aus der Containerwand, etwa für Fenster, kann statische Auswirkungen haben. Für das Aufstellen eines Containers ist je nach Nutzung eine Genehmigung der örtlichen Gemeinde nötig. Auch wenn ein Container ohne Fundamente nur auf eine befestigte Fläche gestellt wird, kann er als sogenannte bauliche Anlage gelten, was eine Baugenehmigung erforderlich machen würde.

Erkundigen Sie sich daher vor dem Kauf eines Containers beim zuständigen Bauordnungsamt, welche Vorschriften in Ihrer Region gelten. Ein weiterer Aspekt bei der Entscheidung für einen gebrauchten Seecontainer: Die Wiederverwendung gebrauchter Gegenstände aller Art schont Umwelt und Ressourcen.

Vor- und Nachteile von warmen und kalten Kellern

Warmer Keller: rund 700 Euro pro Quadratmeter[1]

Vorteile

- Nutzung als zusätzlicher Wohnraum möglich (Landesbauordnung beachten!)
- Türen zu Wohnbereichen in einfacher Ausführung möglich
- Lüften zu allen Tages- und Jahreszeiten möglich

Nachteile

- Deutlich teurer als kalter Keller (Mehrkosten durch Dämmung der Kelleraußenwände und der Kellerbodenplatte)
- Ausreichend Tageslicht für Wohnzwecke nur mit Hochkeller oder speziellen Lichthöfen möglich

Kalter Keller: rund 200 Euro pro Quadratmeter[2]

Vorteile

- Kostengünstige Dämmung der Kellerdecke von unten mit zusätzlicher Flankendämmung ausreichend
- Dämmung der Kelleraußenwände nicht erforderlich
- Geeignet zum Lagern von Lebensmitteln und Geräten

Nachteile

- Türen zum beheizten Wohnbereich müssen gedämmt und luftdicht sein
- Lüften nur im Winter möglich wegen möglicher Schimmelbildung (zu warme feuchte Luft kondensiert an kalten Kellerwänden)
- Nicht zu Wohnzwecken geeignet

[1] günstige Bodenverhältnisse vorausgesetzt

[2] Fertigkeller, günstige Bodenverhältnisse vorausgesetzt

GÜNSTIGE GRUNDRISS-PLANUNG

Ein Bad, das größer ist als das Kinderzimmer? Ein Haustechnikraum, der mehr Platz verbraucht als die Familienküche? Klingt unsinnig – und doch findet man solche Missverhältnisse immer wieder bei Anbietern von schlüsselfertigen Häusern in Standardgrundrissen. Mit einer durchdachten Grundrissplanung lässt sich vermeiden, dass kostbare Wohnfläche an nicht oder kaum genutzte Räume verschwendet wird, und zwar, ohne dass man Einbußen beim Wohnkomfort hinnehmen müsste.

Jedes Mitglied Ihrer Familie sollte sich fragen: Welche Räume brauche ich im Alltag wirklich? Wie oft und wofür möchte ich diese jeweils nutzen? Welche Größe muss der Raum dafür haben? Wohnzimmer und Schlafzimmer beispielsweise werden häufig größer als notwendig geplant, sodass es dann in anderen Bereichen eng werden kann. Bei der Raumplanung geht es vor allem darum, Platz an den richtigen Stellen zu schaffen, damit Sie Ihr Haus im Alltag optimal nutzen können und kein Quadratmeter verschwendet wird. Natürlich ist das auch eine Frage der persönlichen Prioritäten.

Auch bei intensiver Nutzung des vorhandenen Raums muss ein Haus übrigens nicht eng wirken. Das Gefühl räumlicher Großzügigkeit lässt sich auch bei kleineren Häusern zum Beispiel durch offene Raumfolgen, vertikale Blickbezüge und bis unter den First offene Räume erzeugen. Wenn es die Raumhöhe im Obergeschoss erlaubt, können in den Kinderzimmern etwa Schlaf- oder Spielgalerien eingezogen werden, die für Kinder oft sogar besonders spannend sind.

Das offene Erdgeschoss wirkt räumlich großzügig, während sich durch kurze Raumteiler zugleich geschützte, individuelle Raumzonen ergeben.

Kostensparende Grundrisse

Weniger Wohnfläche bedeutet weniger Kosten, und mit einfachen und klaren Grundrissen lässt sich ohne Komforteinbußen die Wohnfläche reduzieren. Entscheidend sind dabei eine klare Gliederung und eine den täglichen Abläufen folgende Raumaufteilung. Einige einfache Grundregeln helfen dabei, die Grundrissplanung zu optimieren:

- **QUADRATISCHE RÄUME** wirken bei gleicher Grundfläche grundsätzlich größer als längliche, lassen sich besser möblieren, vielfältiger nutzen, und sie haben ein Zentrum, was dem Raum Ruhe verleiht.
- **RECHTE WINKEL** und durchgehende Raumkanten verhindern Restnischen, was Fläche spart, und erleichtern auch den Innenausbau, weil sich beispielsweise Bodenbeläge leichter und ohne unnötigen Verschnitt verlegen und Möbel besser aufstellen lassen.

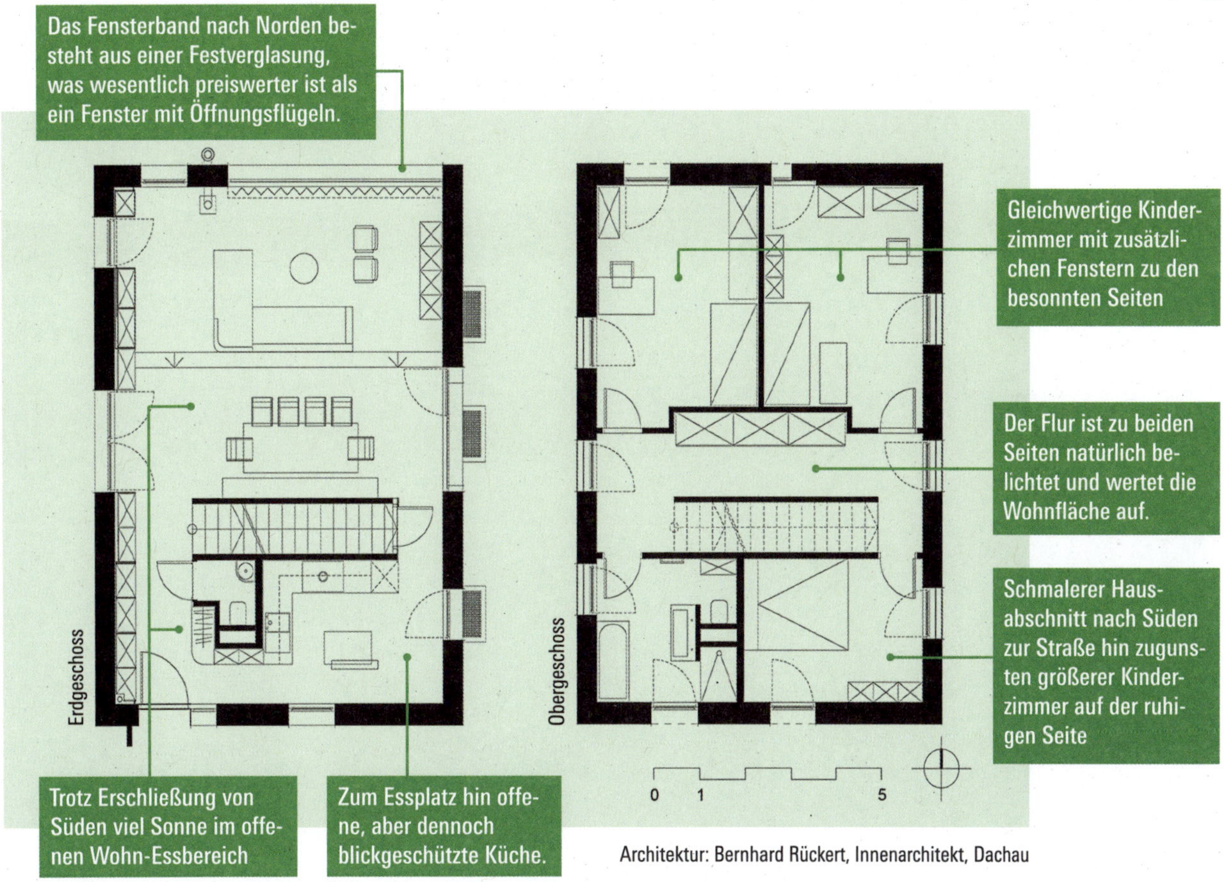

Architektur: Bernhard Rückert, Innenarchitekt, Dachau

- **VERKEHRSFLÄCHEN,** zum Beispiel Flure und Treppen, zählen zur beheizten Wohnfläche und sind daher viel zu schade, um nur als Verteiler zu dienen. Deswegen sollten Verkehrsflächen entweder zum „Bewohnen" geeignet sein oder so weit wie möglich weggelassen werden. Dafür eignen sich die zwei klassischen Grundrissvarianten annähernd gleichermaßen: der offene Grundriss und der Flurgrundriss.

Beim offenen Grundriss fallen im Erdgeschoss nur wenig Verkehrsflächen an, weil Räume mit verschiedenen Funktionen ineinander übergehen. Ein Beispiel ist der kombinierte Koch-Ess-Wohnbereich, der nicht nur die Kommunikation befördert, sondern durch die Überlagerung von Verkehrsflächen pro Quadratmeter Wohnfläche weniger Trennwände und Türen aufweist und so Kosten spart.

Wenn durch eine entsprechende Anordnung von Fenstern und geschlossenen Außenwandflächen später der Koch-, Ess- und Wohnbereich durch leichte Trennwände in Einzelräume aufgeteilt werden können, lässt ein offener Grundriss eine flexible Nutzung zu.

Eine Variante des offenen Grundrisses ist die Raum-zu-Raum-Erschließung, bei der vom Eingang ausgehend alle Bereiche im Erdgeschoss, wie Garderobe, Wohnraum, Küche und Arbeitszimmer, eine offene Raumfolge bilden, die bei Bedarf mit Schiebetüren unterteilt werden kann. Bei dieser platzsparenden Grundrissvariante fallen im Erdgeschoss keine Verkehrsflächen an, und die offene Raumfolge kann zu einem Gefühl räumlicher Großzügigkeit beitragen. Ein Nachteil dieser Grundrissvariante ist allerdings, dass Durchgangszimmer, selbst mit Schiebetür, wenig Privatsphäre bieten.

Beim Flurgrundriss liegen die Räume entweder an beiden Seiten eines Flurs oder nur an einer, wenn der Flur zum Beispiel entlang der Innenfassade verläuft. Ein Flurgrundriss bietet mehr Privatheit und Flexibilität, denn durch Räume ähnlicher Größe lässt sich ein Haus leichter in zwei einzelne Wohnungen aufteilen. Sinnvoll ist es, den Flur über ein Fenster natürlich zu belichten und etwas breiter als notwendig auszubilden, denn dann kann er auch zum Wohnen genutzt werden. Er könnte beispielsweise einen kleinen Arbeitsplatz oder eine Leseecke enthalten oder den Kindern als Spielflur dienen. Kinderzimmer können dann etwas kleiner ausfallen, und ein eigenes Arbeitszimmer könnte eventuell sogar ganz überflüssig werden.

Platz sparen mit Einbaumöbeln

Eine besonders effektive Variante, Räume zu trennen, ist es, raumhohe Einbauschränke anstelle von Trennwänden zu planen. Solche Schränke können zum Beispiel zwischen Flur und Kinderzimmer oder zwischen den Kinderzimmern selbst als „Raumwand" dienen und von beiden Seiten zu öffnen sein. So entsteht viel Stauraum bei gleichzeitig durchgehenden Raumkanten. Bei einer späteren Umnutzung der Räume müssen nur die Schränke versetzt werden.

Bei einer derartigen Lösung entfallen die Kosten für die sonst nötigen Trennwände, die zum Beispiel bei Gipsbauwänden mit durchschnittlich 50 bis 80 Euro pro Quadratmeter inklusive Einbau zu veranschlagen sind, sowie die Kosten für Einzelschränke. Zudem spart man mit einem raumhohen Einbauschrank die Fläche, die eine Trennwand im Grundriss beanspruchen würde. Eine Trennwand in Trockenbauweise kann je nach Ausführung 7,5 bis 15 Zentimeter dick sein, sodass sie bei einer angenommenen Wandlänge von fünf Metern 0,38 bis 0,75 Quadratmeter Bodenfläche beanspruchen würde. Zur Erinnerung: Jeder Quadratmeter Wohnfläche schlägt bei den Baukosten mit durchschnittlich 2000 Euro zu Buche.

Mit einem raumhohen und 60 Zentimeter tiefen Einbauschrank als Alternative zu einer Trennwand leidet der Schallschutz übrigens kaum, wenn die Schränke voll eingeräumt sind. Wem dies nicht ausreicht, der kann natürlich auch eine doppelte Schrankrückwand mit zusätzlich eingelegtem Dämmstoff vorsehen.

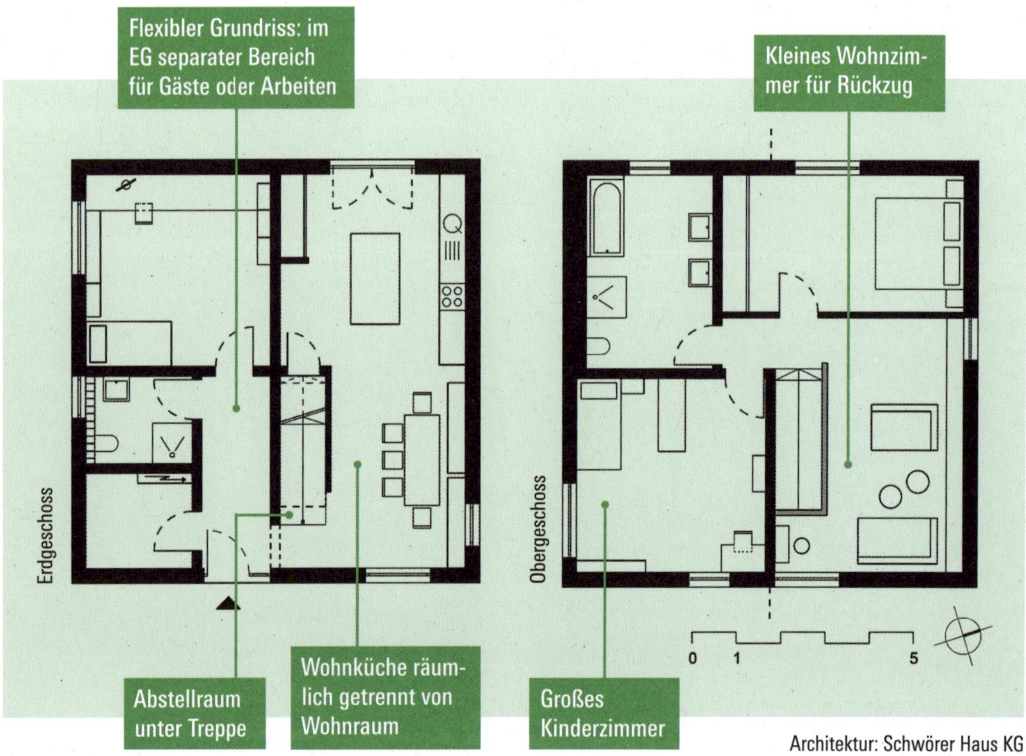

Architektur: Schwörer Haus KG

Zwar sind Einbauschränke zunächst deutlich teurer als Einzelschränke, bei einer näheren Kosten-Nutzen-Betrachtung fallen diese Kostenunterschiede allerdings geringer aus, als man auf den ersten Blick vielleicht vermuten würde. Wenn Sie etwa für eine fünf Meter lange Wandfläche die Trockenbauwand durch einen raumhohen Einbauschrank ersetzen, sparen Sie sowohl die Kosten für die leichte, in schlanker Ausführung etwa 10 Zentimeter dicke Trennwand als auch die dafür benötigte Raumfläche auf dem Boden. Wenn man von einem angenommenen Preis von 60 Euro pro Quadratmeter für eine Gipswand ausgeht, sparen Sie umgerechnet bei einer fünf Meter langen Wandfläche etwa 800 Euro. Die eingesparte Raumfläche würde bei diesem Beispiel 0,5 Quadratmeter betragen, wodurch sich eine weitere Ersparnis von 1 000 Euro ergäbe. Von den Kosten für die Einbaulösung können Sie daher neben den Kosten, die für eine herkömmliche Schranklösung anfallen würden, noch 1 800 Euro abziehen. Falls Sie allerdings Ihre eigenen vorhandenen Möbel beim Einzug mitbringen möchten, eignet sich die Einbaulösung natürlich weniger.

Flexible Grundrissgestaltung spart spätere Mehrkosten

Wenn sich nach Jahren Ihre Familienkonstellation ändern sollte, zum Beispiel, weil die Kinder ausziehen und das Haus für zwei Personen dann zu groß geworden ist, oder weil die betagten Eltern miteinziehen wollen, bewährt sich ein von Anfang an flexibel geplanter Grundriss. Dieser verursacht bei der Planung keine Mehrkosten und trägt dazu bei, dass das Haus mit einem überschaubaren baulichen und finanziellen Aufwand an eine veränderte Lebenssituation angepasst werden kann.

Wesentliche Merkmale eines flexiblen Grundrisses sind ähnlich große Räume, die nicht zu schmal sein sollten, sowie die vom Wohnraum unabhängige Lage der Treppe, die am besten vom Eingangsbereich aus entlang der Innenfassade verläuft. Dann lässt sich ein Einfamilienhaus gut in zwei voneinander unabhängige Wohneinheiten aufteilen. Neben der Randlage der Treppe ist eine weitere Voraus-

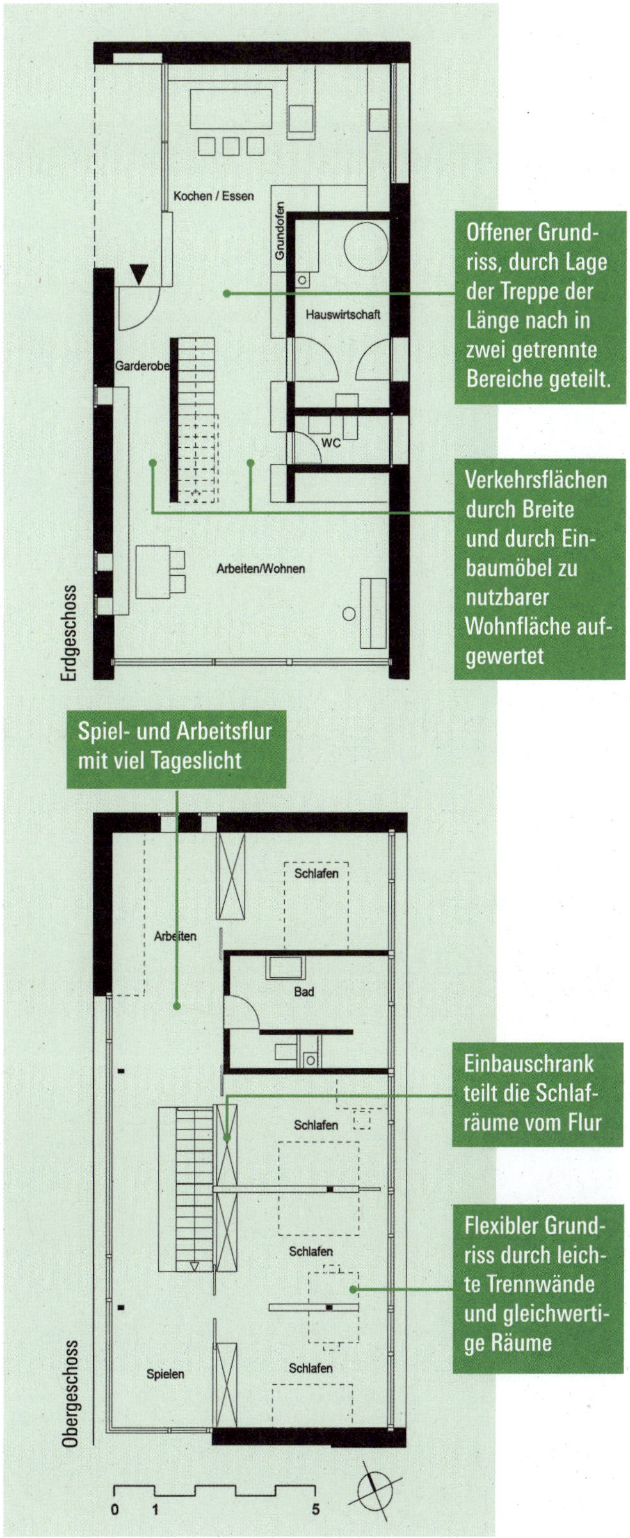

Architektur: Bernhardt Nickel Architekten, Weißensberg

setzung, dass im Erdgeschoss das Gäste-WC von vorneherein mit einer Dusche ausgestattet wird, damit es später zum Bad der Erdgeschosswohnung werden kann. Liegen die Bäder von Erd- und Obergeschoss mit ihren Leitungen übereinander, müssen für die separaten Wohneinheiten keine neuen Leitungen verlegt werden. Dasselbe gilt für Küchenanschlüsse. Im Grundriss sollte daher die Möglichkeit vorgesehen werden, dass später im Obergeschoss eine Küche direkt über der im Erdgeschoss eingerichtet werden kann. Auch wenn Sie jetzt noch nicht an eine spätere zweite Wohnung denken, lohnt es sich, die nötigen Anschlüsse von Anfang an mit einzuplanen oder deren Lage zumindest zu berücksichtigen.

Im Erdgeschoss sollte ein Raum vorhanden sein, der später zum Schlafzimmer werden kann. Alternativ könnte vom kombinierten Wohn-Ess-Kochbereich ein Raumabschnitt mit eigenem Fenster mittels einer leichten Trennwand zu einem Schlafzimmer abgeteilt werden. Allerdings müsste dieses dann auch vom Flur aus zugänglich sein. Im Obergeschoss wiederum sollte das Bad vom Flur aus zugänglich sein und nicht, wie häufig geplant, als gefangener Raum nur ans Elternschlafzimmer angrenzen. Dann kann das Schlafzimmer später je nach Bedarf auch zum Wohnzimmer der oberen Wohnung werden, während das Bad seine Funktion behält und nicht an anderer Stelle neu geplant werden muss. Und wenn Sie von Anfang an auch einen zweiten Stellplatz fürs Auto vorsehen, lässt sich die neu eingerichtete Wohnung später leichter vermieten. Häuser, die eine flexible Nutzung erlauben, haben einen höheren Wiederverkaufswert.

Stockwerkserschließung: Lage und Platzbedarf von Treppen

Neben der horizontalen Anordnung von Räumen spielt bei der Grundrissplanung mehrgeschossiger Gebäude auch die vertikale Erschließung der Stockwerke eine wichtige Rolle.

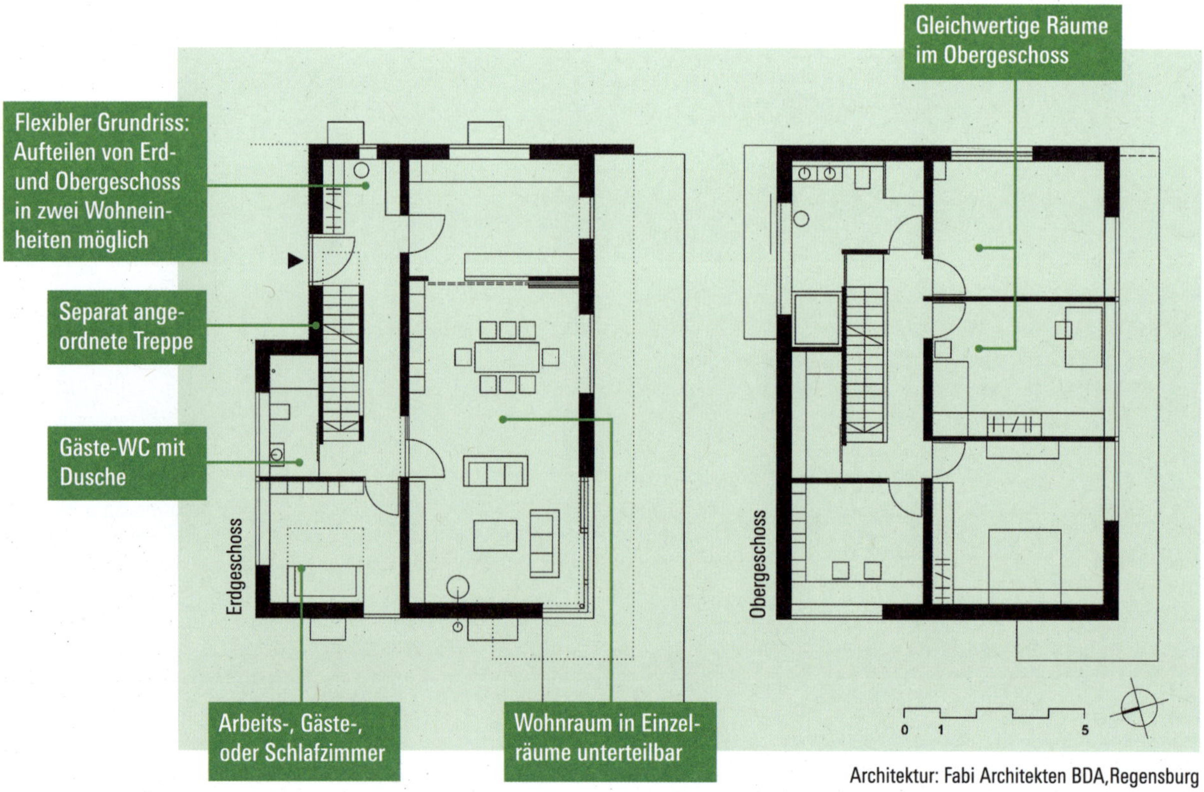

Architektur: Fabi Architekten BDA,Regensburg

Dabei hat die Lage der Treppe einen großen Einfluss auf die Art und Weise, wie die Bewohner ihr Haus im Alltag nutzen.
Die Kosten einer Treppe können stark variieren. Sie werden im Wesentlichen durch ihre Form, die Konstruktionsweise, die verwendeten Materialien und die Geschosshöhe bestimmt. Die Treppenform ist entscheidend dafür, wie viel Platz die Treppe im Grundriss einnimmt und wie groß der erforderliche Ausschnitt in der darüberliegenden Geschossdecke sein muss. Abgesehen von besonders einfachen Holzfertigtreppen mit festgelegten Maßen – und ohne Anspruch an Schönheit–, die ohne Einbau auch unter 1 000 Euro zu haben sind, müssen Sie mit 2 000 bis 5 000 Euro für eine Innentreppe rechnen. Dazu kommen die Kosten für Brüstung und Handlauf. Näheres zu den Kosten einer Innentreppe finden Sie im Kapitel „Innenausbau mit kleinem Budget" ab Seite 162.

Die Treppenlänge sowie die Anzahl und Höhe der Stufen richten sich nach der jeweiligen Geschosshöhe, die daher auch ein wichtiger Faktor für die Kosten einer Treppe ist.

Ein Beispiel: Bei Einfamilienhäusern beträgt die Stockwerkshöhe in der Regel zwischen 2,60 und 2,90 Meter. Bei einer angenommenen Geschosshöhe von etwa 2,75 Meter und einem meistens gewählten Steigungsverhältnis der Stufen von 17 zu 29 (das heißt, die Stufen sind 17 Zentimeter hoch und 29 Zentimeter tief) fallen 16 Steigungen (einschließlich des Treppenaustritts im Obergeschoss) an. Daraus ergibt sich bei einer geraden einläufigen Treppe eine Treppenlänge von 4,35 Metern. Reduziert man die Treppe auf 15 Steigungen und somit auf 14 Treppenstufen, ergibt sich ein Steigungsverhältnis von 18,4 zu 27. Dann ist die Treppe ist zwar steiler, dafür aber nur 3,78 Meter lang und somit deutlich platz- und kostensparender. Bei einer Treppenbreite von einem Meter spart man damit auf zwei Geschosse bezogen mehr als einen Quadratmeter Wohnfläche.

Bei der Entscheidung, wo die Treppe im Grundriss platziert werden soll, spielen die individuellen Wohnvorstellungen der Bauherren eine wesentliche Rolle. Wenn die Treppe zum Beispiel nahe am Eingangsbereich verläuft und vom eigentlichen Wohnbereich abgetrennt ist, hat das mehrere Vorteile: Das Haus lässt sich später bei Bedarf leicht in zwei getrennte Wohneinheiten teilen, zudem ist der Wohn-Koch-Essbereich akustisch und optisch vom Obergeschoss abgeschirmt und muss nicht als Durchgangszone benutzt werden. Und Kinder im Teenageralter schätzen es besonders, wenn sie kommen und gehen können, ohne das Reich der Eltern passieren zu müssen.

Führt die Treppe dagegen vom Wohnzimmer aus ins Obergeschoss, hat sie kommunikativen und verbindenden Charakter und kann zusätzlich zu ihrer reinen Erschließungsfunktion im Alltagsgeschehen auch anderweitig genutzt werden: Auf Treppenstufen kann man zum Beispiel gut sitzen, um ein Buch zu lesen, oder einfach das Geschehen im Wohnzimmer von erhöhter Position aus beobachten. Treppenzwischenpodeste sind häufig sogar beliebte Spielbereiche. Durch die offene Verbindung von Erd- und Obergeschoss wirkt der Wohnbereich großzügiger, und die Treppe kann als dekoratives Gestaltungselement den Raum prägen und bereichern.

Treppen können je nach Bauart im Rohbau oder im Rahmen des Innenausbaus eingebaut werden. Beton- und Betonfertigteiltreppen sind Bestandteil des Rohbaus, leichte Holz- oder Stahltreppen gehören zum Innenausbau. Betontreppen sind zunächst etwas teurer als einfache Holztreppen, dafür sind sie stabil und fast unverwüstlich, übertragen kaum Trittschall

Der Bereich unter einer einläufigen Treppe kann auch für den Einbau eines Kaminofens genutzt werden.

Architektur: Baufritz, Erkheim

und können kostensparend ohne Belag in Sichtqualität bleiben. Einfache und sehr preiswerte Holztreppen aus dem Baumarkt haben meist Standardmaße, die nicht unbedingt mit der vorhandenen Raumhöhe übereinstimmen müssen. Wenn Sie vorhaben, eine derartige Treppe zu kaufen, sollte dies bereits bei der Planung der Geschosse und der Raumhöhen im Zusammenhang mit dem Ziegelmaß berücksichtigt werden.

Unabhängig von Konstruktion und Material kann eine Treppe unterschiedliche Formen haben, die sich jeweils auf Grundriss und Platzbedarf auswirken: gerade einläufige Treppen, gerade zweiläufige Treppen mit zwei um 180 Grad zueinander versetzten Treppenläufen mit Zwischenpodest, Treppen, die an Antritt oder Austritt oder an beidem gewendelt sind, und solche, die vollständig gewendelt sind. Jede dieser Treppenformen hat Vorteile und Nachteile. Die Kosten für eine bestimmte Treppenform hängen nicht nur von Konstruktion und Material, sondern auch von der für die Treppe benötigten Wohnfläche ab. Daher lässt sich die Frage, welche dieser Treppenformen mit den geringsten Kosten verbunden ist, nicht ohne Weiteres beantworten. Einläufige Treppen zum Beispiel benötigen mehr Grundfläche, sind jedoch wegen der geraden Stufen preiswerter in der Herstellung als gewendelte Treppen, die wiederum platzsparender sind.

Grundsätzlich sind Treppen mit geschlossenen Stufen, das heißt mit Tritt- und Setzstufen, einfacher herzustellen als Treppen mit offenen Zwischenräumen zwischen den Trittstufen und daher preiswerter.

Gerade, einläufige Treppen sind bequem und sicher zu begehen, denn alle Stufen haben dieselbe Länge und Breite. Mit rund 7,5 Quadratmetern ist der Platzbedarf einer derartigen Treppe (Breite 1 Meter, 14 Treppenstufen à 18,4/27) allerdings höher als bei anderen Treppenformen. Rechnet man noch die Fläche vor dem Antritt und dem Treppenaustritt mit jeweils 1 Meter Tiefe hinzu, addiert sich der Platzbedarf auf rund 10 Quadratmeter pro Geschoss. Der Bereich unter der Treppe kann jedoch sinnvoll genutzt werden: Er bietet sich zum Beispiel als Garderobe, als Abstellkammer oder als Stauraum an; dazu könnte er entweder seitlich mit Platten abgetrennt oder durch einen maßgefertigten Einbauschrank unter den Stufen aufgewertet werden. Auch eine Leseecke mit Sessel unter der Treppe wäre eine Möglichkeit, vor allem, wenn die Stufen geschlossen sind und die Treppe teil des Wohnraums ist. Durch diese Lösungen lässt sich an anderer Stelle wieder Platz einsparen.

Zweiläufige Treppen mit Zwischenpodest benötigen etwas weniger Platz im Grundriss als einläufige Treppen. Zudem liegen Treppenantritt und -austritt übereinander, sodass die Grundrisse von Erd- und Obergeschoss ähnlich organisiert werden können. Unter dem Podest kann eine kleine Abstellkammer Platz finden, während in die Treppenseiten Regale integriert werden können.

Gewendelte Treppen hingegen haben in dem Bereich, der gebogen ist, unterschiedlich große Auftritte, was die Kosten für die Stufen und die gesamte Treppenkonstruktion erhöht und das Treppensteigen etwas erschwert. Dafür beanspruchen derartige Treppen je nach Radius mit 7 bis 9 Quadratmetern weniger Fläche als gerade Treppen. Am wenigsten Platz benötigen vollständig gewendelte Treppen, die je nach Radius mit etwa 6 Quadratmetern auskommen. Allerdings kann der Transport von Möbeln oder anderen großen Gegenständen auf der Treppe mühsam und je nach Größe des Treppenauges vielleicht sogar unmöglich sein.

Mehr zum Thema finden Sie auf Seite 117 und ab Seite 160.

Welche Raumgrößen sind sinnvoll?

Wohnräume müssen im Familienalltag unterschiedlichsten Ansprüchen gerecht werden. Welchen Stellenwert hat der zentrale Wohnraum für Ihre Familie, und welchen Zwecken soll er dienen? Soll er zum Beispiel als Fernsehzimmer dienen, als Esszimmer, als Lesezimmer oder als Spielzimmer für die Kinder? Welche Raumgröße ist dafür notwendig?
Wenn Sie nicht gerade Empfänge geben, können bei einem Vier-Personen-Haushalt für einen Wohn-Ess-Bereich mit offener Küche etwa 35 Quadratmeter durchaus ausreichen. Wenn Sie dagegen die Küche und das Ess- oder Wohnzimmer als jeweils eigene Räume planen, brauchen Sie mindestens 12 Quadratmeter mehr Platz. Dass man bei offenen Lösungen vom Wohnzimmersofa auf die Küchenanrichte blicken kann, ist auf Dauer vielleicht nicht jedermanns Sache. Bei einem L-förmigen Wohnraumgrundriss hingegen könnten Sie die Küche über Eck anordnen, was das Problem lösen würde.

Eine Alternative zu diesem sogenannten Allraum, in dem Kochen, Essen und Wohnen mit allen Aktivitäten in einem Raum stattfinden, sind eine große Wohnküche oder eine zum Essplatz hin offene Küche als Familienzentrum und ein separates kleineres Wohnzimmer. Für Behaglichkeit und Rückzug genügen dafür 15 bis 20 Quadratmeter völlig. Diese Grundrisslösung bietet zudem viel Flexibilität bei späteren Umnutzungen.

Ein Schlafzimmer mit einer Größe von rund 15 Quadratmetern bietet genügend Platz für die wichtigsten Möbel und wirkt trotzdem nicht beengt. Da ein Schlafzimmer normalerweise tagsüber nicht genutzt wird, lässt sich hier wertvolle Wohnfläche sparen. Das gelingt am besten, wenn Kleiderschränke von Wand zu Wand aufgestellt werden können, wofür neben den Fenster- oder Türrahmen eine Wandfläche von mindestens 60 Zentimetern vorhanden sein muss.

Kinderzimmer sollten mindestens 12 Quadratmeter groß sein, anderenfalls werden sie den Bedürfnissen von Kindern kaum gerecht. Je nach vorhandenen Randbedingungen kann es allerdings sein, dass die Kinderzimmer kleiner ausfallen müssen. Dann sollten sie wenigstens möglichst quadratisch sein, damit sie vernünftig möbliert werden können, und es sollte an anderer Stelle genügend Fläche zum Spielen vorhanden sein, zum Beispiel in einem ausreichend dimensionierten Flur, der als Spielflur genutzt werden kann. Wenn zwei kleine Kinderzimmer nur mit einer leichten Trockenbauwand getrennt sind, lassen sie sich später bei Bedarf zu einem Raum normaler Größe zusammenlegen. Wenn allerdings, wie es häufig der Fall ist, das Elternschlafzimmer mit 18 Quadratmetern zuzüglich separater Ankleide geplant ist

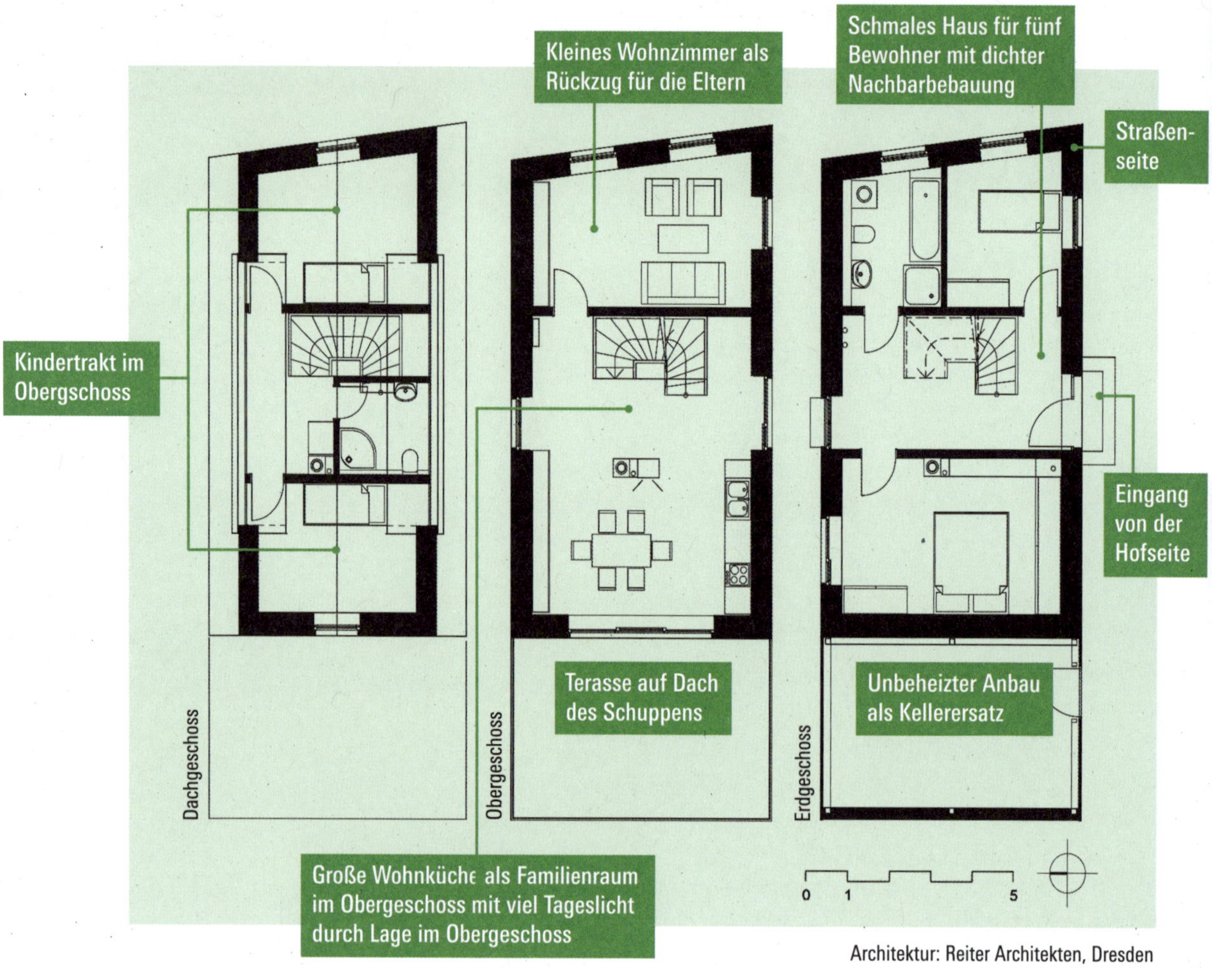

Architektur: Reiter Architekten, Dresden

und für die Kinderzimmer dann jeweils nur 10 bis 11 Quadratmeter übrig bleiben, sollten Sie das hinterfragen. Achten Sie bei Fertigangeboten auf diese Raumverhältnisse und prüfen Sie Ihre Prioritäten.

Fenster clever planen

Bei allen Räumen im Haus lohnt es sich, die Anzahl der Fenster zu hinterfragen: Manchmal reichen auch weniger Fenster für eine gute Belichtung. Dabei kommt es neben der Fenstergröße auch auf die Anordnung der Fenster an. Je höher die Oberkante des Fensters, desto größer ist der Lichteinfall in die Raumtiefe. Ein Zuviel an Glasflächen ist nicht nur unnötig teuer, sondern kann auch einen Raum optisch zu stark nach außen öffnen und ihm so den Charakter von Geborgenheit nehmen. Dies trifft besonderes dann zu, wenn sich Fensterflächen in einem Raum gegenüberliegen. Je nach Qualität der Verglasung und des Rahmens müssen Sie mit 200 bis 600 Euro pro Quadratmeter Fensterfläche rechnen.

Wenn ein Raum zu viele, vielleicht auch noch bodentiefe Fensterflächen aufweist, ist er schwieriger zu möblieren. Zum Vergleich: Je nach Landesbauordnung muss der Fensterflächenanteil mindestens 10 bis 12 Prozent der Raumgrundfläche betragen. Bei einem Wohnraum von 35 Quadratmetern würde das einen Fensterflächenanteil von 3,5 bis 4,2 Quadratmeter ausmachen. Dies wäre zum Beispiel mit einer raumhohen, 1,60 Meter breiten Schiebetür zur Terrasse bereits gegeben. Meist weisen Räume dieser Größe allerdings ohnehin wesentlich mehr Fensterflächen auf.

FENSTERPOSITIONEN PRÜFEN
Häufig werden Fenster aus Gründen der Fassadenoptik näher an eine Innenwand gerückt, sodass in Fensternähe kein Schrank mehr aufgestellt werden kann. Achten Sie beim „Lesen" von Grundrissen auf derartige Details.

Küche, Bad, WC sinnvoll anordnen

Bäder sind in der Regel die teuersten Räume im Haus. Wer Kosten sparen möchte, plant möglichst wenig Bäder und diese nicht zu groß. Ein Familienbad kann auf einer Fläche von 10 Quadratmetern gut eingerichtet werden. Und wenn das WC separat angeordnet wird, kann für eine vierköpfige Familie ein Bad genügen. Wird das Gäste-WC im Erdgeschoss mit einer Dusche ausgestattet, kann das Haus später in zwei separate Wohnungen aufgeteilt werden.

Küchen und Sanitärräume sollten an einer Wand entweder nebeneinander oder übereinander angeordnet sein, damit Wasser- und Stromleitungen wirtschaftlich verlegt werden können. Bei flexiblen Grundrissen ist es sinnvoll, das Obergeschoss von Anfang an so zu planen, dass eine eventuell später dort einzubauende Küche über der im Erdgeschoss liegen kann.

Um unnötige Kosten zu vermeiden, sollten Sie die gewünschte Kücheneinrichtung gleich beim Grundrissentwurf mitplanen und dabei Standardmaße von Küchenmöbeln und -geräten berücksichtigen. So können Sie auch eine preiswerte Küche optimal einpassen und teure Sonderanfertigungen vermeiden. Gerade verlaufende Küchenzeilen sind grundsätzlich preiswerter als Übereckösungen. Bei einer zweizeiligen Anordnung sollte ein Abstand von 1,10 Meter bis 1,20 Meter zwischen den gegenüberliegenden Zeilen vorgesehen werden.

Möblierung einplanen

Im eigenen Haus möchte sich niemand eingeengt fühlen. Um die Räume auch bei kostensparend optimierten Grundrissen großzügig wirken zu lassen, gibt es eine einfache Regel: Alle Räume müssen so möbliert werden können, dass keine unnötigen Restnischen entstehen. Das lässt sich im Grundriss gut prüfen.

Im Wohnzimmer sollten Fenster, Türen und offene Durchgänge so angeordnet sein, dass das Sofa an einer Wand mit Blick in den Garten oder in den Raum stehen kann und gleichzeitig eine Wandfläche für Fernseher oder Regal frei bleibt. In den anderen Räumen kommt es generell darauf an, dass Fenster oder Türen nicht bis zur Wand reichen, sondern dass ein Abstand von mindestens 40 bis 60 Zentimeter bis zur angrenzenden Innenwand bleibt. Dann können Regale oder Kleiderschränke nämlich direkt hinter der Tür aufgestellt werden.

In Kinderzimmern sollte das Bett geschützt aufgestellt werden können und nicht teilweise unter einem Fenster stehen. Ist ein Arbeitszimmer oder Gästezimmer vorgesehen, achten Sie auf die Raumgröße und die Lage der Fenster, damit Sie dort bei Bedarf später auch ein Schlafzimmer mit Doppelbett und Schrank einrichten können. Die Größe eines Haustechnikraums richtet sich natürlich nach dem vorgese-

Durch Grundrissplanung Kosten sparen

- Einfache Grundrisse erlauben einfache Statik
- Offene Grundrisse im Erdgeschoss verringern die Anzahl der benötigten Trennwände und Türen
- Rechte Winkel und durchgehende Raumkanten vereinfachen den Innenausbau
- Minimierte Verkehrsflächen sparen beheizte Wohnfläche
- Ähnliche Raumgrößen und -zuschnitte ermöglichen flexible Nutzung
- Breitere Flure schaffen zusätzlichen Wohnraum (Arbeits- oder Leseecke, Spielflur, etc.)
- Spitzboden unter dem Dach bietet zusätzliche Nutzung, zum Beispiel als Schlaf- oder Arbeitsgalerie
- Passende Anordnung von Fenstern und Türen ermöglicht leichtere Möblierung
- Lage der Treppe am Rand ermöglicht spätere Aufteilung des Hauses in zwei Wohnungen
- Vermeidung von Barrieren minimiert Aufwand bei späterem Umbau
- Flexibler Grundriss ermöglicht spätere Umnutzung, Verkleinerung oder Vermietung
- Flexibler Grundriss erhöht Wiederverkaufswert des Hauses

henen Heizsystem. Fällt der Technikraum im Grundriss größer als nötig aus, kann er zusätzlich auch als Waschküche genutzt werden, wenn die entsprechenden Anschlüsse vorgesehen sind. Hat er zudem ein Fenster, ist er sogar für Hausarbeiten wie Bügeln oder Ähnliches geeignet, sodass dafür an anderer Stelle im Haus kein Platz vorgesehen werden muss.

Eine häufige Engstelle ist der Eingangsbereich. Ist er zu klein geplant, kann das im Alltag schnell zu Gedränge führen. Im Garderobenbereich sollten sich mindestens zwei Personen gleichzeitig aufhalten können, um bequem Jacken und Schuhe ausziehen oder um Besucher begrüßen zu können. Zudem sollte genügend Platz für einen Garderobenschrank und Ablageflächen für die Schuhe vorhanden sein. Ist dies nicht der Fall, wird der Eingangsbereich zum täglichen Nadelöhr. Liegt zudem der Antritt der Treppe zum Obergeschoss direkt neben der Haustür, sind Stolperfallen vorprogrammiert.

Wenn Sie Grundrisszeichnungen von Fertighausanbietern prüfen, sollten Sie sich nicht von bereits eingezeichneten Möbeln beeindrucken lassen. Laut dem Verband Privater Bauherren werden die Möbel manchmal etwas zu klein dargestellt, damit der Raum auf dem Papier großzügiger wirkt, als er in Wirklichkeit ist. Dann kann es Ihnen nach dem Einzug passieren, dass es mit Möbeln in Standardgrößen unerwartet eng wird und kaum adäquate Bewegungsflächen bleiben. Um Mehrkosten durch den Kauf neuer Möbel zu vermeiden, lohnt sich ein genauer Blick auf die Grundrisszeichnung und das Nachmessen mit dem Lineal.

Barrierefrei bauen

Günstig zu bauen heißt auch, die langfristige Nutzbarkeit des Hauses im Entwurf mit vorzusehen. Ein derartig geplantes Haus ist für jede Lebenslage und für alle Generationen geeignet. Werden Alltagsbarrieren, Engstellen und po-

Nicht am falschen Ende sparen: So prüfen Sie die Grundrisse bei schlüsselfertigen Angeboten

- ☐ Ist der **Eingangsbereich** oder der Windfang ausreichend groß, um mindestens zu zweit bequem Jacke und Schuhe ausziehen zu können?
- ☐ Ist genügend Platz für einen **Garderobenschrank** vorhanden?
- ☐ Liegt der **Antritt der Treppe** unmittelbar neben der Haustür? Dann sind Zusammenstöße wahrscheinlich.
- ☐ Liegt der **Treppenantritt** geschützt oder versetzt, sodass er die alltäglichen Abläufe im Eingangsbereich entzerrt?
- ☐ Hat das **Gäste-WC** im Erdgeschoss eine Dusche und kann als zweites Bad dienen?
- ☐ Gibt es im Erdgeschoss einen Einzelraum, zum Beispiel ein **Arbeitszimmer?**
- ☐ Bieten Raumwände und Fensteranordnung in allen Räumen **sinnvolle Möglichkeiten** für das Aufstellen von Möbeln?
- ☐ Könnte das Erdgeschoss in eine **unabhängige Wohneinheit** umgewandelt werden?
- ☐ Sind offene **Koch-Ess-Wohnbereiche** größer als 40 Quadratmeter und verbrauchen dadurch unnötig viel Fläche?
- ☐ Ist die **Küchenzeile** vom Wohnbereich direkt einsehbar?
- ☐ Liegen sich im Wohnraum **zwei Fensterflächen gegenüber?** Dann erscheint die Raummitte dunkler.
- ☐ Gibt es im Erdgeschoss einen **Abstellraum**, eine Speisekammer und/oder eine Waschküche?
- ☐ Blickt man vom Esstisch oder vom Wohnzimmer aus auf die **Kellertreppe**?
- ☐ Sind das oder die **Kinderzimmer** größer als das Badezimmer?
- ☐ Gibt es Kinderzimmer, die **weniger als 12 Quadratmeter** groß sind?
- ☐ Gibt es in den Kinderzimmern jeweils genügend **geschlossene Wandflächen** für das Bett, sodass es nicht unter dem Fenster stehen muss?
- ☐ Ist die eingezeichnete **Möblierung realistisch?**

tenzielle Stolperfallen bei der Grundrissplanung vermieden, profitieren ganz besonders Eltern mit kleinen Kindern, Senioren und Menschen mit eingeschränkter Mobilität. Wer etwa nach einem Unfall schon einmal auf Gehhilfen angewiesen war, weiß das nur zu gut. Für mobile Bewohner hingegen bedeutet Barrierefreiheit ganz einfach mehr Komfort im Alltag. Im Folgenden soll nur von Alltagsbarrieren die Rede sein – für einen rollstuhlgerechten Ausbau gelten spezielle Anforderungen.

Für ein barrierefreies Haus muss baulich nichts hinzugefügt werden, vielmehr kommt es zum Beispiel auf breitere Türen und Flure, gerade Treppenläufe und schwellenlose Bodenübergänge an. Manche Maßnahmen sind kostenneutral, manche nur geringfügig teurer. Spätere Umbauten können jedoch richtig ins Geld gehen, manche Anpassungen sind im Nachhinein auch gar nicht mehr möglich. Ein barrierefreies Haus kommt übrigens auch Besuchern zugute, und es hat einen höheren Wiederverkaufswert.

Wo finden sich Barrieren im Alltag?

Schwellen und Treppen sind die häufigsten Barrieren. Gerade Treppenläufe, nach Möglichkeit mit Zwischenpodest, sind sicherer und bequemer zu begehen als gewendelte, insbesondere mit kleinem Kind auf dem Arm, mit vollem Wäschekorb oder mit Gehhilfen. Treppen ohne Setzstufen können eine Stolperfalle sein, weil man leicht mit den Fußspitzen unter der Stufe hängen bleiben kann. Treppen mit Setzstufen bieten mehr Sicherheit als Treppen, die nur seitlich eingespannte oder aufgelegte Trittstufen aufweisen (siehe Seite 161).

In Bad und Küche sollte eine freie Fläche von mindestens 1,20 Meter mal 1,20 Meter vorhanden sein, um Engstellen zu vermeiden. Badezimmertüren gehen idealerweise nach außen auf. Das spart Fläche im Bad selbst, und bei einem eventuellen Notfall wird die Tür nicht von innen blockiert. Problematisch können auch schmale Flure sein. An kritischen Stellen, zum Beispiel wo der Flur über Eck verläuft oder vor Türöffnungen, sollte der Flur mindestens 1,20 Meter breit sein, denn dann kommt man auch mit Gehhilfen oder Bobbycar gut „um die Kurve". Dies verursacht keine Mehrkosten, denn die dafür benötigten Quadratmeter lassen sich an anderer Stelle leicht wieder einsparen. Wenn das Türblatt von Innentüren 98,5 Zentimeter breit ist anstatt 86 Zentimeter, kommt man auch mit Gehhilfen oder Gehwagen gut durch. Die Mehrkosten für eine breitere Standardtür können 40 bis 100 Euro betragen.

Schwellen beim Hauseingang und beim Übergang zur Terrasse können früher oder später zu echten Hindernissen werden. Bei den meisten Neubauten werden sie als Regenwasserbarriere immer noch standardmäßig eingebaut. Bautechnisch ist es jedoch problemlos möglich, derartige Übergänge schwellenlos und durch eine eingebaute Entwässerungsrinne regensicher auszuführen. Kinderwagen, Dreiräder, Servierwagen, aber auch Rollstühle können dann problemlos auf die Terrasse oder in den Windfang geschoben werden. Für schwellenlose Übergänge müssen Sie bei einem Türdurchgang normaler Breite mit Mehrkosten von 600 bis 800 Euro rechnen, bei einer breiten Terrassenschiebetür mit etwa 1 200 Euro. Nachträglich auf schwellenlose Übergänge umzurüsten ist, falls wegen der notwendigen Konstruktionshöhen überhaupt möglich, aufwendig und kann sehr teuer werden, da dann auch neue Türen erforderlich sind.

Vorausschauend planen und Wiederverkaufswert miteinbeziehen

Bereits während der Planung können Sie die baulichen Voraussetzungen für spätere Änderungen schaffen, ohne dabei gleich konkrete bauliche Maßnahmen vornehmen zu müssen. Diese können Sie dann später bei Bedarf ohne großen Kostenaufwand durchführen. Am wichtigsten ist in diesem Zusammenhang die Möglichkeit, Erdgeschoss und Obergeschoss später in zwei eigene Wohnungen trennen zu können. Allerdings müssen diese in einem Einfamilienhaus im Bebauungsplan auch genehmigt sein. Weitere Voraussetzungen für problemlose spätere Änderungen sind ein flexibler Grundriss und eine Raumaufteilung mittels leichter Trennwände in Trockenbauweise (siehe Seite 154). Bei der Elektroinstallation erlauben Leerrohre das spätere Nachrüsten von Technik.

Raum bis unters Dach

WOHNHAUS IN AUGSBURG
ARCHITEKT JOHANNES HILLER, AUGSBURG

Wohnhaus in zweiter Reihe mit Erschließung von Süden. Die Zufahrt verläuft links im Bild, verdeckt durch den Strauch.

Kombination aus kühlen Sichtoberflächen und warmem Eichenholz: Im Hintergrund die offene Küche.

Klare Formen, ein reduzierter Grundriss und einfache Oberflächen führten trotz kleiner Grundfläche zu großzügigen Innenräumen und hohem Wohnkomfort.

Situation Auf einem schmalen Hinterliegergrundstück in einer Augsburger Wohnsiedlung aus den 1950er-Jahren fanden die Bauherren Platz für ihr Wohnhaus, ein kompaktes Gebäude mit einer Wohnfläche von 120 Quadratmetern, verteilt auf Erdgeschoss und steiles Dach. Mit diesem Entwurf griff der Architekt den örtlichen Baustil, der durch eingeschossige Siedlerhäuser mit steilen Satteldächern geprägt ist, in moderner Form auf. Dabei musste er auf bestimmte bauliche Vorgaben Rücksicht nehmen. So war zum Beispiel die Höhe der Außenwandflächen bis zur Traufe auf insgesamt 3,90 Meter begrenzt.

Um Kosten zu reduzieren, verzichteten die Bauherren, wo immer es ging, auf Putz, Verkleidungen und Bodenbeläge und erbrachten so viel Eigenleistung wie möglich. Dadurch blieb ihnen mehr finanzieller Spielraum für Einbaumöbel, eine Fassade aus Holz und einen Keller.

Vom Eingang aus führen zwei Stufen hinab in den Wohnbereich.

Baukörper und Materialien Ziegelmauerwerk und Beton sind bei diesem Haus die wichtigsten Materialien. An welchen Stellen sie jeweils verwendet wurden, hing von den baulichen Anforderungen ab. Tragende Stützen und Längswände inklusive Kniestock, Geschossdecken und Treppen sind zum Beispiel aus Beton, während die Giebelseiten und einige wenige Trennwände aus Ziegelmauerwerk bestehen. Die Betonbauteile wurden innen in Sichtqualität belassen, wodurch die Kosten für Putz und sonstige Verkleidungen gespart werden konnten. Als Fassadendämmstoff wählte der Architekt Mineralwolle, für die Dachdämmung dagegen eine Kombination aus einer Zwischensparrendämmung mit Mineralwolle, die gut in Eigenleistung angebracht werden konnte, und einer dünnen Aufdachdämmung mit Holzfaserplatten, die den sommerlichen Wärmeschutz verbessert. Das gesamte Gebäude ist mit einer hinterlüfteten Holzfassade aus Lärchenholz verkleidet, die der Bauherr inklusive der Wärmedämmung in Eigenleistung anbrachte. Dadurch war die Fassade ähnlich günstig wie eine Fassade mit Wärmedämmverbundsystem, die jedoch schadensanfälliger gewesen wäre. Der Keller befindet sich zwar innerhalb der thermischen Gebäudehülle, ist jedoch mit Ausnahme des Treppenraums, der direkt in den Wohnraum führt, unbeheizt.

Grundriss und Innenraum Die Bauherren wünschten sich trotz der relativ kleinen Grundfläche und der durch den Bebauungsplan begrenzten Außenwandhöhe räumliche Großzügigkeit. Dies gelang einerseits durch einen offenen Grundriss mit in den Wohnraum integrierter Treppe, andererseits durch einen Kniff bei den Raumhöhen: Da wegen der vorgeschriebenen niedrigen Traufhöhe und einer gleichzeitig gewünschten Kniestockhöhe von 1,20 Meter im

Erdgeschoss nur eine Raumhöhe von 2,30 Metern möglich gewesen wäre, senkte der Architekt den Boden des Wohnbereichs etwas ab und platzierte dafür die Bodenplatte des Kellers etwas tiefer ins Erdreich. Dadurch konnte er im Wohnbereich eine Raumhöhe von 2,60 Metern realisieren, und nur der Eingangsbereich, zu dem zwei Stufen hinaufführen, ist 2,30 Meter hoch. Durch den Kniestock von 1,20 Meter in Kombination mit dem 45 Grad steilen Dach sind die Räume im Dachgeschoss ausgesprochen gut nutzbar und wegen der leichten Trennwände auch flexibel aufteilbar. Um diese hart erkämpften Raumhöhen nicht wieder reduzieren zu müssen, verzichteten die Bauherren auf Bodenbeläge und mit Ausnahme der Fußbodenheizung im Estrich auf die weitere Verlegung von Installationen im Boden. Der Estrich selbst wurde lediglich geglättet und versiegelt, wodurch er Sichtqualität erhielt und kein zusätzlicher Bodenbelag erforderlich war. Sichtoberflächen bei den Betondecken, den Treppen sowie bei der Bodenplatte im Keller trugen ebenfalls dazu bei, Kosten zu sparen. Durch Einbaumöbel, die auch alle technischen Installationen enthalten, konnte viel Platz gespart und die begrenzte Fläche optimal genutzt werden. Darüber hinaus entfalten die verwendeten warmen Eichenholzoberflächen in Kombination mit den kühlen Betonoberflächen einen besonderen gestalterischen Charme. Ein weiterer kostensparender Aspekt im Innenausbau: Die Wandbereiche um Dusche und Badewanne wurden mit einer fugenlosen industriellen Beschichtung versehen, die wasserfest und kostengünstiger als Fliesen ist.

Im Bad schützt eine wasserfeste, industrielle Beschichtung die Spritzwasserbereiche.

Energiekonzept Das Wohnhaus wurde nach den energetischen Mindestanforderungen der damals gültigen EnEV 2016 gebaut. Zum Beheizen entschied sich der Architekt für eine Luftwärmepumpe in Kombination mit einer Fußbodenheizung. Da das Haus 40 Meter vom Erdgasnetz entfernt liegt, wäre eine Gasheizung unverhältnismäßig teuer geworden. Die horizontalen Zuleitungen für die Fußbodenheizung verlaufen unter der Kellerdecke und führen von dort gebündelt in zwei senkrechten Steigsträngen bis ins Dachgeschoss, sodass Installationen in den Fußböden vermieden wurden. Diese Steigstränge sind in die Einbaumöbel aus Eichenholz integriert, wo sie in allen Geschossen für Wartung und Reparatur leicht zugänglich sind.

Garten und Außenanlagen Da das Grundstück von Süden erschlossen ist, musste die Einfahrt seitlich entlang des Gartens angelegt werden. Der Flächennutzungsplan forderte, dass der Bereich zwischen den straßenseitigen Häusern und dem Hinterliegergrundstück Gartencharakter behält. Deswegen wurde die Einfahrt mit Rasensteinen belegt, wodurch sie sich überwiegend grün präsentiert. Um bei der Gartenbewässerung Kosten zu sparen, ließen die Bauherren einen kleinen Brunnen, bestehend aus einem einfachen Rohr mit Pumpe, anlegen. Dadurch fallen für die Rasenbewässerung weder Kosten für Trinkwasser noch für Abwasser an, wodurch sich die Kosten für den Brunnen in Höhe von 300 Euro nach kurzer Zeit amortisierten.

Ansicht von Nordosten: Der reduzierte Fensterflächenanteil auf diesen Seiten trug zum Kostensparen bei.

Projektdaten

Architektur: Johannes Hiller, Architekt, Augsburg
Anzahl der Bewohner: 4
Grundstücksgröße: 423 m²
Wohnfläche: 123 m²
Anzahl der Vollgeschosse: 1 + Dachgeschoss
Keller: ja
Energiestandard: gemäß EnEV 2016
Energiekonzept: Luftwärmepumpe, Fußbodenheizung
Konstruktion und Materialien: Massivbau (Stahlbeton und Ziegel), vorgehängte hinterlüftete Fassade aus Lärchenholz, Dämmung: Mineralwolle; Dachdämmung: Mineralwolle und Holzfaserdämmstoff; Dachdeckung: Bieberschwanzziegel (analog zu den Umgebungsbauten)
Jahr der Fertigstellung: 2018
Baukosten: 2600 Euro brutto pro m² Wohnfläche (KG 300 + 400), inkl. Keller
Bauwerkskosten: ca. 320000 Euro brutto (KG 300 + 400)

Kostensparende Aspekte:

- Kompakter Baukörper
- Sichtoberflächen bei Böden, Wänden, Decken und Treppen
- Verzicht auf Fliesen im Bad, stattdessen industrielle Wandbeschichtung
- Kleiner Grundwasserbrunnen für Rasenbewässerung
- Eigenleistung, ca. 25000 Euro Einsparung (Zwischensparrendämmung, Fassadendämmung und -verkleidung)

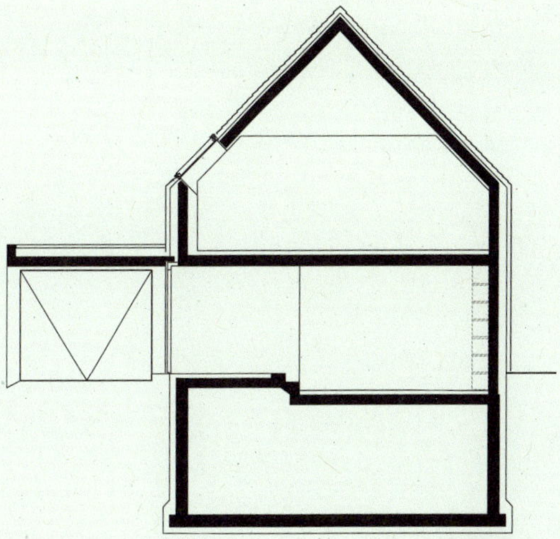

Schnitt

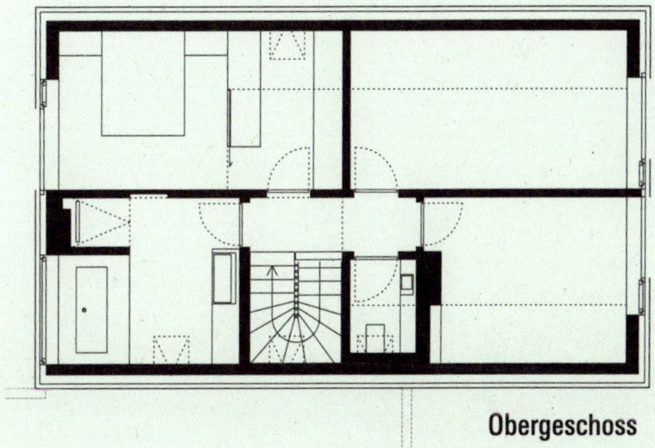

Obergeschoss

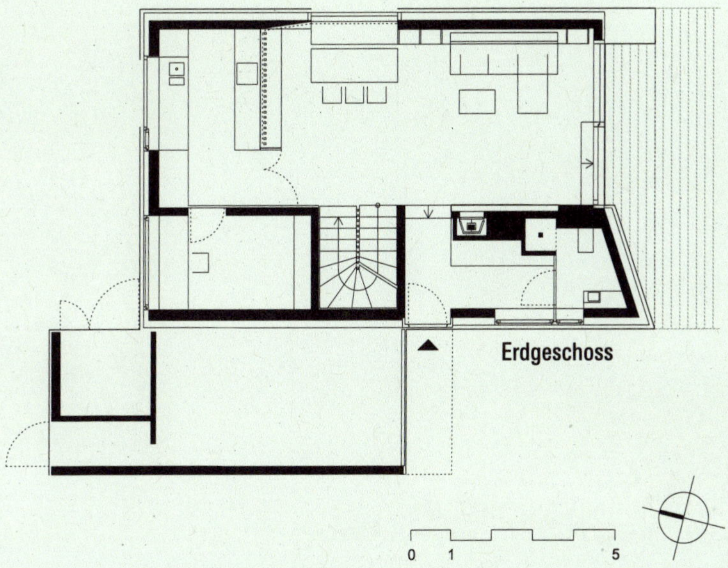

Erdgeschoss

Einfach komfortabel

HAUS IN NIEDERÖSTERREICH
JURI TROY ARCHITEKTEN

Holzdeck an der Westseite mit Eingangsbereich und Terrasse, die sich ums Eck nach Süden fortsetzt.

Der überdachte Vorraum mit Schuhregal vor der Haustür ist an japanische Bautraditionen angelehnt.

Bescheidenheit der Bauherren und Bereitschaft zum Verzicht waren der Schlüssel zu diesem unkonventionellen Haus mit hohem Wohnkomfort. Der Architekt wurde für diesen Entwurf in Niederösterreich mehrfach ausgezeichnet.

Situation Die Bauherren waren durch längere Auslandsaufenthalte in Entwicklungsländern mit einfachem Wohnen vertraut, und so stellten sie auch an ihr neues Zuhause nur wenige Ansprüche. Es sollte ein kleines Haus auf dem Land mit einer Wohnfläche von maximal 100 Quadratmetern sein. Nachdem sie ein Grundstück in einer ländlichen Gemeinde gefunden hatten, musste Ihr verbliebenes Budget für eine Hangbebauung reichen. Um so viele Kosten wie möglich zu sparen, nahmen die Bauherren aktiv an den Verhandlungen mit den ausführenden Firmen teil, suchten in Online-Portalen nach Restposten und gebrauchten Bauteilen und mobilisierten zudem Nachbarn und Freunde, um beim Transport von gebrauchten Bauteilen zu helfen. Dadurch konnten die Bauherren pro Gewerk 10 bis 15 Prozent der anfallenden Kosten sparen.

Baukörper und Materialien Um angesichts der Hanglage so wenig wie möglich ins Erdreich eingreifen zu müssen, entschied sich der Architekt für einen eingeschossigen Baukörper aus vorgefertigten Holzelementen, der auf einem Betonsockel ruht und über den Hang hinausragt. Zusätzlich wird der Baukörper im vorderen Bereich von sechs Holzstützen getragen, die aus geschälten und ansonsten naturbelassenen Lärchenholz-Baumstämmen bestehen. Um Kosten zu sparen, verwendete der Architekt möglichst wenige verschiedene Baumaterialien und darüber hinaus ausschließlich heimische Holzarten. Die Fassade besteht zum Beispiel aus unbehandeltem Fichtenholz, das preiswerter ist als das häufig für Fassaden verwendete Lärchenholz, und sich ebenfalls gut eignet. Das Sockelgeschoss aus Beton ist roh und unbeheizt und nur von außen zugänglich. An einer Wandseite befinden sich die haustechnischen Anlagen, der übrige Bereich wird als Lagerraum, unter anderem für Lebensmittel, genutzt. Im Winter bleibt der Raum wegen der Abwärme der technischen Anlagen frostfrei, sodass weder Heizung noch Wärmedämmung nötig waren. Eine Treppe in den Wohnbereich hätte eine Fläche von mindestens 5 Quadratmetern eingenommen, und es wäre dann eine Dämmung erforderlich gewesen. Die Bauherren verzichteten daher auf eine bequeme räumliche Verbindung, die sonst Zusatzkosten verursacht hätte. Da der Bereich unter dem auskragenden Gebäude auch als geschützter Autostellplatz dient, waren ein eigener Carport oder eine Garage nicht erforderlich.

Der Einbauschrank links besteht aus einfachen Dreischichtplatten aus geöltem Fichtenholz.

Grundriss und Innenraum Den Bauherren war trotz der begrenzten Wohnfläche wichtig, Gäste beherbergen zu können sowie ein Büro und einen Raum für die Waschmaschine zur Verfügung zu haben. Für den Architekten bestand die Herausforderung darin, all diese Funktionen auf der etwa 100 Quadratmeter großen Wohnfläche unterzubringen, was zu einem klaren Raumkonzept führte: Er beschränkte sich auf die unverzichtbaren Räume, wie Wohn-Ess-Kochbereich, Schlafzimmer, Kinderzimmer und Bad, während er die Nebenräume in stark reduzierter Form in einen 90 Zentimeter tiefen und fast 20 Meter langen Einbauschrank aus Fichtendreischichtplatten integrierte. Diesen Schrank, der an der Nordseite entlang der gesamten Hauslänge verläuft, teilte er in verschiedene Funktionsbereiche auf: Garderobe, Gäste-WC, Küchenzeile, Speisekammer, Waschküche, Gästeschlafplatz und Ankleide. Das Gästezimmer besteht dabei nur aus einer geräumigen Koje, die mit einem Vorhang abgeschirmt werden kann. Hier übernachtet vor allem die japanische Schwiegermutter, die kreative Schlafplatzlösungen aus ihrer Heimat kennt. Für den Fußbodenbelag, ein Fertigparkett aus Eichenholz, fanden die Bauherren Restposten,die ein Drittel weniger als Standardware kosteten. Den Bauherren war als einziger Luxus eine kleine Sauna wichtig, die sie im Badezimmer aufstellten. Die Kosten dafür sparten sie unter anderem durch die Wahl einfacher Drehterrassentüren, Glasschiebetüren hätten das Dreifache gekostet. Da die Bauherren räumliche Offenheit schätzen, verzichteten sie mit Ausnahme der Tür zum Gäste-WC auf sämtliche Innentüren. Dennoch sind alle Türöffnungen 90 Zentimeter breit, sodass später ohne Weiteres Türen eingesetzt werden könnten.

Wohnraum mit überdachtem Holzdeck außen: Zwei Seiten bieten auch ohne Glasschiebetüren fließende Übergänge von innen nach außen.

Das Holzhaus ruht auf einem Betonsockel und sechs Holzstützen. Dadurch ergibt sich Platz für einen Lagerraum und eine große überdachte Terrasse.

1 Garderobe
2 WC
3 Küche
4 Speisekammer
5 Waschküche
6 Gästezimmer
7 Ankleide
8 Schlafzimmer
9 Arbeitszimmer
10 Kinderzimmer
11 Bad
12 Sauna
13 Wohnzimmer
14 Esszimmer
15 Windfang
16 Terrasse

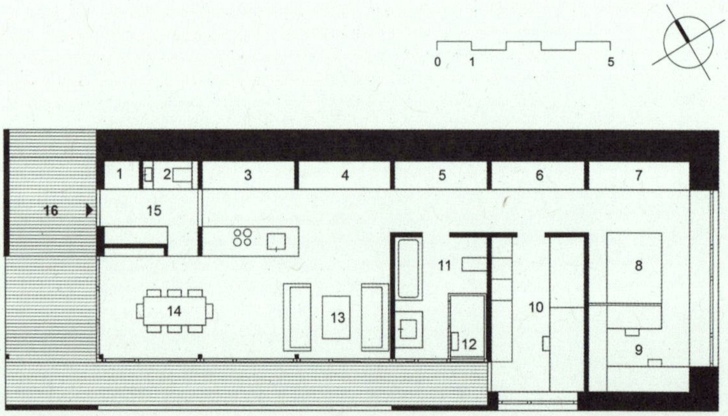

Erdgeschoss

Querschnitt

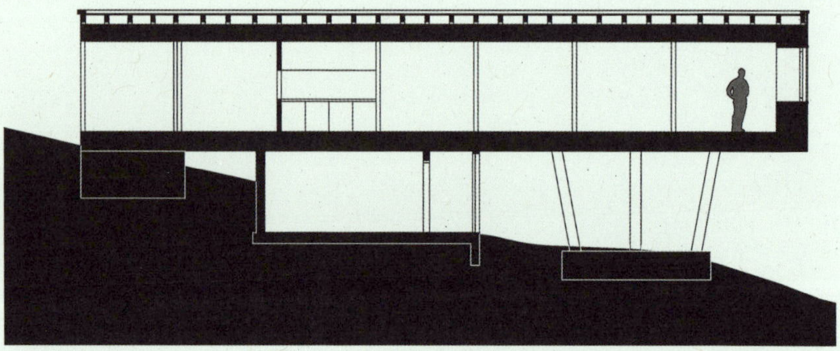

Längsschnitt

Energiekonzept Das Wohnhaus entspricht dem Passivhausstandard. Die Kostenersparnis durch das reduzierte Raumprogramm und die einfache Tragkonstruktion ließen finanziellen Spielraum für einen besonders hohen Dämmstandard und eine entsprechend dichte Gebäudehülle. Dies war vor allem deshalb wichtig, weil der langgestreckte, eingeschossige Baukörper einen hohen Anteil an Außenhüllflächen aufweist und somit Energieverluste höher ausfallen würden als bei kompakterer Bauweise.

Die Nordseite ist komplett geschlossen und mit einer durchgehend 60 Zentimeter dicken Holzfaserdämmung optimal isoliert, während über die Südseite passiv Sonnenenergie gewonnen wird. Eine Erdwärmepumpe versorgt das Haus mit Heizwärme und Warmwasser, der dafür benötigte Strom sowie der Haushaltsstrom werden über eine Photovoltaikanlage auf dem Dach erzeugt. Für den nötigen Luftaustausch sorgt eine kontrollierte Wohnraumlüftung mit Wärmerückgewinnung.

Garten und Außenanlagen Die Außenanlagen inklusive Rasen und Sträucher gestalteten die Bauherren in Eigenleistung. Da das Erdreich in der Region lösshaltig und somit sehr dicht ist, war ein Retentionsbehälter im Erdreich vorgeschrieben. Das damit aufgefangene Regenwasser versickert von dort aus nach und nach, kann aber auch zur Gartenbewässerung genutzt werden. Der Bauherr fand auf einer Onlineplattform einen gebrauchten Retentionsbehälter für circa 200 Euro, ein neuer hätte das Zehnfache gekostet. Die große Fläche unter dem auskragenden Haus ist vielseitig nutzbar: Sie dient als Carport, als geschützter Freisitz zum Grillen oder für Spiel und Sport.

Projektdaten

Architektur: Juri Troy Architekten, Wien
Anzahl der Bewohner: 3
Grundstücksgröße: 913 m²
Wohnfläche: 100 m²
Anzahl der Vollgeschosse: 1
Keller: nein; Technik- + Abstellraum im Hang
Energiestandard: Passivhausstandard
Energiekonzept: Erdwärmepumpe, Kontrollierte Lüftung mit WRG, Photovoltaik
Konstruktion und Materialien: Holzelementbauweise; Haus ruht auf Betonsockel und 6 Holzstützen; Fassade: Stülpschalung aus unbehandeltem Fichtenholz; Dachhaut: Naturkautschuk; Fenster: heimisches Kiefernholz geölt
Jahr der Fertigstellung: 2013
Baukosten: 2 300 Euro brutto pro m² Wohnfläche (KG 300 + 400), inkl. Technik-/Abstellraum
Bauwerkskosten: 230 000 Euro brutto inkl. Einbauten (KG 300 + 400)

Kostensparende Aspekte:
- Einfache Konstruktion
- Unbehandelte Fichtenholzfassade
- Nur minimale Erdbewegungen, da kleiner Sockel aus Beton
- Kein Keller
- Einfaches Raumkonzept
- Nebenraumfunktionen in Einbauschrank integriert
- Verzicht auf Hebeschiebetüren
- Rohbau ist gleich Ausbau (Sichtoberflächen innen)
- Fläche unter dem auskragenden Haus als Carport genutzt

BAUWERK UND MATERIALIEN

Rund 75 Prozent der Gesamtkosten eines Neubaus (das Grundstück nicht mitgerechnet) entfallen auf das Bauwerk selbst. Am wichtigsten für möglichst niedrige Baukosten ist die Größe eines Baukörpers sowie seine Form. Ist diese einfach und klar mit gerade durchgehenden Wand- und Dachflächen, ist der bauliche Aufwand am geringsten. Ein Haus so einfach wie möglich zu bauen und sich dabei auf wenige Materialien zu beschränken trägt entscheidend zum Kostensparen bei. Eine gute Dämmung und eine moderne Heizungstechnik sorgen dann für niedrige Betriebskosten.

MASSIVBAU ODER HOLZLEICHTBAU?

Wer bei der Entscheidung für ein Haus in Massiv- oder Leichtbauweise den Kostenaspekt mit einbeziehen möchte, sollte nicht nur die reinen Baukosten betrachten. Massivhäuser aus Stein sind normalerweise etwas preisgünstiger als Häuser in Holzleichtbauweise, denn die Kosten für Material und Arbeitsaufwand sind bei Massivhäusern geringer. In Bezug auf die Bruttogrundfläche (die Summe der Grundflächen aller Grundrissebenen) muss man bei beiden Bauweisen je nach Standard für die Kostengruppen 300 und 400 mit Kosten zwischen 1 000 und 2 000 Euro brutto pro Quadratmeter rechnen. Doch da Holzleichtbauten deutlich dünnere Wandstärken aufweisen, lässt sich mit dieser Bauweise im Vergleich zum Massivbau Wohnfläche gewinnen oder Grundfläche einsparen (siehe Seite 114). Dann kann sich unter Umständen auch ein zunächst scheinbar teureres Haus in Holzleichtbauweise rechnen. Zudem sind bei Holzleichtbauten, sofern es sich nicht um Fertighäuser handelt, etwas mehr Eigenleistungen möglich. Die feuchtigkeitsregulierende Wirkung dieses Baustoffs spricht ebenfalls für das Bauen mit Holz.

Ein großer Vorteil von Holzleichtbauten: Die Bauteile werden vorproduziert, was die Bauzeit vor Ort deutlich verkürzt. In wenigen Tagen kann je nach Bauweise der Rohbau oder das ganze Haus stehen. Dadurch ist der Baufortschritt auch nicht so stark vom Wetter abhängig wie beim Massivbau.

Aber Vorsicht: Bei Fertighausherstellern, die derartige Häuser anbieten, sind Wartezeiten von bis zu einem Jahr durchaus üblich. Im Hinblick auf die Verfügbarkeit von Holz könnte sich die Wartezeit derzeit (Stand: November 2021) sogar noch verlängern.

PREISANSTIEG BEI BAUHOLZ

Seit Ende 2020 sind die Preise für Bauholz, aber auch für andere Baustoffe, wie Dämmstoffe und Ziegel, stark angestiegen. Lieferengpässe bringen viele Baufirmen in Bedrängnis, insbesondere bei bereits abgeschlossenen Verträgen. Dadurch können sich Bauprojekte unter Umständen deutlich verzögern. Manchmal können Baufirmen zwar Ersatzprodukte anbieten. Doch Vorsicht: Nicht jedes Material ist für den jeweiligen Zweck gleichermaßen gut geeignet. Der Bauherren-Schutzbund empfiehlt Verbrauchern in einer Pressemitteilung vom 21. April 2021, von Baufirmen angebotene Ersatzprodukte von einem Gutachter auf deren Eignung prüfen zu lassen, um spätere Bauschäden und damit verbundene hohe Mehrkosten zu vermeiden. Ein Ende der Preisentwicklung ist laut BSB derzeit nicht in Sicht.

Für einen Massivbau hingegen spricht – neben den bei dieser Bauweise etwas geringeren Baukosten – der bessere Schallschutz, der aufgrund der hohen Speichermasse bessere sommerliche Wärmeschutz sowie der höhere Wiederverkaufswert.

Was beeinflusst die Materialkosten?

Baustoffe, die einen hohen Aufwand bei der Herstellung oder besondere Erfahrung bei der Verarbeitung erfordern, sind generell teurer. Das gilt auch, wenn das Material an sich preiswert ist. Holzständerbauten, die mit Strohballen ausgefacht sind, kosten beispielsweise mehr als konventionelle Holzleichtbauten, obwohl Stroh als Abfallprodukt bei der Getreideernte meist gut verfügbar ist. Denn Stroh erfordert bei der Verarbeitung besondere Sorgfalt und Erfahrung, was den Preis in die Höhe treibt. Häufig, wenn auch nicht immer, sind Naturmaterialien teurer als industriell hergestellte Materialien. Dies liegt unter anderem an der geringeren Nachfrage an manchen Naturmaterialien, vor allem bei Dämmstoffen.

Diese Faktoren sollten Sie bei der Entscheidung für eine bestimmte Bauweise also mit einbeziehen. Aber: Auch in dieser Frage sind letztlich Ihre persönlichen Prioritäten ausschlaggebend. Wählt man für die Kostenbetrachtung einen ganzheitlichen Ansatz und bezieht Pflegebedarf, bauphysikalische Eigenschaften, Langlebigkeit eines Materials, die für seine Beschaffung und Herstellung benötigte Energie, die Möglichkeit des Recyclings und nicht zuletzt die höhere Wohnqualität dank eines besonders gesunden Raumklimas mit ein, kann es sich lohnen, mit Naturmaterialien zu bauen, auch wenn die Anschaffungskosten zunächst höher sind.

Massivbauten aus Mauerwerk

Welche Art Mauerwerk und welche Mauersteine sich für ein Bauprojekt am besten eignen und dabei am kostengünstigsten sind, hängt von verschiedenen Faktoren ab, zum Beispiel der Region des Bauprojekts, den geforderten Eigenschaften der jeweiligen Mauersteine, dem gewünschten Energiestandard oder dem erforderlichen Schallschutz. Neben äußeren Randbedingungen spielen auch die Präferenzen der Bauherrschaft eine Rolle:

- Wie **ROBUST** soll das Mauerwerk sein?
- Wie **NACHHALTIG** soll es im Hinblick auf ökologische Aspekte sein?
- Wie hoch soll der **SCHALLSCHUTZ** sein?
- Soll beim Aufmauern **EIGENLEISTUNG** möglich sein?

Einige wichtige Faktoren zur Beurteilung des für Ihr Bauprojekt geeigneten Materials stellen wir im Folgenden dar.

Grundsätzlich gilt: Die Kosten für Mauerwerk setzen sich aus drei Posten zusammen: Baumaterial, Handwerkerlohn und allgemeine Baustelleneinrichtung. Wände aus einschaligem Mauerwerk sind schneller errichtet als solche mit zusätzlicher Wärmedämmung, was sich günstig auf die Lohnkosten und die Gerüststandzeit auswirkt.

Mauerwerk aus Hochlochziegeln, Porenbeton- und Leichtbetonsteinen kommt bei einer Wanddicke von mindestens 36,5 Zentimetern ohne zusätzliche Wärmedämmung aus und erfüllt dennoch die Anforderungen des GEG. Beim Neubau mit sehr einfachem Grundriss ist diese sogenannte monolithische oder einschalige Bauweise mit Putzfassade in der Summe die kostengünstigste Variante, denn grundsätzlich ist ein Wandaufbau umso kostengünstiger, je weniger Schichten dafür benötigt werden. Monolithisches Mauerwerk ist zudem langlebiger als solches mit zusätzlicher Dämmschicht, das heißt, Reparaturen fallen seltener an, was langfristig weitere Kosten spart.

Die Baukosten für Mauerwerk aus Hochlochziegeln, Leichtbeton und Porenbeton liegen in einer ähnlichen Größenordnung, wobei Leichtbetonsteine etwas günstiger als Hochlochziegel sind und Porenbetonsteine etwas teurer. Für eine 36,5 Zentimeter starke monolithische Außenwand aus Hochlochziegeln muss man je nach Region mit 100 bis 200 Euro pro Quadratmeter rechnen. Bei der Entscheidung für ein bestimmtes Mauerwerk sollten immer auch die jeweiligen Materialeigenschaften beachtet werden.

Für einschalige Außenwände sind Leichtbetonsteine die preiswertesten Mauersteine. Sie können zusätzlich verfüllt werden, um den Schallschutz zu erhöhen, müssen jedoch vor Frost und vor Feuchtigkeit geschützt werden. Leichtbetonsteine werden nur getrocknet und härten aus. Durch eingeschlossene Hohlkammern hat Leichtbeton eine hohe Wärmedämmwirkung, sodass eine zusätzliche Wärmedämmung nicht erforderlich ist.

Die klassischen Mauersteine sind keramische Hochlochziegel. Sie werden bei hohen Temperaturen gebrannt, wobei beigemischte Sägespäne oder Zellulose für die Bildung von Luftkammern sorgen. Dadurch sind Hochlochziegel besonders wärmedämmend. Werden zusätzlich die Luftkammern der Hochlochziegel zum Beispiel mit Mineralfasern, Vulkangestein oder Holzfasern verfüllt, erhöht sich ihre Dämmwirkung nochmals geringfügig, der Schallschutz jedoch deutlich. Man spricht dann auch von Wärmedämmziegeln. Mauerwerk aus

Ziegelstein hat außerdem den Vorteil, dass gebrannter Ton als natürliches Baumaterial diffusionsoffen ist, dadurch Feuchtigkeit aufnehmen und wieder abgeben kann und somit zu einem guten Raumklima beiträgt. Zusätzlich bietet Ziegelmauerwerk einen deutlich besseren Schallschutz als zum Beispiel ein Mauerwerk aus Porenbetonsteinen.

Porenbeton ist trotz seines Namens kein Beton, sondern besteht aus einem Gemisch aus Quarzsand, Kalk und Zement. Beigefügtes Aluminiumpulver sorgt dabei für eingeschlossene Luftporen, die hochdämmend wirken. Allerdings zieht Porenbeton Wasser und verwittert, sodass er im Außenbereich gut geschützt werden muss – entweder durch eine entsprechende Versiegelung oder durch wasserdichten Putz. Porenbeton ist meist etwas teurer als Tonziegel. Der Vorteil von Porenbeton liegt in der sehr hohen Dämmwirkung bei gleichzeitig sehr geringem Gewicht, was die Transportkosten reduziert, und in der sehr leichten Bearbeitung. Porenbetonsteine lassen sich gut zuschneiden und relativ einfach selbst verbauen, sodass auch Eigenleistungen beim Rohbau möglich sind – handwerkliches Geschick oder fachliche Anleitung vorausgesetzt. Der Schallschutz ist bei Porenbeton hingegen eher mäßig. Porenbetonsteine und Leichtbetonsteine werden wie Hochlochziegel großformatig und mit glatter Oberfläche hergestellt.

Kalksandstein besteht überwiegend aus Sand mit Beimischungen von Kalk und Wasser. Kalksandstein hat eine hohe Rohdichte, ist daher schwer und bietet somit einen hervorragenden Schallschutz, allerdings kaum Wärmeschutz. Deswegen ist bei Außenwänden eine zusätzliche Dämmung erforderlich – entweder in Form eines Wärmedämmverbundsystems oder, mit einer zweiten Schale, in Form einer Kerndämmung, die zwischen tragender Wand und Verblendmauerwerk liegt. Beide Varianten ziehen höhere Material- und Arbeitskosten nach sich (siehe Tabelle rechts). Ein zweischaliges Mauerwerk – mit hinterlüfteter Dämmung oder mit Kerndämmung – ist immer teurer als einschaliges Mauerwerk, aber zum Beispiel bei hohem Außenlärm sinnvoll oder wenn man eine Fassade in Mauerwerksoptik schätzt. In Norddeutschland sind auch zweischalige Mauerwerksbauten aus Ziegelstein beliebt, wobei die äußere Schicht aus Klinkern oder einfach aus aufgeklebten Klinkerriemchen bestehen kann (siehe Seite 124).

Holzleichtbau und Holzmassivbau

Wer mit Holz statt mit Mauersteinen baut, zahlt 10 bis 20 Prozent mehr pro Quadratmeter Außenwandfläche (Stand 2021). Dies liegt unter anderem daran, dass sich Mauersteine einfacher und schneller verarbeiten lassen als Holz. Zudem muss Holz, bevor es als Bauholz verwendet werden kann, auf eine Restfeuchte von maximal 20 Prozent getrocknet werden. Diese Aufbereitung ist aufwendig und langwierig, was sich ebenfalls in den Kosten niederschlägt. Der Holzpreis schwankt abhängig von der Verfügbarkeit.

Der Mehrpreis kann sich jedoch durch die schlankere Konstruktion wieder bezahlt machen: Bei Holzleichtbauten fallen die Wandstärken mit rund 28 Zentimetern dünner aus als bei einschaligem Mauerwerk (36,5 Zentimeter), sodass man bei einer angenommenen Grundfläche von 10 Meter mal 8 Meter entweder bei gleichen Außenmaßen etwa drei Quadratmeter Wohnfläche im Vergleich zu einem Massivbau gewinnt oder alternativ rund 4 Prozent an Grundfläche spart. Diese schlanke Bauweise kann bei sehr naher Nachbarbebauung vorteilhaft sein, um trotz der erforderlichen Abstandsflächen ein Maximum an Wohnfläche aus dem Grundstück herauszuholen. Der Schallschutz von Holzleichtbauten reicht allerdings nicht an den von Massivbauten aus Holz, Mauerwerk oder Beton heran.

Zur Holzleichtbauweise zählen der Holzskelett--, der Holzrahmen- und der Holzelementbau. Die Kosten für diese Bauweisen unterscheiden sich durch den jeweiligen Vorfertigungsgrad, allerdings nicht wesentlich. Moderne Holzskelettbauten bestehen aus lasttragenden Stützen und Trägern, die in einem bestimmten Raster stockwerkübergreifend angeordnet werden. Dies ermöglicht große Spannweiten und eine flexible Grundrissaufteilung.

Bei der Holzrahmen- oder Holzständerbauweise werden aus vertikalen und horizontalen

Kostenvergleich für gemauerte tragende Außenwände mit ähnlicher Dämmwirkung

Mittelwerte inklusive Arbeitsaufwand, Kosten schwanken je nach Material, Verarbeitung und Region; Stand 2021

Material	Wandstärke	Kosten pro m^2	Vorteile	Nachteile
Leichtbeton	36,5 cm, monolithischer Aufbau	▶ 80 bis 160 Euro	besonders hohe Dämmwirkung; robust; für Heimwerker geeignet	mäßiger Schallschutz; witterungsempfindlich
Porenbeton	36,5 cm, monolithischer Aufbau	▶ 110 bis 180 Euro	besonders hohe Dämmwirkung; sehr geringes Gewicht; sehr leicht zu bearbeiten	geringer Schallschutz; feuchtigkeitsempfindlich
Hochlochziegel	36,5 cm, monolithischer Aufbau	▶ unverfüllt: 90 bis 190 Euro ▶ verfüllt: 125 bis 190 Euro ▶ 42,5 cm, unverfüllt: 130 bis 210 Euro	hohe Lebensdauer; hohe Wärmedämmwirkung; guter Schallschutz; diffusionsoffen, ausgleichende Wirkung auf Raumklima	hoher Energieaufwand für Herstellung; Verarbeitung anspruchsvoll
Kalksandstein (KS); (tragend)	24 cm	▶ 75 bis 135 Euro ▶ zzgl. Kerndämmung: 15 bis 40 Euro ▶ zzgl. KS-Verblendmauerwerk: 120 bis 200 Euro ▶ Gesamt: 210 bis 375 Euro	hohe Festigkeit; hervorragender Schallschutz; ausgleichende Wirkung auf Raumklima	geringe Wärmedämmwirkung; anspruchsvolle Verarbeitung
Kalksandstein mit Wärmedämmverbundsystem		▶ 160 bis 240 Euro		
Zum Vergleich: Holzleichtbau		▶ mindestens 120 bis 200 Euro		

Hölzern beidseitig beplankte Rahmen inklusive Dämmung vorgefertigt. Der Dämmstoff liegt eingebettet zwischen den Platten, die Außenwand wird entweder verputzt oder verkleidet. Im Unterschied zur Holzskelettbauweise haben bei der Holzrahmenbauweise die Wandelemente statische Wirkung, sodass sie nicht ohne Weiteres verändert werden können. Der Vorteil liegt in der witterungsunabhängigen Montage und einer sehr kurzen Bauzeit.

Der Holzelementbau ist eine Variante des Holzrahmenbaus. Dabei werden komplette Wand- und Deckenelemente inklusive Beplankung und eingebauten Fenstern und Türen vorgefertigt und dann vor Ort zusammengesetzt. Dies führt ebenfalls zu einer sehr kurzen Bauzeit, nachträgliche Änderungen sind allerdings kaum möglich. Der unmittelbare Kostenvorteil kann bei dieser Bauweise in der Ersparnis einiger Monatsmieten für Ihre bisherige Wohnung liegen – vorausgesetzt, Sie müssen auf die Fertigteile nicht allzu lange warten. Da lange Wartezeiten bei vielen Fertighausanbietern üblich sind, sollten Sie diesen Aspekt unbedingt vor dem Kauf eines Fertighauses mit Ihrem Anbieter klären.

Holzmassivbauten bestehen komplett aus Vollholz. Meist werden dafür Vollholzbretter kreuzweise zu stabilen Wand-, Decken- oder Dachelementen verleimt oder leimfrei verdübelt. Der Holzverbrauch ist deutlich höher als bei Holzleichtbauten, bei denen nur das Traggerippe aus Vollholz besteht. Die Kosten müssen allerdings nicht zwangsläufig analog zum Holzverbrauch steigen, weil man mit der Brettsperrholzbauweise einen sehr hohen Vorfertigungsgrad erreichen kann. Zu beachten sind allerdings die stärkeren Außenwandaufbauten, da auf die massiven Wände noch eine Wärmedämmung angebracht werden muss, was wiederum zu Platzverlust entweder auf dem Grundstück oder im Haus selbst führt.

GÜNSTIG BAUEN MIT BETON UND KUNSTSTOFFEN

Neben mineralischen Mauersteinen stehen für den Rohbau weitere industriell hergestellte Baustoffe zur Verfügung, wie zum Beispiel Beton, Polycarbonate, feste Kunststoffe und Bitumen, die jeweils für unterschiedliche Zwecke eingesetzt werden. Sie können unter Umständen eine interessante Ergänzung oder Alternative zu „herkömmlichen" Baustoffen darstellen. Ob und wie stark sich industriell gefertigte Baustoffe kostendämpfend auswirken, hängt unter anderem vom Material selbst, seiner Herstellung und seiner Funktion ab. Bauteile aus Kunststoff, zum Beispiel Fensterrahmen, sind dabei meist die zunächst kostengünstigste Alternative. Auch im Innenausbau kann man mit verschiedenen industriell hergestellten Baustoffen sparen.

Betontreppe im Einfamilienhaus: Einfach, robust und langlebig. Ein Belag der Stufen ist nicht erforderlich.

Massivbauten aus Beton

Beton zählt zu den am häufigsten verwendeten industriell hergestellten Baumaterialien. Beton wird aus Kies und Sand mit dichter Gesteinskörnung hergestellt, wobei Zement als Bindemittel dient. Da Beton sehr dicht ist, hat er kaum wärmedämmende Wirkung. Beton ist zwar sehr druckfest, jedoch nicht zugfest, daher müssen die Zugkräfte bei zugbelasteten Bauteilen von eingelegten Stahlmatten aufgenommen werden. Stahlbeton kommt daher typischerweise für Geschossdecken, Bodenplatten und Träger, aber auch für Treppen infrage.

Kostenrelevant ist vor allem, ob Betonfertigteile verwendet werden oder ob der Beton vor Ort auf der Baustelle frisch angemischt wird (Ortbeton). Das Mischen des Betons auf der Baustelle, der Transport der entsprechenden Maschinen und Werkzeuge sowie das Errichten der benötigten Schalung sind mit einem hohen baulichen und zeitlichen Aufwand verbunden, was deutlich höhere Kosten nach sich zieht als zum Beispiel das Aufmauern von Wänden. Zusätzlich entstehen Kosten für die Wärmedämmung. Bauen mit Ortbeton kann daher nicht als kostengünstig gelten.

Anders sieht es mit Fertigteilen aus Beton aus. Diese können zum Beispiel als Wandelemente, Deckenelemente, Treppen, Kellerschächte und andere Bauteile in Standardmaßen kostengünstig vorgefertigt werden. Auch Fertighäuser aus Beton, bei denen vorgefertigte Wand- und Deckenelemente vor Ort nur zusammengesetzt werden, sind für ähnliche Preise wie Fertighäuser in Holzleichtbauweise zu finden.

Wegen seiner flüssigen Konsistenz lässt sich Beton auch gut zu besonderen Formen verarbeiten, die als Formstücke aller Art ebenfalls kostengünstig hergestellt und auf dem Bau eingesetzt werden können. Halbfertigelemente zum Beispiel sind zwar mit Stahl bewehrt, aber nach oben hin noch offen. Auf der Baustelle werden sie zusammengefügt, zum Beispiel zu einer Geschossdecke, und mit Beton aufgegossen. Eine eigene Schalung ist dann nicht mehr erforderlich.

Wie gesagt: Beton muss aufgrund seiner hohen Dichte normalerweise mit einer zusätzlichen Wärmedämmung versehen werden. Bei Wärmedämmbeton, auch Infraleichtbeton genannt, ist dies nicht erforderlich. Dieser hat durch eine poröse Gesteinskörnung und integrierte Glasschaumanteile hervorragende wärmedämmende Eigenschaften, sodass monolithische Konstruktionen möglich sind – das heißt, die Außenwände kommen ohne zusätzliche Wärmedämmung und auch ohne Putz aus, und auch ein Innenputz ist nicht unbedingt erforderlich, denn Beton kann in Sichtqualität ausgeführt werden. Infraleichtbeton muss aber ebenfalls vor Ort gegossen werden und ist daher relativ teuer. Fertigteile aus Infraleichtbeton sind derzeit in der Entwicklung. Ob die Fertigteilbauweise mit Infraleichtbeton in Zukunft eine kostengünstige Alternative zu anderen Bauweisen darstellen wird, bleibt abzuwarten. Eine weitere zukunftsweisende Bauweise sind Betonbauten aus dem 3-D-Drucker, wie sie in Form von zwei Pilotprojekten für Wohnhäuser im Frühjahr 2021 in Deutschland verwirklicht worden sind – vorerst mit Sondergenehmigungen. Sollte sich diese Technik durchsetzen, könnten sich verschiedene Möglichkeiten eröffnen, Baukosten zu sparen.

Betontreppen im Rohbau

Ob Sie Ihr Haus mit einer oder mehreren massiven Treppen aus Beton oder lieber mit leichten Holz- oder Stahltreppen ausstatten, haben Sie bereits in der Planungsphase entschieden (siehe Seite 90). Betontreppen werden im Rohbau erstellt, Holz- oder Stahltreppen dagegen im Innenausbau.

Betontreppen sind sehr strapazierfähig und haltbar, sie müssen nicht gewartet oder anderweitig gepflegt werden, und sie lassen sich durch unterschiedliche Beläge individuell gestalten.

Betontreppen kosten als Fertigtreppen je nach Treppenform und -länge inklusive Einbau für eine normale Geschosshöhe rund 2000 Euro. Dazu kommen dann noch der Treppenbelag und der Putz für die Unterseite der Treppe, sodass sich die Kosten auf etwa 5000 Euro summieren können.

Betontreppen bieten jedoch durchaus Sparpotenzial: Wenn man die Treppe in Sichtbeton belässt, auf einen Belag und auf Putz auf der Unterseite verzichtet und sich für ein einfaches Treppengeländer aus Stahlrohr entscheidet, geht es auch deutlich günstiger. Dann sind die Kosten einer Betontreppe vergleichbar mit denen einer Holztreppe vom Fachhändler oder sogar preiswerter. Später können Sie die Betonstufen dann immer noch durch einen Belag aufwerten oder durch andere Maßnahmen, wie die individuelle Gestaltung einer Treppenbrüstung, für ein wohnlicheres Ambiente sorgen. Mehr zum Thema Treppen finden Sie ab Seite 90 und ab Seite 160.

Kostenvergleich für eine Treppe über ein Geschoss

- Betonfertigtreppe (einläufig, 16 Stufen), **ohne** Belag, Geländer und Putz: 2000 bis 2500 Euro
- Betonfertigtreppe (einläufig, 16 Stufen), **mit** Belag, Geländer und Putz: ca. 5000 Euro
- Holztreppe (einläufig, je nach Holzart, Ausführung und Anzahl der Stufen): 2000 (bei Selbsteinbau) bis 4500 Euro

Durchschnittliche Kosten; je nach Ausführung und Treppenlänge deutliche Abweichungen möglich

Die Unterseite der Treppe ist mit Polycarbonat verkleidet, wodurch das darunter liegende Bad natürlich belichtet ist.

Kunststoffe: preiswerte Alternativen

Beim Stichwort „Baumaterialien" denkt man in der Regel zuerst an Beton, Ziegel oder Holz. Doch auch Kunststoffe lassen sich am Bau auf vielfältige Weise einsetzen, um Ihr Budget zu schonen. Kunststoffe können überall dort sinnvoll sein, wo sie entscheidende Vorteile bieten, wie zum Beispiel Robustheit oder eine lange Lebensdauer.

Fensterrahmen aus PVC können eine preiswerte Alternative zu Fensterrahmen aus Holz oder aus einer Kombination aus Holz und Alu sein. Die Kostenersparnis kann bis zu 40 Prozent betragen. Kunststoffrahmen sind sehr robust, äußerst pflegeleicht und lange haltbar.

Polycarbonate, die häufig als Ersatz für Glas verwendet werden, sind thermoplastische Kunststoffe, die sich durch hohe Transparenz und Robustheit auszeichnen. Sie sind schlagfest, hitze- und kältebeständig und zudem wesentlich leichter und preiswerter als Glas. Beim Hausbau kommen Polycarbonate, die als Wellplatten oder als Doppelstegplatten erhältlich sind, vor allem bei der Überdachung von Terrassen und Carports, als Lichtkuppeln oder als leichte, durchsichtige Trennwände im Innenraum zum Einsatz. Polycarbonatelemente, auch Lichtbauelemente genannt, können in Form von Lichtbändern auch Teile einer Außenwand und sogar komplette Außenwände ersetzen.

Als Doppelstegplatten sind sie wärmedämmend und, mit Zusatzstoffen gefüllt, sogar hochwärmedämmend, sodass ihre U-Werte denen einer modernen Dreischeibenverglasung entsprechen. Dabei behalten derartige Platten ihre Lichtdurchlässigkeit, sodass zum Beispiel Innenräume natürlich belichtet und zugleich vor Einblicken von außen geschützt sind. Allerdings lässt bei derartigen Außenwandbereichen der Schallschutz zu wünschen übrig, und eine UV-Beschichtung zum Schutz gegen Vergilben sollte vorgesehen werden. Es ist daher ratsam, diese Lösung im Hinblick auf das Kosten-Nutzen-Verhältnis genau zu prüfen und, falls Polycarbonatplatten komplette Außenwände ersetzen sollen, die baurechtlichen Aspekte zu klären.

Polycarbonatplatten, die sich zum Beispiel für eine Terrassenüberdachung eignen, sind je nach Stärke und Qualität für zwischen 10 und 40 Euro pro Quadratmeter erhältlich. Zum Vergleich: Eine einfache, 6 Millimeter dicke Glasplatte kostet mindestens 50 Euro pro Quadratmeter, eine aus Verbundsicherheitsglas oder ein wärmedämmendes Glas mindestens 100 Euro pro Quadratmeter. Durch ihre Nut- und Federverbindungen lassen sich Polycarbonatplatten, die sogar bis zu 60 Millimeter dick sein können, relativ leicht zusammensetzen. Ihre Umweltbilanz ist dagegen gemischt: Polycarbonatplatten sind in der Herstellung deutlich energieaufwendiger als Glas, lassen sich jedoch gut recyclen.

GESCHOSSDECKEN KOSTENSPAREND PLANEN

Geschossdecken können je nach baulichem Standard etwa 10 bis 20 Prozent der Rohbaukosten ausmachen. Mit vorausschauender Planung können Bauherren hier gleich mehrfach sparen, und zwar

- an der Deckenstärke,
- am Deckenaufbau
- und an den Oberflächen.

Geschossdecken bestehen in der Regel aus mehreren Schichten: Die obere Schicht mit dem Fußbodenaufbau wird als Nutzschicht bezeichnet, darunter liegt eine Schicht mit Estrich, Fußbodenheizschlangen und Schalldämmung, darunter folgt die Tragkonstruktion, auch Tragschicht genannt, und schließlich die unterste Schicht, die Unterseite, die in Sichtqualität bleiben oder verkleidet werden kann.

Wenn Sie bereits bei der Planung des Grundrisses auf kurze Spannweiten der Decken in allen Geschossen und auf einheitliche Spannweiten innerhalb eines Raumes achten, können Sie Material und damit Kosten sparen: Denn je kürzer der Abstand zwischen den Auflagerflächen ist, desto dünner kann eine Geschossdecke ausfallen. Mit tragenden Zwischenwänden lassen sich die Spannweiten gut verringern. Grundsätzlich sollten bei Betondecken 5 Meter und bei Holzdecken 4 Meter nicht überschritten werden, um teure Konstruktionen zu vermeiden.

Kostenrelevant ist auch der Deckenaufbau: Je weniger Schichten eine Decke aufweist, desto preiswerter ist sie. Wenn keine Fußbodenheizung geplant ist und Ihnen Schallschutz nicht so wichtig ist, können Sie auch bei Massivholzdecken auf einen Fußbodenbelag verzichten. Manche Bauherrenfamilien verzichten sogar bei Holzbalkendecken, bei denen die Schallübertragung deutlich stärker ausgeprägt ist als bei Holzmassivdecken, aus Kostengründen zunächst auf die Trittschalldämmung. Diese lässt sich bei Bedarf zwar später immer noch ergänzen, allerdings ändert sich dann die Höhe des Fußbodenaufbaus.

Der häufig gewünschte Sichtestrich, der den Räumen eine Art Industrielook verleiht, ist keine preiswerte Lösung, wenn eine perfekt glatte Oberfläche gewünscht wird. Denn auch wenn die Kosten für einen weiteren Bodenbelag entfallen: Das für ein optimales Ergebnis erforderliche professionelle Abschleifen und Versiegeln eines Estrichs ist aufwendig und zeitintensiv, was dann eher kostentreibend wirkt. Kostengünstiger wird es, wenn der Estrich nur einmal und nur grob abgeschliffen wird, was allerdings auch eine etwas rauere Anmutung zur Folge hat.

Und schließlich muss auch die Unterseite einer Holz- oder Betondecke nicht unbedingt verputzt oder verkleidet werden. Wird sie sauber verarbeitet, kann sie durchaus in Sichtqualität belassen werden.

Hat Ihr Haus zum Beispiel ein steiles Satteldach mit Kniestock, können Sie darüber nachdenken, das Dachgeschoss in das Obergeschoss einzubeziehen. Dann kann die oberste Geschossdecke zwar ganz entfallen, allerdings muss das Dach gedämmt werden.

Welchen Einfluss hat die Materialwahl auf die Kosten von Geschossdecken? Die einfachs-

Einfache Holzbalkendecke als kostengünstige Deckenkonstruktion. Die Unterseite kann unverkleidet bleiben.

te und somit kostengünstigste Variante für Einfamilienhäuser ist die klassische Holzbalkendecke. Möglich sind auch Decken aus Stahlbeton, aus einer Kombination von Stahlträgern und Holzplatten oder aus einem Verbund aus Holz und Beton. Eine weitere Möglichkeit stellen sogenannte Ziegelelement- oder Ziegeleinhängedecken dar. Diese verschiedenen Varianten werden im Folgenden näher beschrieben.

Holzdecken

Holzdecken sind leicht, lassen sich teilweise vorfertigen und benötigen keine Trocknungszeit. Der Einbau ist unkompliziert und sauber. Eine Holzbalkendecke ist die einfachste und kostengünstigste Deckenkonstruktion. Dabei werden Balken in gewissen Abständen auf die Außenwände aufgelegt und mit Spanplatten oder OSB-Platten belegt. Diese Platten bilden die Unterlage für den Fußbodenaufbau. Auf der Unterseite können die Balken je nach Wunsch sichtbar bleiben oder verkleidet werden. Die einfachste Variante besteht darin, nur Dielenböden aufzulegen. Da Holzbalkendecken jedoch Schall gut übertragen, sollten auf der Decke Dämmstoffe zum Schutz gegen Trittschall und Luftschall vorgesehen werden. Gegen Luftschall schützen Faserdämmstoffe gut, die in den Deckenaufbau integriert beziehungsweise zwischen die Balken geklemmt werden. Dann allerdings ist eine abgehängte Decke erforderlich.

Massivholzdecken, auch Brettstapeldecken genannt, sind zunächst teurer als Holzbalkendecken, haben jedoch ohne weitere Bearbeitung auf beiden Seiten Sichtqualität. Sie benötigen daher weder einen Anstrich noch eine Verkleidung der Unterseite, auf der Oberseite sollte ein Fußbodenaufbau mit Trittschalldämmung erfolgen. Aufgrund ihrer Masse wirken Massivholzdecken bereits relativ gut schalldämmend, und durch ihre Vorfertigung sind massive Holzdecken rasch eingebaut und sofort begehbar. Bei Massivholzdecken werden Massivhölzer hochkant gereiht und miteinander verleimt oder verdübelt. Daher sind Massivholzdecken sehr fest und kommen mit einer geringen Konstruktionshöhe aus, die bei kurzen Spannweiten nur 12 Zentimeter betragen kann. Der Vorteil: Durch den geringen Deckenaufbau können Sie Geschosshöhe und damit an anderer Stelle Kosten sparen. Dies kann zum Beispiel dann relevant sein, wenn im Bebauungsplan eine begrenzte Traufhöhe vorgegeben ist, die wenig Spielraum für die Geschosshöhen lässt.

Kostenvergleich für verschiedene Deckenkonstruktionen

- Holzbalkendecke: €
- Stahlbeton-Fertigelemente: €
- Holz-Beton-Verbunddecke: €€
- Massivholzdecke: €€€
- Ziegelelementdecke: €€€
- Stahlbetondecke (Ortbeton): €€€€

Angaben einschließlich Montage, ohne Bodenaufbau

Betondecken

Stahlbetondecken sind sehr robust und tragfähig, und sie bieten einen guten Brandschutz. Während sie aufgrund ihrer Masse sehr gut Luftschall abhalten, müssen sie gegen Trittschall gedämmt werden. Daher folgt auf die Oberfläche von Stahlbetondecken meist ein Fußbodenaufbau. Ihre Unterseite kann entweder verputzt oder verkleidet, aber auch in Sichtqualität belassen werden. Für Geschossdecken aus Stahlbeton sind verschiedene Varianten möglich, von vor Ort gegossenen Ortbetondecken bis zu Decken aus Stahlbetonfertigelementen. Die bei Einfamilienhäusern sehr häufig verwendete Variante besteht aus halbvorgefertigten Standard-Deckenelementen aus Stahlbeton, sogenannten Filigrandecken. Diese etwa 5 Zentimeter dicken Betonelemente werden auf der Baustelle zusammengefügt und erhalten zusätzlich eine Deckschicht aus sogenanntem Transportbeton, ein vorab gemischter und zur Baustelle transportierter Beton. Derartige Decken sind aufgrund der teilweisen Vorfertigung und einfachen Montage kostengünstiger als ausschließlich vor Ort hergestellte Stahlbetondecken.

Holz-Beton-Verbunddecken

Für große Spannweiten bieten sich Holz-Beton-Verbunddecken an. Sie haben den Vorteil, dass der Beton die Druckkräfte und das Holz die Zugkräfte aufnehmen kann. Bei derartigen Decken werden Beton und Holz schubfest miteinander verbunden – eine bei der Sanierung von alten Holzbalkendecken bekannte Vorgehensweise, die aufgrund ihrer vielen Vorteile zunehmend auch im Neubau eingesetzt wird. Decken, die in dieser Hybridkonstruktion ausgeführt werden, sind wesentlich leichter als reine Stahlbetondecken, sehr tragfähig und haben selbst bei großen Spannweiten eine geringe Aufbauhöhe. Das Holz wirkt feuchtigkeitsausgleichend, der Beton wiederum erhöht den Schallschutz und sorgt für einen ausgezeichneten Brandschutz. Holz-Beton-Verbunddecken können auch aus Fertigteilen hergestellt werden, was für verkürzte Bauzeiten und dadurch niedrigere Kosten sorgt, sodass derartige Decken eine gute Alternative zu Ortbetondecken sein können.

Ziegeldecken

Geschossdecken aus Ziegelstein zeichnen sich durch kurze Bauzeiten und einen einfachen

Ziegeldecken sind leichter als Betondecken, lassen sich relativ schnell errichten und fördern ein gesundes Raumklima.

Einbau aus. Man unterscheidet Ziegelelementdecken von Ziegeleinhängedecken.

Ziegeleinhängedecken bestehen aus Deckenträgern, darin eingehängten Deckenziegeln und Beton. Dazu werden U-förmige Ziegel mit Beton und nach oben herausstehendem Bewehrungsstahl gefüllt. Die Träger werden in Raumlänge vorgefertigt und in einem bestimmten Raster montiert, sodass die Deckenziegel vor Ort jeweils zwischen zwei Trägern eingehängt werden können, was zum Beispiel auch in Eigenleistung möglich ist. Die Zwischenräume werden schließlich mit Beton ausgegossen. Vorteilhaft sind das geringe Gewicht der Einzelteile, die einfache und rasche Verlegung sowie die Möglichkeit, derartige Decken an kleine oder verwinkelte Flächen flexibel anzupassen.

Ziegelelementdecken werden in Raumlänge und in Breiten von 1 bis 2,5 Metern vorgefertigt, inklusive der nötigen Aussparungen für Treppen oder sonstige Anschlüsse. Auch Leerrohre für Leitungen lassen sich in die Deckenelemente integrieren. Die Deckenelemente sind nach dem Einsetzen mit einem Kran sofort begehbar. Ziegeldecken weisen neben den kurzen Bauzeiten noch weitere Vorteile auf: Sie bieten einen sehr guten Trittschallschutz, und sie wirken außerdem regulierend auf die Raumluftfeuchtigkeit.

FASSADEN KOSTEN-SPAREND GESTALTEN

Die Fassade ist so etwas wie die Visitenkarte eines Hauses. Sie fällt als Erstes ins Auge und bestimmt den Gesamteindruck eines Hauses in hohem Maß. Die Entscheidung für eine bestimmte Fassadengestaltung wird daher in der Regel nicht nur von funktionalen Gesichtspunkten bestimmt sein. Auch ästhetische Erwägungen spielen hier eine wichtige Rolle. Preisbewusste Bauherren sollten versuchen, beiden Ansprüchen gerecht zu werden. Wie das gelingen kann, zeigen wir im Folgenden.

Der wichtigste Spartipp betrifft die Planung (siehe Seite 80): Am meisten Kosten spart man bei der Fassadengestaltung, wenn die Fassaden aus gerade durchgehenden Flächen bestehen und keine Versprünge oder Unterbrechungen aufweisen, wie es bei Erkern oder Gebäudeeinschnitten der Fall ist. Besteht eine Fassade nämlich aus mehreren kleinen Teilflächen, erhöht das den Arbeitsaufwand und die Kosten für die Fassadengestaltung erheblich, unabhängig davon, ob es sich um eine Putzfassade oder eine verkleidete Fassade handelt, da manche Stellen dann entweder von Hand nachbearbeitet werden müssen oder Material passgenau zugeschnitten werden muss. Eine Putzfassade ist die preiswerteste Fassadenlösung, Verkleidungen aller Art erhöhen die Kosten meist deutlich.

Die günstigste Lösung: Putzfassaden

Außenputz besteht immer aus zwei Schichten, dem Unter- und dem Oberputz. Häufig sind das Aufbringen eines Armierungsputzes in Form eines speziellen Mörtels sowie ein Glasgittergewebe erforderlich, damit eventuelle Spannungen aus dem Mauerwerk nicht auf den Oberputz übertragen werden. Dies verteuert Putzfassaden, auch wenn Standardputze mit 5 bis 10 Euro pro Quadratmeter Wandfläche nicht sehr teuer sind. Dazu kommt der hohe Arbeitsaufwand fürs Verputzen.

Die Materialkosten für einen Außenputz liegen nur bei rund 20 Prozent der Gesamtkosten fürs Verputzen, je nachdem, wie groß und wie eben eine Fassade ist und welchen Untergrund sie hat. Dazu kommt die Standzeit des Gerüsts, wofür Kosten von meist etwa 6 bis 12 Euro pro Quadratmeter Fassadenfläche für eine Zeitspanne von vier Wochen anfallen. Längere Standzeiten erhöhen die Kosten nur geringfügig. Regional kann die Schwankung für die Gerüstkosten allerdings beträchtlich sein. Ein einfacher Außenputz kostet mit einem Standardputzsystem bei einer glatten Fassadenfläche inklusive Arbeitsaufwand 25 bis 55 Euro pro Quadratmeter Fassadenfläche ohne Gerüstkosten und etwa 70 Euro pro Quadratmeter Fassadenfläche inklusive Gerüstaufbau und -standzeit. Bezieht man die Kosten dagegen auf die Wohnfläche, kann für den Außenputz als Richtwert grob 80 Euro pro Quadratmeter gelten.

Langfristig ist zu beachten: Putze müssen im Laufe der Jahre ausgebessert und Fassadenanstriche erneuert werden. Diese Pflege verursacht Zusatzkosten.

Eine Fassade mit einfachem Putz mag nicht die individuellste Lösung darstellen, muss deswegen jedoch keineswegs langweilig aussehen. Durch die unterschiedlichen Körnungen von Putzen und durch den Farbanstrich, den Sie bei entsprechendem handwerklichem Geschick auch in Eigenleistung erbringen können, lässt sich eine einfache Putzfassade auch mit wenig Geld in gewissem Rahmen individuell gestalten. Vorgaben im Bebauungsplan im Hinblick auf die Farbauswahl müssen dabei natürlich beachtet werden. Wenn Sie etwas mehr Geld für eine individuelle Putzfassade ausgeben möchten, kann diese allein durch die Technik des Putzauftrags bereits ein besonderes Erscheinungsbild erhalten, zum Beispiel mit Kratzputz, Besenstrichputz oder Kellenwurfputz, um nur einige Techniken zu nennen. Für derartige Spezialputze sind allerdings die Materialkosten und die Kosten für den Arbeitsaufwand deutlich höher als für Standardputze.

Für einen Fassadenanstrich fallen Kosten hauptsächlich für die Handwerksleistungen, die Gerüststandzeit und die Fassadenfarbe an. Falls das Gerüst vom Verputzen noch steht, entfallen die Kosten für den Aufbau des Gerüsts. Als Faustformel können Sie für einen Farbanstrich mit Gesamtkosten von ca. 30 bis 60 Euro pro Quadratmeter Fassadenfläche rechnen. Wenn Sie selbst die Fassade Ihres Hauses streichen, können Sie damit bis zu zwei Drittel der Kosten sparen.

Baulicher Schutz vor Feuchteschäden und Algen

Damit Fassaden lange halten, ohne Schaden zu nehmen, muss Regenwasser an ihnen gut ablaufen können. Zudem müssen Fassaden immer wieder trocknen können, was bei Putzfassaden vor Pilz- und Algenbefall und bei Holzfassaden zusätzlich vor Fäulnis schützt. Algen bilden sich bevorzugt auf der kühleren Nord- und der wetterzugewandten Westseite. Tiefe Dachüberstände schützen Fassaden vor Schlagregen und sorgen gleichzeitig dafür, dass die Fassade nachts nicht zu stark auskühlt. Ein Dachüberstand verhindert nämlich, dass die Wärme der Fassade zu stark in den kalten Nachthimmel abstrahlt, was besonders bei Wärmedämmverbundsystemen ein Problem darstellt: Die Wärme aus der Speichermasse der Außenwand kann wegen der aufgebrachten Wärmedämmung nicht nach außen abstrahlen, wodurch sich Feuchtigkeit länger auf dem Außenputz hält. Zu den Kosten für einen Dachüberstand finden Sie Informationen auf Seite 135.

Auch wenn Algen an der Fassade eher ein optisches Problem darstellen und zunächst nicht die Bausubstanz schädigen, empfiehlt es sich, den sich ausbreitenden Grünschleier rechtzeitig zu beseitigen. Wenn man Glück hat, genügen dazu einfache Mittel, wie Bürste und Wasser. Ist der Algenbefall bereits weiter fortgeschritten, können sich Pilze bilden, die in den Putz eindringen. Dieser kann dann Schaden nehmen, zum Beispiel im Winter durch Rissbildung, verursacht durch die Sporen der Pilze in Kombination mit der Kälte. Dann hilft meist nur noch eine Fassadensanierung mit chemischen Substanzen.

Algen- und Pilzbefall an der Fassade vermeiden

- Wasserabweisende Oberputze lassen Regenwasser rasch abfließen.
- Mineralische Putze fördern das Abtrocknen der Fassade.
- Bäume sollte man nicht zu nah an die Fassade pflanzen, um Verschattung zu vermeiden.
- Ein großer Dachüberstand schützt vor Schlagregen und vor starkem nächtlichem Auskühlen der Fassade durch Abstrahlung in den kalten Nachthimmel.

Fassaden mit Verkleidungen

Im Gegensatz zu Putzfassaden bieten Fassaden mit Verkleidung mehr Gestaltungsmöglichkeiten, sind jedoch in der Regel teurer. Eine Fassadenverkleidung ohne zusätzliche Wärmedämmung ist dabei die günstigste Variante, weil zum Befestigen der Fassadenverkleidung nur eine Unterkonstruktion erforderlich ist. Eine Verkleidung ist auch bei Außenwänden mit außen angebrachter Wärmedämmung sinnvoll, auch wenn der dafür nötige Aufwand und die Kosten deutlich höher liegen als beim alternativen Wärmedämmverbundsystem. Um Fassadenplatten oder -bretter anbringen zu können, wird auf der Außenwand zunächst eine Unterkonstruktion aus Holz befestigt. Sie besteht aus einer auf der Wand montierten Konterlattung und einer darauf verschraubten Lattung, auf der die Verkleidung befestigt wird. Zwischen die Hölzer der Konterlattung wird der Dämmstoff geklemmt. Bei dieser Konstruktion kann zwischen Dämmstoff und Verkleidung Luft zirkulieren, was dazu beiträgt, dass eingedrungene Feuchtigkeit trocknet. Man spricht hierbei von einer hinterlüfteten Verkleidung.

Für die Verkleidung selbst stehen die verschiedensten Materialien zur Verfügung, wie Holz, Klinkerriemchen, Faserzementplatten, Kunststoffplatten, Schieferplatten, Blech und einige mehr, wobei es große preisliche Unterschiede gibt.

Holzfassaden

Eine Holzverkleidung kann aus Platten, Schindeln oder aus Brettern bestehen, die etwa bündig oder überlappend, horizontal oder vertikal angebracht werden können. Auf die Kosten wirken sich neben Format und Anordnung der Elemente auch die verwendete Holzart und die Holzqualität aus. Auch die Frage, ob das Holz durch einen Farbanstrich oder eine Lasur vorbehandelt werden oder naturbelassen bleiben soll, spielt für die Kosten eine Rolle.

Am preiswertesten ist eine Holzfassade aus unbehandeltem Vollholz. Vollholz ist nahezu unverwüstlich, solange es immer wieder trocknen kann. Für Holzfassaden wird in der Regel Lärchen-, Kiefern- oder Douglasienholz verwendet. Lärchen- und Douglasienholz ist besonders beliebt, weil beide Holzarten im naturbelassenen Zustand aufgrund ihres hohen Harzanteils robust gegen Schädlinge, absolut wetterfest und sehr langlebig sind. Der Pflegeaufwand ist äußerst gering.

Klinkerfassaden sind sehr robust, Schlagregen kann ihnen nichts anhaben.

Im Hinblick auf das Erscheinungsbild ist allerdings zu beachten: Naturbelassenes Holz wird im Laufe der Jahre grau, ohne dabei seine Schutzfunktion einzubüßen. Eine Holzfassade vergraut in der Regel uneinheitlich – unter schützenden Dachüberständen und Fensterbänken bleibt das Holz zum Beispiel heller.

Stört Sie das unregelmäßige Vergrauen, können Sie eine Vorvergrauungslasur auftragen. Dadurch entsteht ein gleichmäßiges Farbbild, weitere Anstriche sind nicht erforderlich.

Auch wenn Holzfassaden zunächst teurer sind als Putzfassaden – auch wegen der erforderlichen Unterkonstruktion –, können naturbelassene Holzfassaden langfristig preisgünstiger sein, weil sie nicht wie Putz oder Farbauftrag erneuert werden müssen.

Bauherren, die die besondere Ästhetik von unbehandeltem Holz nicht anspricht, können der Holzfassade mit Dünnschicht- oder Dickschichtlasuren oder einem deckenden Farbanstrich ein anderes Erscheinungsbild geben. Dann müssen zusätzliche Kosten für Grundierung, Farbe beziehungsweise Lasur, für den Arbeitsaufwand und für das Aufstellen eines Gerüsts eingeplant werden. Und der Anstrich muss regelmäßig erneuert werden. Da die Gerüstkosten nach der Dauer der Standzeit berechnet werden (üblich sind vier Wochen, dafür fallen etwa 6 bis 12 Euro inklusive Mehrwertsteuer pro Quadratmeter Fassadenfläche an), lohnt es sich, bei der anstehenden Fassadenrenovierung gleich das gesamte Haus einzurüsten und alle anfallenden Fassadenarbeiten in einem Aufwasch zu erledigen.

Klinker und Klinkerriemchen

Klinkerfassaden sind vor allem in der Nordhälfte Deutschlands beliebt. Das kommt nicht von ungefähr: Der Vorteil von Klinkern besteht in ihrer Wetterfestigkeit, ganz besonders im Schutz vor Schlagregen. Eine zusätzliche Imprägnierung ist nicht erforderlich. Das hat allerdings auch seinen Preis: Eine Klinkerfassade ist deutlich teurer als eine Putzfassade. Je nach Größe und Qualität der Klinker können für die Klinkerfassade Kosten zwischen 140 und 200 Euro pro Quadratmeter Wandfläche inklusive Arbeitsaufwand entstehen (Stand 2021), wobei auch die Preise für keramische Mauersteine derzeit starken Änderungen unterworfen sind.

Klinker in der Stärke von 11,5 Zentimeter werden als Vormauerschale errichtet, wofür eine Unterkonstruktion benötigt wird, und je nach Wandstärke eine Wärmedämmung.

Preisgünstiger als Klinker sind Klinkerriemchen: rund 15 Millimeter dünne Keramikziegel, die direkt aufs monolithische Mauerwerk oder auf ein Wärmedämmverbundsystem geklebt werden und die Optik einer Klinkerfassade haben. Es gibt auch Klinkerriemchen mit wärmedämmenden Eigenschaften. Ihr Vorteil besteht darin, dass die Fassade wettergeschützt ist und nicht gestrichen oder anderweitig gepflegt werden muss. Klinkerriemchen kosten je nach Ausführung rund 120 bis 180 Euro pro Quadratmeter inklusive Montage (Stand 2021).

Fassadenplatten

Fassadenplatten können aus ganz unterschiedlichen Materialien bestehen, wie Kunststoff in verschiedenen Qualitäten, Faserzement, Metall, Schiefer und andere. Die Preise variieren stark je nach Art und Qualität des Materials. Fassadenplatten aus Kunststoff sind dabei am preiswertesten. Sie sind leicht und witterungsbeständig. Kunststoffplatten sind in verschiedenen Ausführungen und Designs erhältlich, zum Beispiel in Holzoptik, in Bruchsteinoptik oder in Putzoptik. Sie können aus PVC, Polyester, Hochdrucklaminat oder aus recyceltem Kunststoff mit Hohlräumen bestehen. Die Kosten liegen je nach Kunststoffart und Ausführung zwischen 30 und 80 Euro pro Quadratmeter (Stand 2021). Wichtig: Die Qualität von Kunststoffen kann deutlich schwanken – hochwertige Materialien sind ebenso erhältlich wie kurzlebige. Fassadenplatten aus einfachem, kurzlebigem Kunststoff sind nicht nur optisch, sondern auch ökologisch fragwürdig.

Metallfassaden sind in verschiedenen Farben, Formen und Metallarten erhältlich und können zum Beispiel aus Wellblech oder aus Trapezblech bestehen. Eine Verkleidung mit Wellblech ist zum Beispiel ähnlich preiswert wie eine mit Kunststoffplatten. Je nach Form

Fassade und Dach sind aus Wellblech, einem Material, das sonst eher bei Industriebauten üblich ist.

und Ausführung kostet eine Wellblechverkleidung mindestens 50 Euro pro Quadratmeter. Wer die etwas kühlere Optik einer Metallfassade schätzt, profitiert von einer Verkleidung, die leicht und sehr witterungsbeständig ist und zugleich kaum Wartung erfordert. Nicht nur Fassaden, sondern sogar komplette Außenwände können aus Metall bestehen: Sogenannte Sandwichpaneele aus Trapezblech mit integrierter Wärmedämmung werden dabei auf dem Gerippe von Holz- oder Betonskelettkonstruktionen befestigt, womit sich gleich an mehreren Stellen Kosten sparen lassen: Die Metalloberflächen der Paneele sind innen wie außen bereits fertig, sodass Putz und Anstrich entfallen und auch sonst keine weitere Bearbeitung nötig ist. Ein Projektbeispiel am Ende des Kapitels zeigt diese Bauweise.

Häufig werden bei Einfamilienhäusern auch Fassadentafeln aus Faserzement verwendet. Diese sind sehr robust und haltbar und darüber hinaus feuerfest, kosten allerdings mindestens 80 Euro pro Quadratmeter. Auch hier können Sie aus einer Vielfalt an Farben und Formaten wählen, sodass sich eine Fassade individuell gestalten lässt.

Verkleidungen aus Naturmaterialien und in besonderer Optik, wie bei Schieferplatten oder Holzschindeln der Fall, sind dagegen relativ teuer.

GÜNSTIG DÄMMEN

Dämmstoffe können drei unterschiedliche Funktionen erfüllen: Schutz vor winterlichen Wärmeverlusten, vor sommerlicher Hitze und vor Schall. Richtig dimensioniert, tragen sie zum Beispiel dazu bei, in der kalten Jahreszeit Heizenergie zu sparen. Gleichzeitig sorgen gut gedämmte Außenwände und Dächer auch für höhere Oberflächentemperaturen an den Innenseiten der Außenwände, was zu einem behaglicheren Raumklima führt. Warme Innenwände beugen zudem Schimmelbildung vor, und sie reduzieren das Aufwirbeln von Staub, da sich Raumluft- und Wandoberflächentemperatur kaum noch unterscheiden und somit Zugerscheinungen weitgehend vermieden werden.

Dämmstoffe können synthetischer, mineralischer, pflanzlicher oder, im Fall von Schafwolle, tierischer Herkunft sein. Je nach Eigenschaften eines Dämmstoffs entscheidet sich, an welcher Stelle er eingesetzt werden kann, denn nicht jeder Dämmstoff eignet sich für jede Anwendung. Daher müssen erst Ort und Zweck bestimmt werden, bevor eine Auswahl unter den Dämmmaterialien getroffen und die kostengünstigste Variante identifiziert werden kann. Je nach Material, Verwendung und Lieferform, also zum Beispiel Matte, Platte, Granulat oder Flocken, können Dämmstoffe mit vergleichbarer Dämmwirkung zwischen 10 und 100 Euro pro Quadratmeter kosten, die gängigsten meist zwischen 20 und 60 Euro. Zu beachten ist dabei, dass sich im Zeitraum von 2020 bis 2021 die Dämmstoffpreise um knapp 20 Prozent erhöht haben.

Neben den Außenwänden müssen auch die Bodenplatte und die Dachflächen gedämmt werden oder – bei einem kalten Dach – die oberste Geschossdecke. Ein warmer Keller muss ebenfalls gedämmt werden. Wird der Keller nicht beheizt, müssen zumindest die Kellerdecke und die Kellertür gedämmt werden, damit die Wärme des Hauses nicht über den Keller verloren geht.

Ab einer gewissen Dämmstoffdicke bringen zusätzliche Dämmschichten allerdings keine nennenswerte Verbesserung der Dämmwirkung mehr, sondern verursachen nur unnötige Mehrkosten. Viel wichtiger als eine möglichst dicke Dämmschicht ist daher eine Dämmung, die auf das jeweilige Bauteil und die erwünschte Dämmwirkung genau abgestimmt ist.

WIE WIRD DIE DÄMMWIRKUNG BESTIMMT?
Für die Dämmwirkung eines Materials ist dessen Wärmeleitfähigkeit Lambda (λ) entscheidend. Diese gibt die Wärmeleistung in Watt an, die pro Meter Dicke des Materials übertragen wird, wenn die Temperaturdifferenz auf beiden Seiten 1 Kelvin (K) oder 1 °C beträgt. Die Einheit der Wärmeleitfähigkeit ist W/mK. Ein Wert von 0,05 W/mK steht für eine gute Dämmwirkung eines Materials. Je besser ein Material dämmt, desto dünner kann es sein.

Welche Dämmstoffe sind preiswert?

Welche Dämmstoffe in der Summe am preiswertesten sind, hängt von ihrem Anwendungsort ab. Synthetische Dämmstoffe, zu denen Polyurethan, EPS (expandiertes Polystyrol) und XPS (extrudiertes Polystyrol) zählen, sowie mineralische Dämmstoffe sind vielseitig einsetzbar und gelten allgemein als preiswerter als Naturdämmstoffe. Doch dies trifft nur bedingt zu. Dämmstoffe aus Jute oder Stroh, die einen ausgezeichneten Wärmeschutz bieten, liegen zum Beispiel in einer ähnlichen Preislage wie mineralische Dämmstoffe, und Einblasdämmungen aus Zellulose oder Holzfasern, die häufig für Zwischensparrendämmungen oder

Geschossdecken verwendet werden, sind ebenfalls sehr günstig. Holzfaserplatten hingegen, die neben sehr guten Dämmwerten im Winter auch einen hervorragenden sommerlichen Wärmeschutz bieten, sind in der Anschaffung deutlich teurer als zum Beispiel Mineralwolle oder synthetische Dämmstoffe. Letztere führen jedoch bei der Herstellung zu einer vergleichsweise hohen Umweltbelastung, da sie auf der Basis fossiler Rohstoffe und unter relativ hohem Energieaufwand hergestellt werden. Polystyrol besteht aus Ethylbenzol, Benzol und Aluminiumchlorid, und ein zusätzlich zugefügtes Flammschutzmittel reduziert die Brennbarkeit, sodass Polystyrol nicht als brennbar, sondern als entflammbar oder, je nach Ausführung, als schwer entflammbar gilt. Mit Polystyrol gelingt aufgrund seiner Dichte eine ausreichend gute Dämmung meist schon bei einer Dämmstoffstärke von etwa 14 Zentimetern, wodurch sich Kosten sparen und die Dicke von Wandaufbauten reduzieren lassen. Allerdings ist Polystyrol als synthetischer Dämmstoff aufgrund der gestiegenen Erdölpreise inzwischen teurer geworden. Teuer kann auch die Entsorgung werden, weil Polystyrol als Sondermüll gilt. Dennoch kann es sinnvoll sein, auf synthetische Dämmstoffe zurückzugreifen, etwa bei der Perimeterdämmung, also bei der Dämmung von erdberührten Bauteilen, wie Kellerwänden oder Sockelbereichen, da an diesen Stellen ein Dämmstoff druck- und wasserfest sein muss.

Sehr verbreitet sind mineralische Dämmstoffe. Unter dem allgemein verwendeten Begriff Mineralwolle werden Steinwolle (bestehend aus Basalt, Diabas oder Dolomit) und Glaswolle (bestehend aus Altglas, Kalk und Quarzsand) gezählt. Diese Dämmstoffe bieten ein gutes Preis-Leistungsverhältnis. Die Materialkosten liegen in einer ähnlichen Größenordnung wie die für synthetische Dämmstoffe, ihre Ökobilanz ist jedoch wesentlich besser, denn Mineralwolle ist recycelbar. Allerdings ist bei einem Wärmedämmverbundsystem, das mit Mineralwolle gedämmt wird, ein dickeres Putzsystem erforderlich, was die Kosten im Vergleich zu synthetischen Dämmstoffen etwas erhöht.

Natürliche Dämmstoffe werden aus nachwachsenden Rohstoffen hergestellt. Da natürliche Dämmstoffe in der Lage sind, Feuchtigkeit aufzunehmen und wieder abzugeben, ohne dadurch ihre Dämmwirkung einzubüßen, beugen sie Schäden durch Kondenswasser vor und tragen zu einem gesunden Raumklima bei. Sie lassen sich später entweder wiederverwenden oder umweltfreundlich entsorgen. Natürliche Dämmstoffe mit hoher Dämmwirkung sind zum Beispiel Holzfasern, Stroh, Jute, Zellulose und Kork, um nur einige zu nennen. Weil die Nachfrage nach günstigen konventionellen Dämmstoffen in der Regel höher ist als die nach Naturdämmstoffen, sind davon einige, wenn auch nicht alle, derzeit noch teuer.

Welcher Dämmstoff wofür?

Dämmstoffe, die eine geringe Dichte und somit eine hohe Dämmwirkung aufweisen, eignen sich gut für den Wärmeschutz an Fassade und Dach. Preisgünstige Beispiele sind Glaswolle, Steinwolle und Polystyrol. Diese Dämmstoffe waren bei einem U-Wert von 0,24 W/m²K im Jahr 2020 für zwischen 10 und 30 Euro pro Quadratmeter erhältlich. Laut Statistischem Bundesamt haben sich die Dämmstoffpreise im Jahr 2021 um knapp 20 Prozent erhöht. Dämmstoffe, die zusätzlich eine hohe Wärmekapazität haben, eignen sich zudem sehr gut für den sommerlichen Hitzeschutz, vor allem unter dem Dach, denn die Wärmekapazität gibt an, wie viel Wärme ein Dämmstoff aufnehmen und speichern kann. Diese Wärme gibt er dann nachts, wenn es kühler wird, wieder ab. Besonders geeignet sind hierfür Dämmstoffe aus Holzfasern und Zellulose. In Form von Flocken für eine Einblasdämmung sind natürliche Dämmstoffe sehr günstig und preislich mit Mineralwolle vergleichbar.

Außenwanddämmung

Eine Wandschicht sollte von innen nach außen zunehmend diffusionsoffen sein, damit die Feuchtigkeit aus dem Innenraum nach außen abgeleitet wird. Im Neubau wird eine Dämmung immer auf der Außenseite der Außenwand angebracht, damit sich der Taupunkt nach außen verschiebt und die Bildung von

Kondenswasser im Wandaufbau verhindert wird. Monolithische Mauerwerksbauten mit hochdämmenden Mauersteinen, zum Beispiel mit Hochlochziegeln, benötigen keine zusätzliche Dämmschicht. Massive Außenwände können zudem mit ihrer Masse die Wärme aus dem Innenraum speichern. Bei Holzleichtbauten liegt die Dämmung dagegen im Zwischenraum der beiden den Rahmen einfassenden Verkleidungen. Wenn die Außenwand gedämmt werden muss, etwa bei Betonbauten, Kalksandsteinbauten oder bei Holzleichtbauten, bei denen die Dämmung zwischen den Platten nicht ausreicht, ist ein Wärmedämmverbundsystem (WDVS) preiswerter als ein Aufbau mit hinterlüfteter Fassade. Ein WDVS kommt auch bei der Sanierung von Mauerwerksbauten infrage. Beim Neubau dagegen sind Mauerwerksbauten in monolithischer Bauweise kostengünstiger als solche aus einfachen Mauersteinen, weil sie keine zusätzliche Dämmung benötigen.

Bei einem Wärmedämmverbundsystem werden auf die Außenseite der Außenwände Wärmedämmplatten geklebt oder gedübelt. Ein auf den Dämmstoff aufgebrachter Putzträger, etwa ein Glasfasergewebe, ermöglicht es, den Dämmstoff zu verputzen, um ihn vor Feuchtigkeit zu schützen. Ein Wärmedämmverbundsystem muss sehr sorgfältig aufgebracht werden, weil schon kleinste undichte Stellen zu Bauschäden führen können. Am kostengünstigsten ist ein WDVS mit Polystyrol, jedoch nur bei Betrachtung der unmittelbaren Baukosten: Da der Dämmstoff nicht diffusionsoffen ist, wird Schimmel im Innenraum begünstigt, und da er sehr dicht ist, kühlt er auf der Außenseite nachts stark ab, was Algenwuchs auf dem Putz fördert. Folgekosten können auch durch Reparaturen infolge mechanischer Schäden entstehen (Stichwort „Spechtloch"), denn der Aufbau eines WDVS mit Polystyrol ist vergleichsweise dünn. Und nicht zuletzt ist Polystyrol trotz zugesetzter Flammschutzmittel entflammbar. Ein WDVS mit Mineralwollplatten ist robuster, weil die nötige Putzschicht dicker sein muss als bei Polystyrol. Zudem ist Mineralwolle nicht brennbar. Ein weiterer Vorteil ist, dass Mineralwolle diffusionsoffen ist, was Schimmel vorbeugt. Wer bereit ist, mehr Geld auszugeben, kann für ein WDVS auch eine Dämmung aus nachwachsenden Rohstoffen wählen, zum Beispiel Holzfaserdämmplatten. Diese eignen sich wegen ihrer bauphysikalischen Eigenschaften besonders gut. Und im Brandfall verkohlen sie zunächst, was die Ausbreitung des Feuers hemmt.

Bei einem Wandaufbau mit Dämmung und hinterlüfteter Fassade besteht der große Vorteil in der Luftschicht zwischen Dämmmaterial und Außenhaut, die dazu führt, dass eventuell eingedrungene Feuchtigkeit gut abtrocknen kann. Bei Kalksandsteinbauten kann anstelle eines WDVS ein zweischaliger Wandaufbau mit Kerndämmung infrage kommen. Dabei liegt die Dämmung geschützt und ohne Luftschicht zwischen der tragenden Wand und der Vormauer, was einen ausgezeichneten Wärme- und Schallschutz zur Folge hat. Beim Neubau ist diese Variante aufgrund der zweiten Mauerschicht jedoch deutlich teurer als ein Wärmedämmverbundsystem.

Das Dach richtig dämmen

Um Wärmeverluste zu vermeiden, müssen die Wohnräume nach oben hin gedämmt werden. Für die Wahl der richtigen – und kostengünstigsten – Methode ist die Frage entscheidend, ob Sie den Dachraum zum Wohnen nutzen möchten oder ob er kalt bleiben kann. Wird der Dachraum zum Wohnen genutzt, kommen Sie nicht umhin, das Dach zu dämmen. Falls eine Wohnnutzung des Dachgeschosses nicht geplant ist, kommen Sie deutlich günstiger weg: Dann können Sie auf die Dämmung des Daches verzichten und müssen nur die oberste Geschossdecke, also den Boden des Dachraums, von oben dämmen, weil dieser dann den energetisch wirksamen Gebäudeabschluss bildet. Allerdings kann der Dachraum dann nur als unbeheiztes Lager genutzt werden.

Da das Dämmen der obersten Geschossdecke gut in Eigenleistung möglich ist, können Sie hier weitere Kosten sparen. Bodentreppe und Luke müssen dabei ebenfalls gedämmt werden. Als Dämmstoff kommen druckbelastbare Dämmplatten infrage oder alternativ ein Holzrahmen mit dazwischenliegender Dämmung. Den oberen Abschluss, die Lauffläche, bilden dann Holzplatten. Dabei ist die preiswerteste Art der Dämmung die Einblasdämmung, die meist aus Zellulose besteht. Es sind jedoch auch synthetische und mineralische Einblasdämmstoffe erhältlich.

Grundsätzlich ist eine Dachflächendämmung am effektivsten, wenn sie von außen erfolgt – man spricht dabei von einer Aufsparrendämmung, die im Neubau meist Standard ist. Dabei wird der Dämmstoff vollflächig ohne Unterbrechungen auf die Holzschalung, die die Dachsparren abdeckt, aufgebracht, sodass keine Wärmebrücken entstehen. Wenn Sie im Dachraum keinen Wert auf einen Sichtdachstuhl legen, können Sie die Aufsparrendämmung mit einer Zwischensparrendämmung kombinieren, was die nötige Dämmstärke auf der Außenseite und damit auch die Gebäudehöhe reduziert, jedoch nicht unbedingt die Kosten.

Für die Dachdämmung stehen verschieden Dämmstoffe zur Auswahl. Vergleichsweise kostengünstig sind mineralische Dämmstoffe, wie Glaswolle und Steinwolle, sowie synthetische Dämmstoffe. Naturdämmstoffe eignen sich zwar ebenfalls für die Dachdämmung und stellen zudem eine klimafreundliche Alternative dar, sind allerdings meist deutlich teurer. Ein Beispiel sind Holzfaserplatten: Sie bieten bei gleicher Dämmwirkung zusätzlich einen hervorragenden Hitzeschutz und darüber hinaus einen ausgezeichneten Schallschutz. Das Abwägen von Mehrwert und Mehrkosten bleibt natürlich eine individuelle Entscheidung.

Wer Kosten sparen möchte, kann anstatt einer Aufsparrendämmung eine Zwischensparrendämmung wählen. Diese ist vor allem dann das Mittel der Wahl, wenn ein kaltes Dach erst zu einem späteren Zeitpunkt ausgebaut werden soll. Dabei werden Dämmmatten, zum Beispiel aus Mineralwolle, Hanf oder Holzfasern, zwischen die Sparren geklemmt, was im Gegensatz zur Aufsparrendämmung gut in Eigenleistung möglich ist. Allerdings muss für die Möglichkeit einer späteren Zwischensparrendämmung der Dachaufbau von vorneherein darauf abgestimmt werden.

Eine kostengünstige Alternative zu Dämmmatten sind Einblasdämmstoffe, zum Beispiel aus Zellulose, mit denen die Hohlräume zwischen den Sparren und der inneren Schalung ausgefüllt werden. Häufig reicht eine Zwischensparrendämmung allerdings nicht aus, um den geforderten energetischen Standard zu erfüllen. Dann kann sie mit einer, in diesem Fall entsprechend dünneren Aufsparrendämmung kombiniert werden.

Eine kostengünstige Alternative dazu wäre die Kombination einer Zwischensparren- mit einer Untersparrendämmung. Dadurch geht aber wertvoller Wohnraum verloren, weshalb diese Art der Dämmung eher beim Sanieren von Altbauten zum Einsatz kommt, weil man sich dann das kostspielige Öffnen eines bestehenden Daches spart.

Bodenplatte und Kellerwände dämmen

Bodenplatten müssen von unten gedämmt werden, bei warmen Kellern zusätzlich auch die Kelleraußenwände. Diese sogenannte Perimeterdämmung muss Wasser und Erddruck standhalten, weshalb als kostengünstige Lösung dafür nur synthetische Dämmstoffe wie besonders dichte EPS-Platten infrage kommen. Die ökologische Alternative einer Perimeterdämmung aus Schaumglas ist dagegen sehr teuer. Soll der Keller kalt bleiben, weil er nur als Lagerraum dient, muss nur die Unterseite der Kellerdecke gedämmt werden.

Schalldämmung – nicht am falschen Ende sparen

Schall tritt in Form von Körperschall und Luftschall auf. Körperschall entsteht vor allem im Innenraum, wenn Fußböden durch festes Auftreten in Schwingung versetzt werden. Luftschall entsteht durch Stimmen, Musik, Geräusche von Wasserleitungen oder außerhalb zum Beispiel durch Verkehrslärm. Immer wiederkehrender Schall kann die Lebensqualität beeinträchtigen. Bei hohem Außenlärm sollten Sie daher auf keinen Fall am Schallschutz sparen. Gegen Luftschall hilft am effektivsten eine hohe bauliche Masse. Beton und massives Mauerwerk, vor allem Kalksandstein, halten Luftschall sehr gut ab. Um bei hohem Außenlärm zum Lüften nicht die Fenster öffnen zu müssen, ist eine kontrollierte Lüftungsanlage sinnvoll. Im Innenraum können massive Trennwände aus Kalksandstein Räume abschirmen, in denen mit erhöhtem Schall zu rechnen ist, wie Kinderzimmer, Musikräume oder Werkstätten.

Körperschall lässt sich mit verschiedenen Dämmstoffen im Fußbodenaufbau gut reduzieren (siehe Seite 172). Armaturen und Rohrleitungen in den Sanitärräumen sollten ebenfalls schallgedämmt werden.

Beachten Sie auch: Wenn Sie auf Schallschutzmaßnahmen verzichten, weil Sie sich an den Fließgeräuschen von Leitungen oder am Hüpfen Ihrer Kinder im oberen Stockwerk nicht stören, reduziert das den Wiederverkaufswert Ihres Hauses.

SPAREN BEI FENSTERN UND TERRASSENTÜREN

Bodentiefe Fenster, elegante Schiebetüren zur Terrasse und raumhohe Glasflächen liegen im Trend. Viele Bauherrenfamilien wünschen sich eine möglichst starke Verbindung zwischen Innen- und Außenraum und gleichzeitig viel Tageslicht im Haus. Diese Wünsche können schnell ins Geld gehen, lassen sich jedoch auch umsetzen, ohne das Baubudget über Gebühr zu belasten. Dabei kommt es auf die sinnvolle Anordnung von Fenstern und Terrassentüren im Grundriss an, zum Beispiel in Bezug auf die Himmelsrichtungen. Da Fenster die Dämmwirkung einer Außenwand schwächen, sollte man Glasflächen im Grundriss sorgsam planen, um unnötige Energieverluste zu vermeiden. Denn selbst hochwertige Wärmeschutzfenster mit Dreifachverglasung dämmen zwei- bis dreimal schlechter als hochgedämmte Außenwände. Nebenräume können mit nur kleinen Fenstern auskommen, ganz besonders an der Nordseite, während Wohnräume, vor allem auf der Südseite, von bodentiefen Fenstern profitieren, auch, um passiv Sonnenenergie gewinnen zu können.

Größe und Formate

Die Kunst besteht darin, so wenige Fenster wie möglich und so viele wie nötig zu planen. Der richtige Fensterflächenanteil sorgt für hohe Wohnqualität, ohne die Kosten in die Höhe zu treiben. Je nach Landesbauordnung ist ein Mindest-Fensterflächenanteil von etwa 10 bis 12 Prozent der Grundfläche vorgeschrieben, was sehr wenig ist. Für eine angenehme Raumhelligkeit sollten es mindestens 20 Prozent sein, jedenfalls in den Wohnräumen.

Wer sich großzügig wirkende Wohnräume wünscht, braucht dafür nicht vom Boden bis zur Decke reichende Glasflächen, sondern kann auch mit mehreren einzelnen bodentiefen Fenstern oder Terrassentüren auskommen. Mit steigendem Anteil der Glasflächen steigen auch die Kosten, doch ab einem bestimmten Fensterflächenanteil steigt nicht mehr unbedingt die Wohnqualität. Ähnliches gilt für die beliebten Hebeschiebetüren zur Terrasse: Sie öffnen den Wohnraum in die Breite, was zwar komfortabel, aber im Hinblick auf Belichtung und Terrassenzugang nicht unbedingt notwendig ist. Mit Kosten von mindestens 2 000 Euro ohne Einbau sind sie zudem rund zehn Mal so teurer wie einfache Dreh-Kipp-Türen aus Glas.

Möglichst große Glasflächen bedeuten zudem nicht immer hohen Wohnkomfort, wenn zum Beispiel zu wenig geschlossene Wandflächen für Möbel übrig bleiben. Aber warum nicht aus der Not eine Tugend machen? Bei besonders schönen Ausblicken kann zum Beispiel ein festverglastes Panoramafenster mit Sitzrahmen zum Lieblingsplatz werden.

Um Kosten zu sparen, sollten Sie eher wenige große anstatt viele kleine Fenster einplanen. Denn der Einbau macht ein Viertel bis ein Drittel der Fensterkosten aus, und bei kleinen Fenstern ist der Montageanteil höher.

Die Kosten für Fenster lassen sich weiter reduzieren, wenn die Fensterformate möglichst einheitlich sind oder Standardformate verwendet werden, die sich an den genormten Mauermaßen orientieren. Diese wiederum basieren auf dem Raster von 11,5 Zentimeter breiten Mauersteinen, wobei sich mit der Mauerwerksfuge von 1 Zentimeter insgesamt 12,5 Zentimeter ergeben. Derartige Fenster sind preisgünstiger, denn sie werden in großer Stückzahl hergestellt . Kostentreibend wirken sich hingegen individuelle Sonderformate sowie zusätzliche Anforderungen an das Glas aus, wie Einbruchsschutz oder Absturzsicherungen.

Weitere Kosten können für Sonnenschutzvorrichtungen entstehen. Für Fenster an den besonnten Seiten ist ein außen liegender Sonnenschutz sehr sinnvoll, damit sich die Räume im Sommer nicht zu stark aufheizen. Auf der Südseite genügt auch ein baulicher Sonnenschutz in Form eines tiefen Dachüberstands. Innenliegende Rollos oder Vorhänge hingegen wirken erst, wenn die Hitze schon im Raum ist, und dienen daher vor allem als Blendschutz.

Panoramaplatz mit Ausblick: Sitzkojen im Fenster werten einen Flur deutlich auf. Sie sind häufig begehrter Kinderbereich.

Kostenfalle Fenster

- Sondermaße statt Standardformate
- Planung zu vieler unnötiger Fenster
- Nebenräume mit zu großen Fenstern
- Zu viele raumhohe Glasflächen
- Zu viele Fenster mit Öffnungsflügeln
- Zusätzliche Kosten für Sonnenschutz vernachlässigt

Rahmen und Verglasung

Festverglaste Fenster sind wesentlich preisgünstiger als Fenster mit Öffnungsflügel. Wer vor allem im Erdgeschoss einen hohen Anteil an Festverglasung, die von außen gereinigt werden kann, vorsieht, kann ohne Komforteinbußen viel Geld sparen: Ein Fenster mit Öffnungsflügel kostet bei gleicher Größe 10 bis 15 Prozent mehr als eine Festverglasung und kann je nach Ausführung beider Varianten sogar das Doppelte kosten.

Auch beim Material für die Rahmen können Sie sparen: Fenster mit Kunststoffrahmen sind rund 15 Prozent preiswerter und zudem etwas pflegeleichter als Fenster mit Holzrahmen. Bei der Entscheidung für Holzrahmen sollte zudem bedacht werden, dass diese auf der Außenseite einen Schutzanstrich erhalten müssen.

Eine (wenn auch teurere) Alternative zu reinen Holzrahmen stellen Holz-Alurahmen dar, bei denen der Holzrahmen auf der Außenseite zum Schutz vor der Witterung mit einer Aluschale verkleidet ist. Diese Fensterrahmen bedürfen keiner Pflege, sind jedoch rund 20 Prozent teurer als reine Holzrahmen. Reine Alurahmen sind am langlebigsten, kosten jedoch von allen Rahmenvarianten am meisten und werden unter hohem Energieaufwand hergestellt.

Während Sie beim Rahmenmaterial deutlich Kosten sparen können, empfiehlt sich dies bei den Glasscheiben eher nicht. Angesichts der heutzutage im Neubau üblichen dichten Gebäudehüllen ist eine Dreifachverglasung sinnvoll, damit sich die Dämmung von Außenwand und Fenster nicht zu stark unterscheidet. Mit einem damit erreichbaren U-Wert des Fensters von weniger als 1,0 W/m²K sparen Sie Energie und Heizkosten. Zudem ist die thermische Behaglichkeit bei einer Dreifachverglasung sehr hoch, das heißt, die Glasscheiben fühlen sich innen nicht kühl an. Die Kosten liegen nur rund 10 Prozent über denen für eine Zweischeibenwärmeschutzverglasung.

Zweifachverglasungen sind als kostengünstige Alternative jedoch nach wie vor üblich und erlaubt. Zudem lassen sie mehr Tageslicht hindurch als Dreifachverglasungen. Ein guter Kompromiss zwischen Kostenersparnis und Komfort wäre zum Beispiel, für eine größere Glasfläche im Wohnbereich, vor der sich eine Sitzgruppe befindet, eine Dreifachverglasung zu wählen und für die anderen Fenster eine Zweifachverglasung.

WELCHES DACH IST AM GÜNSTIGSTEN?

Bevor Sie über die Dachform Ihres Hauses nachdenken, sollten Sie einen Blick in den Bebauungsplan werfen, denn dieser kann die Dachform verbindlich vorgeben. Neben der Form kann der Bebauungsplan auch weitere Vorgaben machen, zum Beispiel die Dachneigung und die Firsthöhe.

Falls Sie bei Ihrem Bauprojekt die freie Wahl haben, gilt es, neben ästhetischen Vorlieben und den reinen Baukosten noch weitere Faktoren zu bedenken, die mittel- und langfristig in die Gesamtrechnung einfließen – insbesondere, ob eine Nutzung des Dachgeschosses geplant ist.

Die Kosten für Dächer richten sich nach deren Größe, Form, Konstruktion und Ausführung. Zur Orientierung: Die Dachfläche eines durchschnittlichen Einfamilienhauses mit Satteldach (Grundfläche 77 Quadratmeter, Dachneigung 40 Grad, kein Dachüberstand) beträgt etwa 100 Quadratmeter. Am kostengünstigsten ist ein einfaches Steildach mit durchgehenden Dachflächen und mit Holzdachstuhl, der mit rund 55 bis 65 Euro pro Quadratmeter Dachfläche für den Rohbau zu Buche schlägt. Dazu kommen die Kosten für Dachaufbau, Wärmedämmung und Dachdeckung. Je nach Art der Dämmung und bei einer üblichen Dacheindeckung kann ein Satteldach 120 bis 240 Euro pro Quadratmeter kosten. Ein Pultdach kann je nach Dachneigung preiswerter sein, was jedoch von der Höhe der Außenwandflächen abhängt. Nicht eingerechnet ist dabei jeweils die Dachentwässerung.

Sonderformen und Abweichungen von der ebenen Fläche, zum Beispiel durch den Einbau von Gauben, erhöhen die Kosten.

Geneigte Dächer sind pro Quadratmeter Wohnfläche preiswerter als Flachdächer. Bei Flachdächern ist die Dachfläche zwar kleiner als bei geneigten Dächern, allerdings müssen sie zum Beispiel gegen stehendes Wasser besonders sorgfältig abgedichtet werden, was ihre Konstruktion aufwendiger macht. Für ein Flachdach über beheiztem Wohnraum müssen Sie je nach Konstruktion, Material und Ausführung mit Kosten von 100 bis 250 Euro pro Quadratmeter Dachfläche rechnen, und zwar ohne tragende Unterkonstruktion, also abschließende obere Decke. Rechnet man diese mit ein, liegen die Kosten für ein Flachdach bei 180 bis 400 Euro pro Quadratmeter Dachfläche. Der Vorteil von Flachdächern ist, dass sie sich für jeden Grundriss eignen. Steildächer haben hingegen den Vorteil, dass Regenwasser leicht ablaufen kann, zudem kann der Raum unterm Dach zum Wohnen oder als Stauraum genutzt werden.

Satteldach

Der Dachstuhl eines Satteldachs besteht meist aus einer Holzkonstruktion, kann aber auch massiv ausgeführt werden, zum Beispiel aus Beton, Porenbeton oder vorgefertigten Ziegelplatten. Massive Dachstühle haben den Vorteil, dass sie einen hervorragenden Schallschutz bieten, nicht brennbar sind und aufgrund ihrer baulichen Masse sommerliche Hitze gut abhalten. Allerdings sind sie bis zu dreimal so teuer wie ein Holzdachstuhl. Das kann sich unter Umständen dann lohnen, wenn das Haus zum Beispiel an einer stark befahrenen Straße oder in der Nähe einer Bahntrasse oder eines Flughafens gebaut werden soll. Ein Nachteil von Massivdächern ist, dass sich Dachfenster nachträglich nur mit erheblichem Aufwand einbauen lassen. Daher eignen sich Massivdächer zum späteren Ausbau nur dann, wenn Lage und Anzahl der Fenster von Anfang an feststehen.

Holzdachstühle werden häufig als Sparrendach, Pfettendach oder Kehlbalkendach, einer Variante des Sparrendachs, ausgeführt. Die Preise dafür sind ähnlich und bewegen sich zwischen 55 und 65 Euro pro Quadratmeter Dachfläche, wobei das Sparrendach am preisgünstigsten ist, was an der einfachen Konstruktion und dem geringeren Holzverbrauch im Vergleich zu den beiden anderen Konstruktionen liegt. Welche Dachkonstruktion gewählt wird, hängt von der Dachneigung und der Spannweite ab. Die Dachneigung kann im Bebauungsplan vorgegeben sein.

Bei einem Sparrendach werden die Sparren auf die Außenwände aufgelegt und mit einer Neigung von mindestens 30 Grad zum First hin aufgerichtet. Dort werden sie fest miteinander verbunden, sodass sie zusammen mit der Geschossdecke ein stabiles Dreieck bilden. Dadurch sind im Dachstuhl keine Querbalken nötig, sodass der Raum unterm First frei genutzt werden kann. Die Spannweite von Sparrendächern ist auf etwa 8 Meter begrenzt. Bei der Variante mit Kehlbalken sind Spannweiten bis zu 14 Meter möglich, weil aussteifende Querbalken im oberen Bereich die Sparren stützen. Allerdings verringert sich dadurch die nutzbare Raumhöhe. Pfettendächer sind flacher geneigt und ermöglichen Spannweiten von rund 10 Meter, denn die Sparren liegen auf längs zur Traufe verlaufenden Balken auf, den sogenannten Fuß- und Firstpfetten.

Pultdach

Eine Variante eines Steildachs ist das Pultdach, das nur aus einer geneigten Dachfläche besteht. Diese Bauform muss allerdings durch den Bebauungsplan genehmigt sein, da bei Pultdächern die Außenwandflächen unterschiedlich hoch sind. Diese hierzulande noch eher seltene Dachform kann Vorteile bieten: Sofern es keine Anforderungen an die Wandhöhe gibt, kann das Pultdach steiler ausfallen. Die nutzbare Wohnfläche ist unter einem steilen Pultdach etwas größer als unter einem Satteldach, während bei einem flach geneigten Pultdach die Dachfläche kleiner ist als die eines Satteldachs. Dadurch fällt weniger Material für Konstruktion, Dämmung und Dachdeckung an: Bei einem flach geneigten Pultdach kann man rund 30 Prozent der Materialkosten im Vergleich zu einem Satteldach sparen. Auch die Konstruktion selbst ist einfacher als bei einem Satteldach.

Für die Entwässerung halbieren sich sogar die Kosten, weil nur auf einer Dachseite ein Regenrohr benötigt wird. Ein Pultdach sollte allerdings eine Neigung von etwa 25 Grad aufweisen, damit Regenwasser gut ablaufen kann und keine zusätzliche Abdichtung wie bei einem Flachdach nötig ist.

Ein weiterer Vorteil eines Pultdachs ist, dass es, wenn es zur Südseite geneigt ist, vollflächig mit Paneelen zur aktiven Gewinnung von Solarenergie bestückt werden kann. Ist es dagegen nach Norden geneigt, können auf der Südseite große Fenster zum passiven Solarenergiegewinn eingebaut werden.

Gegen die genannten Vorteile stehen auch Nachteile: Bei einem steilen Pultdach erhöhen sich der bauliche Aufwand und somit die Kosten für die drei im Vergleich zu einem Satteldach höheren Wandseiten, der Luftraum unterm Dach ist größer als bei einem Satteldach und muss beheizt werden, und der Raum unter einem Pultdach kann sich deutlich stärker aufheizen als unter einem Satteldach, sodass eine besonders gute Dämmung und Abdichtung sowie ein effektiver Sonnenschutz an den Fensterfronten erforderlich sind. Und die reduzierte, klare Optik eines Pultdachhauses mag für manchen Bauherrn gewöhnungsbedürftig sein.

Hoher Kniestock für mehr Raum im Dachgeschoss

Wenn geneigte Dächer mit einem Kniestock kombiniert werden, kann das Dachgeschoss anstelle eines zweiten Vollgeschosses als Obergeschoss dienen, was die Kosten für die obere Geschossdecke (je nach Konstruktion 75 bis 140 Euro pro Quadratmeter) und die Kosten für das Mehr an Außenwandfläche (ohne Putz je nach Wandaufbau 100 bis 190 Euro pro Quadratmeter) eines Vollgeschosses spart. Allerdings verringert sich je nach Dachneigung die anrechenbare Wohnfläche. Je höher der Kniestock ist, desto besser lassen sich die Räume im Dachgeschoss nutzen. Die Höhe des Kniestocks ist meist im Bebauungsplan vorgeschrieben, bei einer Dachneigung von 45 Grad sind zwischen 40 und 80 Zentimeter üblich.

Ein Rechenbeispiel in vereinfachter Form: Angenommen, der Kniestock wäre halb so hoch wie die Geschosshöhe eines Vollgeschos-

Mit einem hohen Kniestock lässt sich die Raumfläche im Dachgeschoss optimal möblieren und nutzen.

ses (in diesem Beispiel 2,75 Meter), dann würden Sie mit der Kniestocklösung etwa 50 Prozent der Kosten für die traufseitigen Außenwände im Obergeschoss sparen. Wenn die Grundfläche Ihres Hauses 7 mal 10 Meter beträgt, würden Sie bei dieser Kniestockhöhe 27,5 Quadratmeter Außenwandfläche sparen und dazu die Kosten für die obere Geschossdecke (70 Quadratmeter). Die Gesamtersparnis läge bei rund 10 000 Euro, allerdings sind bei diesem vereinfachten Beispiel Putz und Wandverkleidungen nicht eingerechnet. Da jedoch der Kniestock meist niedriger ist als im Rechenbeispiel, würde die Kostenersparnis eher noch höher ausfallen, allerdings auf Kosten der anrechenbaren Wohnfläche.

Pfettendächer mit ihrer flachen Neigung bieten nur dann ausreichend nutzbare Wohnfläche unterm Dach, wenn sie mit einem hohen Kniestock kombiniert werden. Ob ein Kniestock erlaubt ist und, wenn ja, in welcher Höhe, gibt der Bebauungsplan vor.

Dachüberstand

Ob ein Haus mit Satteldach einen Dachüberstand erhalten soll, ist nicht nur eine Frage der Optik und der anfallenden Kosten, sondern vor allem auch des Wetterschutzes. Ob Dachüberstände üblich sind, hängt von der Region und den dort vorherrschenden Wetterverhältnissen ab. Dabei wird die mögliche Tiefe eines Dachüberstands von der örtlichen Bauordnung vorgegeben. Üblich sind meist 70 bis 100 Zentimeter. Ein Dachüberstand, der an Traufe und Ortgang (der aus den Dachkanten an den Giebelseiten besteht) verläuft, hat große Vorteile: Er schützt wie eine Hutkrempe die Fassade vor Schlagregen, starkem Schneefall und Hagel, was die Lebensdauer einer Fassade verlängert. Darüber hinaus schützt ein Dachüberstand vor starker Sonneneinstrahlung im Obergeschoss und somit vor einer zu starken Aufheizung der Innenräume – gerade bei Holzleichtbauten ein wichtiger Aspekt. Er schützt auch vor zu starkem Abstrahlen der Fassadenwärme in den kalten Nachthimmel, was vor allem bei Wärmedämmverbundsystemen eine wichtige Rolle spielt: Bei dieser Art Dämmung bleibt die Oberfläche der Außenfassade relativ kalt. Ist dann die Temperatur der Putzoberfläche des Wärmedämmverbundsystems niedriger als die umgebende Lufttemperatur, kondensiert die Luft an der kalten Fassade, was Algen- und Pilzwachstum fördert.

Die Kosten für einen Dachüberstand kann man grob aus den Kosten von rund 50 Euro pro Quadratmeter Dachfläche für einen Holzdachstuhl errechnen. Bei einer angenommenen Grundfläche des Hauses von 10 mal 7 Metern und einer Dachneigung von 30 Grad ergäbe ein Dachüberstand von 70 Zentimetern an beiden Traufseiten eine zusätzliche Dachfläche von etwa 15 Quadratmetern, wodurch dann in der Summe der Dachstuhl rund 1 500 Euro mehr kosten würde als ein Dachstuhl ohne Überstand. Für die zusätzliche Dachfläche fallen dann natürlich noch Kosten für die Abdichtung und die Dacheindeckung an. Dafür können tiefe Dachüberstände vor vorzeitigen Reparaturen an der Fassade bewahren.

Flachdach

Flachdächer haben immer eine leichte Neigung von 5 bis 10 Grad. Dennoch besteht die Herausforderung darin, Regenwasser abzuleiten und die Dachkonstruktion ringsum sorgfältig und lückenlos abzudichten. Bei geringsten Undichtigkeiten kann zum Beispiel Staunässe durch Regen oder Schnee eindringen und zu Bauschäden führen. Flachdächer haben allerdings den Vorteil, dass sie für jeden Grundriss geeignet sind und dass darunterliegende Räume von oben belichtet werden können. In der Herstellung sind Flachdächer unter anderem deshalb teurer als Steildächer, weil die Abdichtung gegen Nässe sehr aufwendig ist. Flachdächer müssen regelmäßig gewartet, Dichtungen und Dämmungen kontrolliert und gegebenenfalls ausgetauscht werden, was zusätzliche Kosten verursacht.

Gauben oder Dachflächenfenster?

Wird das Dachgeschoss zum Wohnen genutzt, stellt sich die Frage nach der richtigen Belichtung. Zur Auswahl stehen Gauben oder Dachflächenfenster. Betrachtet man die Kosten beider Varianten, liegen Dachflächenfenster klar vorne. Der Einbau eines Dachflächenfensters ist wesentlich einfacher und kostengünstiger als der einer Dachgaube.

Zudem bieten Dachflächenfenster eine deutlich größere Ausbeute an Tageslicht als Dachgauben: Je nach Dachneigung kann der zusätzliche Tageslichtanteil bei gleicher Fensterfläche mehr als 50 Prozent betragen. Wenn die Fensterunterkante nicht höher als 120 Zentimeter über dem Fußboden liegt, haben Sie bei Dachflächenfenstern auch im Sitzen einen guten Ausblick.

Dachflächenfenster sind in vielen Varianten erhältlich: neben dem klassischen Schwingfenster etwa als Klappschwingfenster, die aufrechtes Stehen am geöffneten Fenster ermöglichen, als Dachfenster mit zusätzlichem Festglaselement, als Panoramadachfenster, die sich seitlich wegschieben lassen, als Dachflächenfenster mit zusätzlicher Verglasung des Kniestocks und als sogenannte Dachbalkone, bei denen das untere Fensterelement samt integriertem Geländer nach außen geklappt werden kann. Während sich die Kosten für kleine Schwingfenster auf 300 bis 600 Euro ohne Einbau belaufen, kosten die aufwendigeren Fensterarten ab etwa 1 000 Euro aufwärts.

Ein Problem bei Dachflächenfenstern stellt allerdings die sommerliche Hitze dar, denn durch den steilen Sonneneinfallswinkel kommt viel Wärme über die Dachschräge in den Raum, sodass es leicht zur Überhitzung des Dachgeschosses kommen kann. Daher ist ein guter Sonnenschutz unerlässlich, der möglichst außen angebracht sein sollte. Am effektivsten sind Außenrollläden – die Kosten betragen ab etwa 400 Euro pro Dachfenster.

Dachflächenfenster lassen sich bei Dachstühlen aus Holz problemlos nachträglich einbauen. In der Regel ist dies auch nicht genehmigungspflichtig. Es empfiehlt sich jedoch, den Einbau im Einzelfall mit dem Bauamt abzuklären.

Ein Vorteil von Dachgauben ist, dass sich mit ihnen die nutzbare Wohnfläche im Dachgeschoss vergrößern lässt. Ob der Gewinn an Wohnfläche die deutlich höheren Kosten rechtfertigt, wird im Einzelfall abzuwägen sein: Dachgauben müssen den Wärmeschutzanforderungen des GEG genügen, und da an den Anschlussstellen von Gaube zu Dachfläche leicht Wärmebrücken entstehen können, ist bei ihrem Einbau eine sehr sorgfältige Dämmung und Abdichtung wichtig. Dies bedeutet einen deutlich größeren baulichen Aufwand mit entsprechend höheren Kosten als bei Dachflächenfenstern. Sollen Dachgauben, die in der ursprünglichen Planung noch nicht vorgesehen waren, erst später im Rahmen eines Dachausbaus eingebaut werden, sind sie genehmigungspflichtig, weil sie das Erscheinungsbild eines Hauses verändern und die Wohnfläche vergrößern. Die Preise von Dachgauben hängen unter anderem von Größe, Ausführung, Fensterqualität, Dachgeometrie und den baulichen Anschlüssen im Innenbereich ab. Dachgauben können vor Ort konstruiert werden, sie sind jedoch auch als Fertiggaube zur sofortigen Montage sowie als Bausatz erhältlich. Kleine, einfache Fertiggauben können je nach Form und Ausführung zwischen 3 000 und 5 000 Euro inklusive Einbau kosten, während größere Gauben je nach Ausführung auf rund 10 000 Euro kommen. Dazu addieren sich unter Umständen noch Kosten für einen Sonnenschutz in Form von Rollläden, Rollos oder Jalousien.

Dachdeckung – kostengünstige Varianten für Steildächer

Um Kosten bei der Dacheindeckung zu sparen, ist eine einfache Dachgeometrie ohne Durchdringungen, wie sie durch Gauben oder Kamine entstehen, wichtig. Dann nämlich lassen sich Dachpfannen, Dachsteine oder sonstige Materialien zur Dacheindeckung einfach verlegen, und der Aufwand für die Herstellung von baulichen Anschlüssen und Sonderformteilen reduziert sich auf ein Minimum. Grundsätzlich gilt: je komplizierter die Dachlandschaft, desto teurer nicht nur die Dachkonstruktion, sondern auch die Dacheindeckung, denn meist ist dann kleinformatiges und kostspieliges Material erforderlich. Welche konkreten Materialien sich am besten eignen, hängt unter anderem von der Dachform und der Dachneigung ab.

Keramische Dachpfannen aus Ton, eine traditionelle und zugleich robuste Dacheindeckung, werden aus natürlichen Rohstoffen hergestellt. Sie sind in unterschiedlichen Formen und Farben erhältlich und kosten je nach Ausführung 30 bis 70 Euro pro Quadratmeter.

Günstiger sind Betondachsteine mit rund 20 bis 40 Euro pro Quadratmeter. Betondachsteine ähneln optisch Keramikdachpfannen, sind jedoch schwerer und haben einen geringeren Fugenanteil. Daher wirken sie besser schalldämmend als Keramikdachpfannen. Betondachsteine gelten als umweltfreundlich, weil sie nicht gebrannt, sondern nur getrocknet werden. Da aufgrund ihres Gewichts die Statik des Dachtragwerks entsprechend dimensioniert werden muss, kann sich der günstige Kaufpreis wieder relativieren.

Besonders preiswert sind Bitumenschindeln und Bitumenwellpappen, die für 25 bis 50 Euro pro Quadratmeter in unterschiedlichen Formen und Farben erhältlich sind. Bitumenschindeln und Bitumenwellpappen sind leicht, wetterfest, sehr langlebig und relativ einfach zu montieren. Sie werden allerdings auf der Basis von Erdöl hergestellt und gelten daher nicht als ökologische Alternative. Obwohl sie häufig für die Dächer von Gartenhäusern und Schuppen verwendet werden, eignen sie sich durchaus auch zum Eindecken von Einfamilienhäusern – entsprechendes handwerkliches Geschick vorausgesetzt, ist dies sogar in Eigenleistung möglich. Als Unterkonstruktion dient eine Holz- oder OSB-Platte, die vollkommen eben sein muss. Darauf wird zunächst als Unterlage Dachpappe verlegt, auf dieser werden die Bitumenschindeln verklebt. Eine Lattung ist nicht erforderlich. Die Dachschindeln erfordern allerdings eine regelmäßige Kontrolle, auch kleine Schäden sollten sofort ausgebessert werden.

Eine ebenfalls preiswerte Alternative zu klassischen Dachpfannen ist eine Dachdeckung aus Blech. Blechdächer sind nicht auf Industriebauten oder Garagen beschränkt, sondern können auch bei Wohnhäusern als individuelles Gestaltungselement dienen, zum Beispiel in Form von Wellblech, Falzblech, Trapezblech oder Aluminiumwelltafeln. Ein Blechdach ist leicht, widerstandsfähig und schnell montiert. Ein Nachteil von Blechdächern ist allerdings, dass man den Regen prasseln hört. Mit einer guten Dämmung lässt sich dieses Geräusch jedoch deutlich reduzieren.

Blech schließt verschiedene Metallarten ein, wie Aluminium, Edelstahl, Kupfer oder Titanzink. Die Preisspanne ist groß: Sie reicht von rund 10 Euro pro Quadratmeter für ein einfaches Trapezblechdach bis zu etwa 140 Euro pro Quadratmeter für Kupfer oder Edelstahl. Blechdächer benötigen nur eine einfache Unterkonstruktion und sind rasch montiert, was die Kosten für den Arbeitsaufwand gering hält.

Späterer Dachausbau

Wenn Sie das Dach erst später ausbauen möchten, sollten Sie dennoch bereits bei der Planung eines Neubaus verschiedene Aspekte berücksichtigen, um unnötige spätere Mehrkosten zu vermeiden. Damit im Dachraum eine gut nutzbare Wohnfläche mit einer Raumhöhe von 2,60 Meter entstehen kann, sollte das Dach eine Neigung von mindestens 20 Grad haben, besser sind jedoch 35 Grad oder mehr. Am besten planen Sie von vorneherein einen Kniestock mit ein, sofern er im Rahmen des Bebauungsplans zulässig ist.

Schon beim Neubau sollten Sie mit einem Experten die Statik des Daches, die Tragfähigkeit des Dachbodens und die erforderliche Dämmung besprechen. Für den späteren Aus-

Checkliste für den späteren Dachausbau

- ☐ Besteht eine Baugenehmigung für späteren Dachausbau?
- ☐ Wofür soll der Dachraum genutzt werden?
- ☐ Eignen sich Dachform und -konstruktion für eine Wohnnutzung?
- ☐ Hat das Dach eine Neigung von mindestens 20 Grad?
- ☐ Ist ausreichend Fläche mit Stehhöhe im Dachgeschoss vorhanden?
- ☐ Ist im Grundriss ein geeigneter Zugang zum Dachraum vorgesehen?
- ☐ Ermöglicht der Grundriss, dass die spätere Treppe ins Dachgeschoss unter den First mündet?
- ☐ Müssen Leerrohre für Strom, Wasser und Heizung in den Dachraum verlegt werden?
- ☐ Erlaubt die Dachkonstruktion nachträglich einen kostengünstigen Einbau von Gauben oder Dachflächenfenstern?

bau kommt am besten eine Zwischensparrendämmung infrage, für die Sie bereits beim Neubau auf die passende Sparrenhöhe achten sollten, damit der Dämmstoff in der erforderlichen Dicke dazwischen befestigt werden kann und die Sparren nicht aufgedoppelt werden müssen.

Wenn das Dach erst später ausgebaut werden soll, muss zudem bereits beim Neubau der Zugang zum Dachraum berücksichtigt und am besten gleich eine spätere Treppe statisch mit eingeplant werden. Installationen wie Gas-, Strom-, Wasser- und Abwasserleitungen sollten ebenfalls gleich beim Neubau als Leerrohre bis ins Dach verlegt werden Das erspart das spätere Öffnen und Durchbrechen von Decken und Wänden und somit unnötige Kosten. Wenn Sie sich sicher sind, dass das Dach später ausgebaut werden soll, könnte es sinnvoll sein, die benötigten Fenster von vorneherein mit einzubauen. Denn später müsste auch dafür das Dach extra wieder geöffnet werden.

Der Umfang all dieser Maßnahmen hängt davon ab, wie Sie später den Dachraum nutzen möchten. Daher empfiehlt es sich, die gewünschte Nutzung und die daraus folgenden Konsequenzen für den Dachausbau mit einem Fachmann oder einer Fachfrau vorab durchzugehen. Die Kosten für die Beratung sind im Vergleich zu den gesamten Baukosten sehr gering, können aber helfen, vermeidbare Zusatzkosten einzusparen. Einen späteren Dachausbau und die geplante Nutzung sollten Sie sich gleich beim Neubau genehmigen lassen.

Wenn Sie das Dach in Eigenleistung ausbauen möchten, sollten Sie bedenken, dass kleinste Fehler bei der Dichtung, der Dämmung und beim Anbringen einer Dampfsperre Bauschäden zur Folge haben können, die im schlimmsten Fall die Dachkonstruktion angreifen. Bei einem Dachdecker-Innungsbetrieb können Sie erfahren, was Sie besser Fachleuten überlassen sollten.

MIT RECYCLING SPAREN

Laut Bundesumweltamt werden in Deutschland die meisten Abfälle beim Bau von Gebäuden produziert. Dabei lassen sich durch das Wiederverwenden von gebrauchten Materialien derartige Abfälle verringern. Bauherren, die Abfall weitgehend vermeiden und gleichzeitig Kosten sparen wollen, können zum Beispiel Baumaterialien aus Abbruchhäusern wiederverwenden. Voraussetzung dafür ist, dass die Materialien beim Abriss sortenrein getrennt und anschließend aufbereitet werden können. Für dieses sogenannte Urban Mining wurde ein Verein gegründet, „Urban Mining e. V.", der sich für die Produktverantwortung beim Bau und bei der Abfallwirtschaft einsetzt. Auch das Bundesumweltamt wirbt für ein Umdenken, weg von Kaufen und Wegwerfen hin zur Wiederverwertung von Baumaterialien. Natürliche Baustoffe, wie Holz, Lehm und Kalk lassen sich besonders gut recyclen. Metall bietet sich dafür ebenfalls an, sogar Beton, wenn er unbewehrt ist. Stahlbeton hingegen ist ein Verbund aus Baustoffen, die sich nur mit hohem Energieaufwand wieder trennen lassen.

Bauteilbörsen sind Unternehmen, die noch funktionsfähige Baustoffe und Bauteile aus Abrissbauten abbauen, aufbereiten und dann verkaufen. Der Vorteil fürBauherren besteht nicht nur in geringeren Anschaffungskosten der wiederverwendeten Materialien, sondern auch in der Chance, unter Umständen ganz besondere Bauteile zu erwerben, die sonst nicht mehr zu finden sind. Alte, aufbereitete Bauteile können für viele Zwecke eingesetzt werden, zum Beispiel Fenster und Türen, Pflastersteine und Dachziegel, Treppen und Dielenböden, Heizkörper und Badewannen und anderes mehr. Informationen dazu finden Sie etwa beim Bundesverband Bauteilnetz Deutschland (bauteilnetz.de), oder beim Unternehmerverband Historische Baustoffe e. V. (historische-baustoffe.de). So kann man zum Beispiel eine gut erhaltene Hauseingangstür aus Massivholz mit Isolierverglasung für etwa 450 Euro erwerben anstatt neu für 2 500 bis 4 000 Euro. Derartige Fundstücke eignen sich nicht nur für das Sanieren eines Hauses, sondern auch beim Neubau. Dann sollte man den geplanten Einsatz gebrauchter Baustoffe mit seinem Architekten absprechen und Fragen der Gewährleistung durch die ausführende Baufirma klären (siehe hierzu auch das Interview mit Rechtsanwältin Ulrike Gantert auf Seite 36). Beim Kauf von Fertighäusern oder von Bauträgerhäusern kann es möglich sein, einzelne Baustoffe, zum Beispiel Fliesen, aus dem Gesamtpaket herauszunehmen und selbst bereitzustellen. Ob das jedoch eine Kostenersparnis bringt, ist fraglich. Wenn sich ein Anbieter auf das Herausnehmen von Materialien oder Bauteilen einlässt, entgeht ihm dadurch ein Gewinn, und manche Anbieter verlangen dafür einen ausgleichenden Aufpreis. Auch die Frage, wie es dann mit der Gewährleistung aussieht, sollten Sie mit Ihrem Anbieter vor Abschluss des Kaufvertrags klären.

Was lässt sich auf einem Grundstück wiederverwerten und retten?

Häufig befindet sich noch ein Altbau auf dem Grundstück. Wenn er abgerissen werden muss, entstehen dadurch einige Zusatzkosten. Vielleicht bietet sich ja eine Sanierung oder ein Umbau an? Häufig lohnt sich ein genauerer Blick, denn ein altes Bestandsgebäude lässt sich nicht selten in ein modernes Wohnhaus mit Charme verwandeln. Finanziell kann sich das durchaus auszahlen: Von den Sanierungskosten kann man die Ersparnis durch den nicht erfolgten Abriss abziehen, außerdem die finanziellen Zuschüsse, die der Staat gewährt. Soll dennoch abgerissen werden, lassen sich immerhin meist wertvolle Baumaterialien retten. Daher sollten Sie sich vor dem Entsorgen der Baustoffe und einzelner Bauteile überlegen, ob sich nicht manches wiederverwenden lässt. Dadurch können Sie viel Geld sparen. Beispielsweise sind intakte Ziegelsteine gut wiederverwendbar, sie müssen lediglich abgeklopft werden. Holz lässt sich sowohl für die Fassade als auch für den Innenausbau gut wiederverwenden und ist viel zu kostbar, um nur entsorgt zu werden. Auch Türen und Fensterrahmen können unter Umständen aufbereitet und im neuen Haus wieder eingesetzt werden. Falls Sie jedoch keine Verwendung für die vorhandenen Bauteile und Baustoffe haben sollten, können Sie diese zum Beispiel über Bauteilbörsen verkaufen. Nicht zuletzt tragen Sie durch das Wiederverwenden von Baumaterialien aller Artganz nebenbei zum Umwelt- und Klimaschutz bei.

Gebrauchte Bauteile lassen sich oft sehr gut wiederverwenden, wodurch Geldbeutel und Umwelt geschont werden.

Auch auf dem Grundstück noch vorhandene Pflanzen sollten Sie nicht unbesehen entsorgen. Wenn Sie zum Beispiel Rosen, Stauden, Sträucher oder kleine Bäume während der Bauphase andernorts zwischenlagern, können Sie diese später bei der Gartengestaltung gut an neuer Stelle wieder einsetzen (siehe auch „Außenanlagen günstig gestalten" ab Seite 193).

Aus alt mach neu

MINIMALHAUS IN LEUTENBACH
ARCHITEKTURBÜRO STOCKER

Über dem unbeheizten Sockel mit Eingangsbereich und Garage erhebt sich der großzügige Wohnbereich mit Balkon.

Oben und unten: Ansicht von Norden. Die Fassade besteht im Sockelbereich aus Restholzbrettern, darüber wurden Blechsandwichpaneele verwendet.

Baukosten sparen ohne Verzicht auf Komfort – das gelingt bei diesem Projekt mit cleverer Materialwahl und Recycling.

Situation Nachdem ein alter Bauernhof mit Wohnhaus, Stall und Scheune in einer Gemeinde nördlich von Stuttgart aufgelöst worden war, konnten die Bauherren das alte Wohnhaus sehr günstig erwerben. Sie ließen es abreißen und durch einen Neubau ersetzen, der in Größe und Dachform genau dem alten Wohnhaus entspricht und mit einer Wohnfläche von 120 Quadratmetern der vierköpfigen Familie genügend Platz bietet. Angesichts ihres knappen Budgets war die wichtigste Vorgabe der Bauherren, wo immer möglich Kosten zu sparen. Der Architekt, der den vorgegebenen Kostenrahmen mit wiederverwendeten Materialien, roh belassenen Oberflächen und einem stark reduzierten Innenausbau einhielt, wurde für diese ressourcenschonende und zugleich architektonisch gelungene Bauweise im Jahr 2018 mit dem Preis für Beispielhaftes Bauen der Architektenkammer Baden-Württemberg ausgezeichnet. Zudem wurde das Haus für den DAM-Preis 2019 (Preis des Deutschen Architekturmuseums) nominiert.

Baukörper und Materialien: Das Wohnhaus hat insgesamt vier Ebenen, davon zwei Vollgeschosse und zwei Dachgeschosse. Die Eingangsebene, das Sockelgeschoss, ist unbeheizt und enthält auch einen Stellplatz für das Auto.

Die verwendeten Materialien sind überwiegend industriell gefertigt, einige stammen jedoch auch aus Abbruchhäusern oder aus Industrieschrott. Die Tragkonstruktion besteht aus einem Gerippe aus Betonstützen und Decken. Für die Decken kamen Betonhalbfertigteile zum Einsatz, die mit nach oben offener Bewehrung auf die Baustelle geliefert, dort zusammengesetzt und dann auf der Oberseite mit Beton aufgegossen wurden. Derartige Halbfertigteile sind viel kostengünstiger als vor Ort hergestellte Betondecken, da keine Schalung erforderlich ist. Als Fassade für die beheizten oberen Geschosse hängte der Architekt Blechsandwichelemente mit eingebetteter Wärmedämmung vor die Tragkonstruktion. Dadurch waren im Sinne von „Rohbau gleich Ausbau“ weder innen noch außen zusätzliche Bekleidungen erforderlich.

Im unbeheizten Sockelgeschoss hingegen wurden die Stützen beidseitig mit rauen, sogenannten Schwartenbrettern verkleidet. Derartiges Holz wird normalerweise nur als Brennholz genutzt, weil es Anteile der Baumrundung enthält und daher als Abfallprodukt gilt. Die Stahlkonstruktion der raumhohen Gaube im Obergeschoss erlaubt ebenso wie die nichttragende Blechfassade Aussparungen für großflächige Fenster ohne baulichen Mehraufwand. Die Fenster wurden bis zur tragenden Betondecke raumhoch ohne Sturz und daher kostengünstig ausgeführt.

Im Dachgeschoss befindet sich in der hohen Gaube eine kleine Lesegalerie, die vom Schlafzimmer aus zugänglich ist.

Links: Sichtbeton und Eichenholz prägen den Wohnraum im ersten Obergeschoss. Die Treppe führt von der Haustür nach oben direkt in den Wohn-Essbereich mit Küche. Rechts: Für die Betontreppe ist kein Belag nötig. Die Brüstung besteht aus einfachem Maschendraht, das Geländer aus einem Stahlrohr.

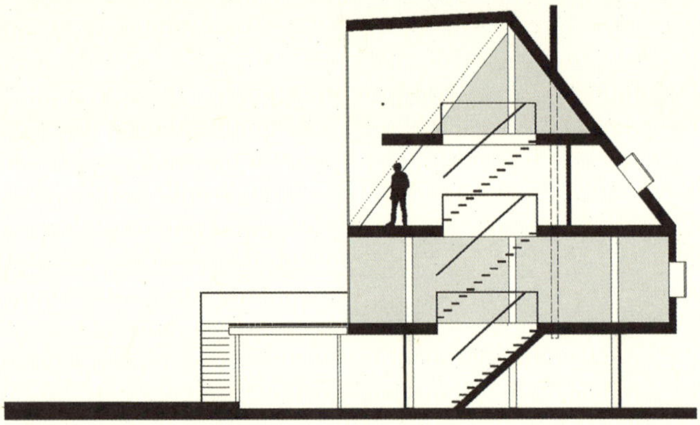

Schnitt

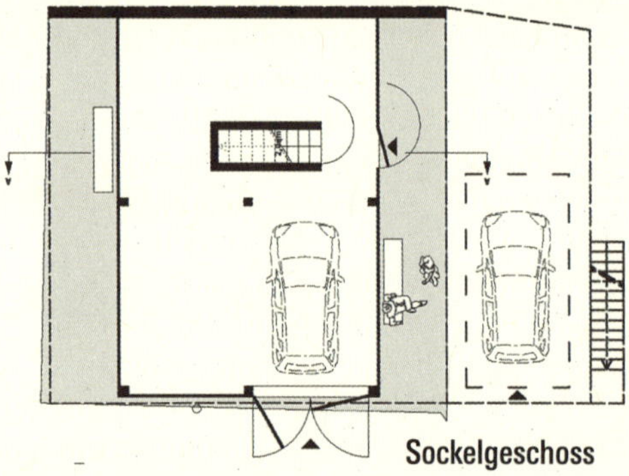

Sockelgeschoss

Ansicht von Westen. Die Garage ist in das Sockelgeschoss integriert, das zugleich als Hauseingang, Garderobe und Lagerbereich dient.

Grundriss und Innenraum Vom Sockelgeschoss aus führt unmittelbar hinter der Haustür eine Treppe hinauf in den offenen Wohnraum, der auch die Küche und den Essplatz enthält. Hier fällt der Verzicht auf alles nicht Wesentliche besonders auf: Die Betonoberflächen von Decken und Stützen sind roh in Sichtqualität belassen, die Treppe besteht aus einem Betonfertigteil und das Geländer aus Edelstahlrohren und Maschendraht.

Im zweiten Obergeschoss, das bereits unter der Dachschräge liegt, sind Schlafzimmer, Bad und Kinderzimmer nur mit leichten Trennwänden aus Gipskarton abgeteilt, die Größe des Flurs ist auf ein Minimum reduziert. Vom Schlafzimmer aus führt eine weitere Treppe unter das Steildach auf eine Galerie, die über eine raumhohe Gaube sowie über ein großes Giebelfenster natürlich belichtet ist und einen zusätzlichen Rückzugsort bietet.

Die Bauherren verzichteten auf Abstellräume im beheizten Wohnbereich sowie auf einen Keller. Allerdings bietet das Sockelgeschoss nicht nur für eine Garage Platz, sondern auch für Fahrräder, Geräte und sogar für eine Garderobe. Die Bauherren bauten diesen Bereich nach und nach weiter aus und zogen zum Beispiel Trennwände ein – ein Haus zum Weiterbauen.

Energiekonzept Das Haus erfüllt den von der EnEV 2014/16 geforderten Mindeststandard. Die

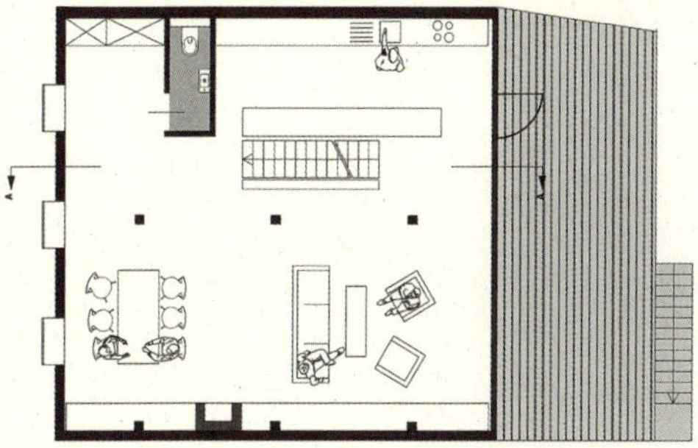

1. Obergeschoss

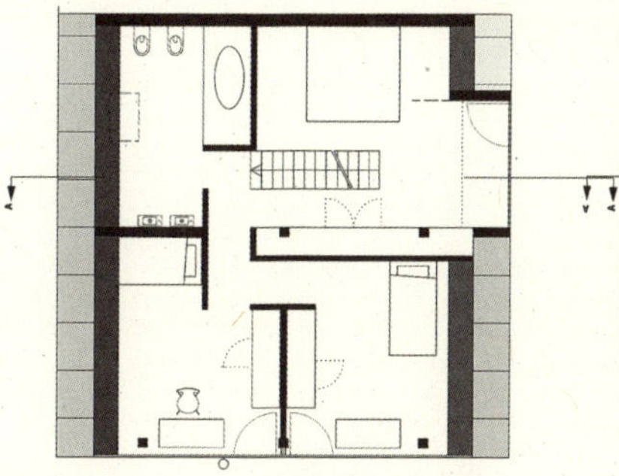

2. Obergeschoss

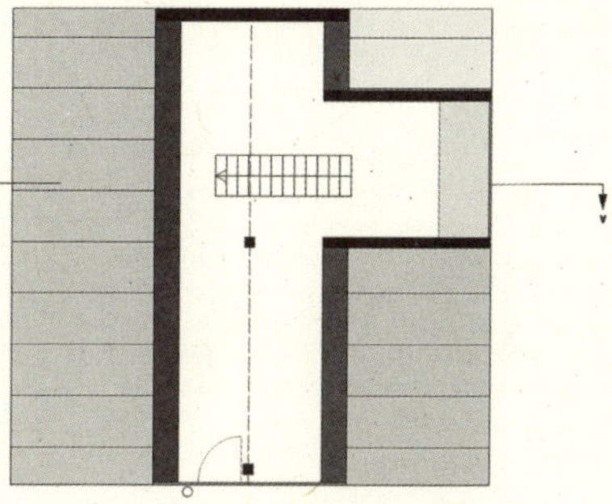

Dachgeschoss

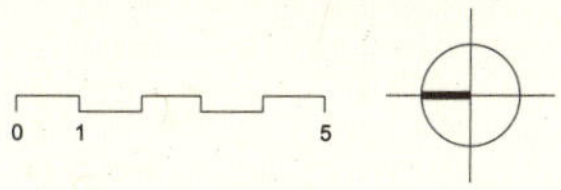

Wohngeschosse liegen innerhalb der beheizten Gebäudehülle, während das Sockelgeschoss lediglich wettergeschützt ist.

Als Heizung dient ein wasserführender Kaminofen mit Pufferspeicher, mit dem der gesetzlich geforderte Anteil regenerativer Energiequellen erfüllt ist. In Spitzenzeiten wird der Kaminofen durch eine Gasbrennwerttherme unterstützt. Über die großen Fensterflächen auf der Südseite gewinnt das Haus zusätzlich passiv Sonnenenergie. Die Fassaden zu den anderen Himmelsrichtungen sind weitgehend geschlossen, was unnötige Wärmeverluste vermeidet.

Da durch den äußerst sparsamen Umgang mit Raum und Materialien sogar noch Geld übrig war, konnte sich die Baufamilie eine Fußbodenheizung und eine Lüftungsanlage mit Wärmerückgewinnung leisten, die ursprünglich im Budget nicht vorgesehen waren.

Garten und Außenanlagen Als Terrasse auf der Südseite dient ein Holzdeck auf einer ehemaligen Maschinenhebebühne, die der Bauherr in seinem Betrieb vor der Verschrottung retten konnte. Ein leichtes Stabwerk aus Stahl bildet das Geländer. Auf einen Gartenzaun verzichteten die Bauherren, stattdessen fassten sie ihren Garten mit Natursteinen ein, die aus dem abgebrochenen Stallgebäude des Gehöfts stammen.

Projektdaten

Architektur: Architekturbüro Stocker BDA, Remshalden
Anzahl der Bewohner: 4
Grundstücksgröße: 260 m²
Wohnfläche: 120 m² (+ 60 m² NF im Sockel)
Vollgeschosse: 2 (plus 2 Dachgeschosse)
Keller: nein
Energiestandard: nach EnEV 2014/16
Energiekonzept: Gasbrennwerttherme, wasserführender Kaminofen für die Grundlast
Konstruktion und Materialien: Tragstruktur: Beton; Fassade: gedämmte Blech-Sandwichelemente, im Sockelgeschoss: Schwartenbretter; Decke: Betonhalbfertigteile
Jahr der Fertigstellung: 2016
Baukosten: 1 600 Euro pro m² Wohnfläche (KG 300 + 400) Bauwerkskosten: 192 500 Euro brutto (KG 300 + 400)

Kostensparende Aspekte:

- Materialien industriell und teils gebraucht
- Offener Grundriss, minimale Verkehrsflächen
- Rohbau-Sichtoberflächen im Innenraum

Natürlich bis unters Dach

WOHNHAUS IN SCHLUDERNS, SÜDTIROL
ARCHITEKTEN ROBERT TAPPEINER, WERNER EGGER

Wie in Südtirol bei Holzhäusern häufig üblich, ist auch dieses Wohnhaus nur im oberen Bereich verkleidet und ansonsten verputzt.

Die Innenräume sind von naturbelassenem Fichtenholz geprägt, was für ein ausgesprochen gutes Raumklima sorgt.

Weil die Bauherren eine einfache Konstruktion wählten und sich bei der Wohnfläche beschränkten, erhielten sie trotz hochwertiger Holzmassivbauweise ein vergleichsweise günstiges und energieeffizientes Wohnhaus mit hohem Wiederverkaufswert.

Situation Im Rahmen des lokalen Gemeindeprojekts „Geförderter Wohnungsbau" konnten die Bauherren ein kleines Grundstück günstig erwerben und bebauen. Die erlaubte Obergrenze für die Wohnfläche betrug bei diesem Fördermodell 110 Quadratmeter. Den Bauherren war eine nachhaltige, hochwertige Bauweise mit wiederverwertbaren Naturmaterialien und offenporigen Innenoberflächen wichtig. Dafür akzeptierten sie die begrenzte Wohnfläche, die maßgeblich zum Kostensparen beitrug. Sie wünschten sich ein schlichtes, funktionales Haus im modernen ländlichen Stil mit flach geneigtem Walmdach sowie wegen des relativ kleinen Grundstücks einen Keller für mehr Stauraum. Der Bauherr, bautechnisch versiert, plante das Gebäude und die Konstruktion selbst, sodass Architekt und Statiker die Pläne nur noch prüfen und einreichen mussten. Die Kostenersparnis betrug für diese Vorarbeit mehrere Tausend Euro.

Eingangsdiele mit zweiläufiger, sehr bequem zu begehender Podesttreppe

Wohnküche: in der Bildmitte im Hintergrund der Speicherofen, der Küche und Wohnraum gleichermaßen beheizt.

Durch die indirekte Beleuchtung der Brüstung und den offenen Dachraum erhält der Obergeschossflur einen wohnlichen Charakter.

Baukörper und Materialien Das kompakte, fast quadratische Wohnhaus wurde als Holzmassivbau mit vorgefertigten Elementen realisiert, sodass der Rohbau nach nur zwei Wochen regendicht stand. Das Tragwerk wurde dabei bewusst einfach gehalten: Zwei Außenwände und eine Innenwand bilden die tragenden Achsen, sodass für die Geschossdecke nur Spannweiten von 3,80 Metern nötig waren. Diese kostensparende Konstruktionsweise führte zur Geometrie des Gebäudes und schließlich auch zum Grundriss. Die Außenseiten der massiven, 18 Zentimeter dicken Außenwände aus Holz erhielten eine 16 Zentimeter dicke Holzfaserdämmung, was zu einem ausgezeichneten winterlichen und sommerlichen Wärmeschutz führte. Im unteren Bereich wurde die Fassade wie bei einem Wärmedämmverbundsystem verputzt und darüber mit unbehandeltem Lärchenholz verkleidet, eine für Südtirol typische Fassadengestaltung. Die Außenwände des Kellers sind mit 6 Zentimeter dicken Polystyrolplatten minimal gedämmt, die Bodenplatte gar nicht – ein kostengünstiger kalter Keller, bei dem nur die Decke zum Erdgeschoss sowie die Treppenunterseite gedämmt werden mussten.

Grundriss und Innenraum Der Alltag der jungen Familie spielt sich zum größten Teil in der geräumigen Wohnküche ab. Daher genügten für das separate Wohnzimmer rund 16 Quadratmeter – was als Fernsehzimmer und Rückzugsraum völlig ausreichend ist. Die Treppe wird durch das Podest mit bodentiefem Fenster und durch die indirekte Beleuchtung des Handlaufs zu einem ganz eigenen Wohnbereich aufgewertet. Da die Innenwandoberflächen und die Unterseiten der Geschossdecke aus massiven naturbelassenen und offenporigen Fichtenholzelementen bestehen, fördern sie ein hervorragendes Raumklima und verbreiten einen natürlichen Holzgeruch im Haus. Putz und Anstrich waren daher überflüssig. Im Badezimmer erhielten die Wandflächen ebenfalls einen atmungsaktiven natürlichen Belag, der aus Lehmputz und teilweise aus Hanf-Kalkputz besteht. Abgesehen von den gefliesten Böden in Küche, Bad und Erdgeschossdiele wurden gebürstete, naturbelassene Lärchenholzdielen verlegt.

Energiekonzept Das Wohnhaus entspricht der KlimaHaus Klasse A, dem zweithöchsten in Südtirol geltenden Energiestandard für Niedrigstenergiegebäude. Dieser Standard besagt, dass der jährliche Heizenergiebedarf unter 30 Kilowattstunden pro Quadratmeter Wohnfläche lie-

gen und das Haus zudem gewissen ökologischen Anforderungen im Hinblick auf die Materialien entsprechen muss. Zudem darf der CO_2-Ausstoß im Betrieb nur äußerst gering sein. Aufgrund der dichten Gebäudehülle benötigt das Haus tatsächlich kaum Heizenergie, sodass die Bauherren nur in den gefliesten Bereichen eine Fußbodenheizung verlegen ließen, während sie im Kinderzimmer vorsorglich in einer Wandfläche eine Wandflächenheizung integrierten, die jedoch bislang noch nicht aktiviert werden musste. In Arbeitszimmer und Schlafzimmer verzichteten die Bauherren auf eine Raumheizung.

Das Wohnhaus ist zwar an das Fernwärmenetz angeschlossen, Küche und Wohnraum werden aber überwiegend über einen Speicherofen beheizt, der sich zwischen beiden Räumen befindet. Der Ofen wird frühmorgens mit Holz bestückt und erzeugt dann den ganzen Tag über gleichmäßig Strahlungswärme. Im gesamten Haus herrschen im Sommer wie im Winter, selbst an Tagen mit deutlichen Minusgraden, angenehme Temperaturen. Dies liegt auch an den verwendeten natürlichen Baumaterialien, die wie ein Pufferspeicher wirken und für einen natürlichen Temperaturausgleich sorgen. Eine Lüftungsanlage war nicht erforderlich.

Garten und Außenanlagen Auf dem kleinen Eckgrundstück, das mit einer niedrigen Betonmauer und einem einfachen Holzlattenzaun eingefasst ist, blieb nur für einen kleinen Garten und eine Terrasse Platz. Aus Kostengründen verzichteten die Bauherren trotz der Lage in einer schneereichen Gegend auf eine Garage und entschieden sich stattdessen für einen Carport.

Projektdaten

Architektur: Robert Tappeiner, Schluderns; Werner Egger, Prad am Stilfserjoch
Anzahl der Bewohner: 3 (4 möglich)
Grundstücksgröße: 300 m²
Wohnfläche: 110 m²
Anzahl der Vollgeschosse: 2
Keller: ja (unbeheizt)
Energiestandard: KlimaHaus Klasse A (Heizenergiebedarf max. 30 kWh/m²a)
Energiekonzept: Fernwärme und Speicherofen; teilweise Fußboden und Wandflächenheizung, teilweise Verzicht auf Raumheizung; Solarthermie ist geplant
Konstruktion und Materialien: Holzmassivbau; Wärmedämmung Holzweichfaserplatten; Fassade: im EG Kratzputz, im OG Lärchenholzverkleidung unbehandelt
Jahr der Fertigstellung: 2018
Baukosten: ca. 2 300 Euro brutto pro m² Wohnfläche (KG 300 + 400), inklusive Keller Bauwerkskosten ca. 250 000 Euro brutto (KG 300 + 400)

Kostensparende Aspekte:
- geringe Grundstücksgröße
- statisch einfaches Tragwerk
- geringe Deckenspannweiten
- reduzierte Wohnfläche
- kalter Keller
- 20 Prozent der Fenster festverglast
- hoher Anteil an Eigenleistungen

Das kleine Eckgrundstück bietet nur wenig Platz für Terrasse und Garten, dafür aber einen spektakulären Ausblick.

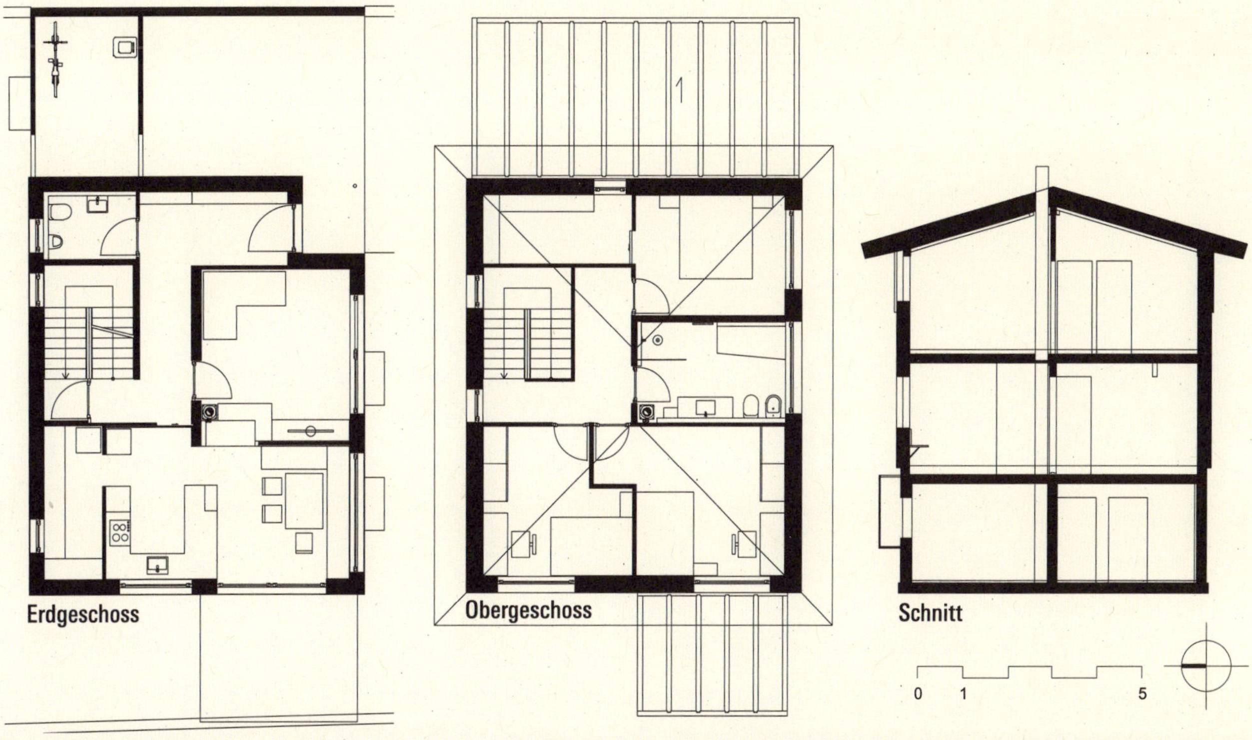

INNENAUSBAU MIT KLEINEM BUDGET

Der Innenausbau bietet engagierten Bauherren und Bauherrinnen besonders viel Potenzial zum Kostensparen. Bei Trennwänden in Trockenbauweise, Innentüren und Treppen, Bodenbelägen und Wandoberflächen sowie bei der Bad-, Küchen- und Elektroplanung lässt sich über die Materialwahl sowie über die gewählten Ausführungsstandards, aber auch mit Eigenleistungen an der Preisschraube drehen. Auch in diesem Bereich zahlt es sich aus, langfristig zu planen: Hochwertige, zunächst teurere Materialien sind oft besonders lange haltbar. Die wichtigste Voraussetzung, um möglichst viele Kosten beim Innenausbau und bei der Möblierung sparen zu können, ist ein gut geschnittener Grundriss mit geraden Kanten und möglichst ohne Restnischen.

LEICHTE TRENNWÄNDE IN TROCKENBAUWEISE

Leichte, nichttragende Trennwände sind wesentlich preiswerter als gemauerte Trennwände und lassen sich zudem ohne allzu großen Aufwand entfernen, versetzen oder neu einziehen. Dadurch können Räume neu zugeschnitten und so der Grundriss relativ einfach und kostengünstig an einen geänderten Bedarf angepasst werden.

Leichte Trennwände können gut in Eigenleistung aufgestellt und befestigt werden, sodass dann Handwerkerlöhne entfallen. Im Obergeschoss ist das Einziehen oder Versetzen von Trockenbauwänden statisch gesehen kein Problem, da sie leicht sind und deshalb kein kritisches Gewicht für die Geschossdecken darstellen. Da Trockenbauwände sehr stabil und belastbar sind, lassen sich daran problemlos Regale und Hängeschränke befestigen, wobei je nach Material Hohlraumdübel erforderlich sein können. Der Raum zwischen den Platten kann ohne wesentliche zusätzliche Kosten zum Verlegen von Elektro- und Sanitärleitungen genutzt werden. Wenn eine leichte Trennwand an einen unbeheizten Raum grenzt, muss gegen die Feuchtigkeit eine Dampfbremse eingebaut werden.

Der Schallschutz zwischen angrenzenden Räumen ist bei leichten Trennwänden im Gegensatz zu massiven Wänden nur mit entsprechenden Maßnahmen zu erreichen. Am besten wird Schall durch bauliche Masse gedämmt, sodass es je nach Material erforderlich sein kann, beidseitig je zwei Platten zu montieren, bei Bedarf sollte zusätzlich noch Dämmstoff dazwischen eingefügt werden.

Eine leichte Trennwand in Trockenbauweise besteht typischerweise aus einem Ständerwerk aus Metall oder Holz und daran beidseitig montierten Platten. Je nach Dicke des Ständerwerks – gängige Maße liegen zwischen 5 und 10 Zentimetern – können zwischen den Platten unterschiedlich dicke Dämmstoffe eingefügt werden, die für den gewünschten Schall- oder Wärmeschutz sorgen.

Für die Platten zur Beplankung kommen verschiedene Materialien, wie Gipsbauplatten, Holzwerkstoffe, Lehm oder Stroh, infrage, die sich nicht nur in den Kosten, sondern auch im Hinblick auf ihre bauphysikalischen Eigenschaften und ihre Oberflächenbeschaffenheit unterscheiden. Naturmaterialien können zu einer guten Raumluftqualität beitragen und müssen nicht unbedingt teurer sein als Verbundbaustoffe.

Für einen belastbaren Kostenvergleich verschiedener Materialien zur Beplankung müssen immer die Dicke der jeweiligen Platten, die je nach Material zwischen 10 und 60 Millimeter liegen kann, die speziellen Eigenschaften des verwendeten Materials und die Art des Wandaufbaus betrachtet werden. Nicht jedes Material erfordert eine doppelseitige Beplankung, vor allem, wenn die Platten bereits selbst ausreichend stabil sowie wärme- und schalldämmend sind.

Gipsbauplatten

Meistens werden für leichte Trennwandkonstruktionen Gipsbauplatten verwendet, weil sie leicht und preiswert sind. Man unterscheidet dabei Gipsfaser- von Gipskartonplatten. Gipskartonplatten sind meist 12,5 Millimeter dick und bestehen aus zwei Lagen dünnem Karton mit dazwischen eingebettetem Gipskern. Gipsfaserplatten bestehen dagegen aus einem Gemisch aus Gips, Zellulose und Wasser, sind

Gipsbauplatten sind leicht und eignen sich zum Beispiel gut für den nachträglichen Dachausbau.

fester und kommen mit einer Dicke von etwa 10 Millimetern aus. Da bei diesen im Gegensatz zu Gipskartonplatten kein Papier verwendet wird, eignen sich Gipsfaserplatten auch für Räume mit hoher Luftfeuchtigkeit. Die reinen Materialkosten liegen für beide Varianten bei 4 bis 10 Euro pro Quadratmeter. Allerdings sind für einen guten Schallschutz auf jeder Rahmenseite zwei Gipsbauplatten erforderlich, sodass die Materialkosten bis zu 40 Euro pro Quadratmeter betragen können. Ein kompletter Wandaufbau mit Rahmen und Dämmstoff kostet inklusive Einbau durch den Fachmann 40 bis 80 Euro pro Quadratmeter. Gipsfaserplatten können millimetergenau ausgefräst werden, wodurch sich gut Lichtspots, Ablagen oder Nischen integrieren lassen. Für besondere Formen stehen vorgefertigte sogenannte Halbzeuge zur Verfügung.

Strohbauplatten

Eine preislich ähnlich günstige Alternative zu Gipsbauplatten können Strohbauplatten sein. Diese bestehen aus unter Hitze gepressten und mit Pappe ummantelten Strohhalmen. Mit einer Stärke von 38 beziehungsweise 58 Millimeter sind sie dicker, schwerer und stabiler als Gipsbauplatten und somit selbsttragend, weshalb bis zu einer Länge von drei Metern kein Ständerwerk und keine Aussteifung mit Winkelprofilen erforderlich ist. Auch ein zusätzlicher Dämmstoff wird nicht benötigt, denn Strohbauplatten wirken bereits gut wärme- und schalldämmend und darüber hinaus ausgleichend auf die Raumluftfeuchtigkeit. Zur Befestigung dienen L-Profile oder Schwellenhölzer an Decke und Boden. Wenn zwei 38 Millimeter dicke Platten zusammengeschraubt oder verklebt werden, ist die Wand besonders stabil und schalldämmend. Die Materialkosten liegen je nach Stärke einer Platte zwischen 16 und 19 Euro pro Quadratmeter.

Platten aus Lehm

Lehmtrockenbauplatten wiederum sorgen für ein besonders gutes Raumklima, weil Lehm Feuchtigkeit aufnehmen und wieder abgeben kann. Die Oberflächen derartiger Platten müssen zum Beispiel mit Lehmputz verputzt und dann mit Lehmfarbe gestrichen werden. In schwerer Ausführung weisen Lehmtrockenbauplatten einen sehr guten Schallschutz auf. Die Materialkosten liegen pro Platte bei rund 25 Euro pro Quadratmeter aufwärts, dazu kommen die Kosten für Lehmputz und Farbe.

Strohbauplatten werden mit L-Profilen an Decke und Boden befestigt und bieten einen guten Schallschutz.

Leichte Trennwand aus Gipsbauplatten mit Dämmstoff im Rahmeninneren.

Holzplatten

Für die Beplankung von Trennwänden mit Holzplatten eignen sich Spanplatten und OSB-Platten sowie Dreischichtplatten, wobei Letztere durch das kreuzweise Verleimen von Vollholzplatten besonders formstabil sind.

Der Vorteil von Dreischichtplatten besteht außerdem darin, dass ihre natürlichen Holzoberflächen bereits Sichtqualität haben und weder verspachtelt noch gestrichen werden müssen. Dem deutlich höheren Quadratmeterpreis von aktuell 40 bis 70 Euro steht die Kostenersparnis bei Spachtelmasse und Wandfarbe gegenüber, zudem entfällt die für eine Oberflächenbehandlung notwendige Arbeitszeit.

OSB-Platten haben optisch einen eher rohen Charakter, können jedoch durch einen Anstrich, der das Muster der Platten noch erkennen lässt, eine besondere Wirkung entfalten. Auf diese Weise lässt sich mit einfachen Mitteln und preiswerten Materialien durch die Art der Verarbeitung ein hochwertiges Erscheinungsbild erzeugen.

Polycarbonatplatten

Wenn ein angrenzender Raum mitbelichtet werden soll, sind Trennwände aus Polycarbonatplatten eine preiswerte Möglichkeit. Sie sind stoß- und schlagfest, lassen Licht hindurch, sind dabei aber nicht durchsichtig. Als Doppelstegplatten sind sie 10 bis 32 Millimeter dick und damit schon so stabil, dass sie lediglich an einer Boden- und Deckenschiene montiert werden müssen, was gut in Eigenleistung möglich ist. Eine doppelte Beplankung ist nicht erforderlich. Polycarbonatplatten schirmen ab und schützen vor Zugluft. Mit einem Quadratmeterpreis von 12 bis 17 Euro sind sie eine preiswerte Alternative zu den oben genannten Platten anderer Materialien.

Nicht völlig übersehen sollte man, dass für die Entsorgung zum Beispiel von Gipsbauplatten zusätzliche Kosten entstehen, die bei der Entsorgung von reinen Naturmaterialien wie Lehm oder Stroh nicht anfallen.

Privatsphäre: Lichtdurchlässige Polycarbonatplatten schirmen im Kinderzimmer zwei Galerien ab.

Materialkosten von Trockenbauplatten

- Gipskartonplatten[1] (12,5 mm) 4 bis 7 Euro
- Gipsfaserplatten[1] (9 bis 12,5 mm) 5 bis 10 Euro
- Dreischichtplatten[1] (12 bis 100 mm) 40 bis 70 Euro
- Lehm-Trockenbauplatten[1] (14 bis 22 mm) ab 25 Euro
- Strohbauplatten[2] (38 bis 55 mm) 16 bis 19 Euro
- Polycarbonatplatten (10 bis 32 mm) 12 bis 17 Euro

Angaben pro Quadratmeter Wandfläche (ohne Einbau)

[1] ohne zusätzlich anfallende Kosten für Schall- und/oder Wärmedämmung

[2] keine zusätzlichen Maßnahmen für Wärme- und Schalldämmung erforderlich

„AN DER RICHTIGEN STELLE SPAREN!“

Dipl.-Ing. Veronika Kammerer, Innenarchitektin BDIA und Architektin FH, teilt ihre Erfahrungen aus der Innenausbaupraxis.

Frau Kammerer, wie helfen Sie Bauherren zu sparen?

Erst einmal ermuntere ich Bauherren, sich auf das Wesentliche zu beschränken. Man sollte sich immer fragen, was man wirklich braucht, und im Zweifelsfall lieber Dinge weglassen. Ergänzen kann man später immer noch, wenn das Budget es wieder zulässt. Manchmal hilft es auch, gemeinsam mit den Bauherren geplante Raumgrößen zu hinterfragen. „Groß“ ist nicht unbedingt gleichbedeutend mit „schön“!

Womit kann man Ihrer Meinung nach konkret Kosten sparen?

Es empfiehlt sich immer, Menge, Art und Einsatz von Materialien für Boden- und Wandbeläge abzuwägen. Auch im Bereich der Haustechnik gibt es viel Einsparpotenzial, wenn man auf technischen Schnickschnack verzichtet. Was spricht zum Beispiel dagegen, zum Einschalten des Lichts einfach Kipplichtschalter anstelle einer Fernbedienung zu verwenden? Und warum Fenster nicht mit der Hand öffnen anstatt per App? Früher hat das doch auch funktioniert.

Können Sie weitere Beispiele nennen?

Häufig werden elektrisch herauf- und herunterfahrbare Jalousien gewünscht. Automatisch hochfahrende Jalousien sind allerdings anfällig. Ich kenne einen Fall, bei dem die Steuerung kaputtging und die Jalousien sich nicht mehr hochfahren ließen. Weil die elektronischen Ersatzteile nicht mehr erhältlich waren, musste die betroffene Familie zwei Wochen im Dunkeln sitzen. Wesentlich einfacher ist es doch, Jalousien oder Rollläden mit einem Gurt hochzuziehen. Dazu kommt: Wenn Jalousien und Rollläden, die ja aus Kunststoff sind, kaputgehen, müssen sie komplett ausgetauscht werden. Nach meiner Erfahrung sind Klappläden aus Holz eine sinnvolle Alternative. Sie sind zwar in der Anschaffung teurer, aber nahezu unverwüstlich und halten ewig. Das heißt für mich, an der richtigen Stelle zu sparen.

Wo lohnt es eher nicht zu sparen?

Ich finde es sinnvoll, für alles, was langlebig sein soll, hochwertige Materialien auszuwählen, die auch etwas teurer sein können, damit später keine Zusatzkosten für Ersatz oder für Reparaturen anfallen. Neben Rollläden fallen mir als weitere Beispiele Treppen, Bodenbeläge und Einbaumöbel ein. Dafür kann man vielleicht auf eine Designerleuchte oder auf eine teure Küche verzichten. Gerade wenn man wenig Geld hat, sollte man sich für Qualität an der richtigen Stelle entscheiden, um kostspielige Nachbesserungen zu vermeiden. Meine Devise lautet: „Für Billiges haben wir zu wenig Geld.“

Wo lauern nach Ihrer Erfahrung die größten Kostenfallen beim Innenausbau?

Ganz klar bei der Einrichtung von Bad und Küche.

Zunächst zu Planung und Kauf einer Küche: Wie kann man hier konkret Kosten sparen?

Unnötige Kosten entstehen oft bei Elektrogeräten. Häufig wünschen sich Bauherren zum Beispiel einen amerikanischen Kühlschrank. Dieser ist teuer, denn im Gegensatz zu einem normalen Kühlschrank ist er 90 Zentimeter tief und braucht einen eigenen Wasseranschluss für die integrierte Eiswürfelmaschine. Abgesehen davon ist er auch ökologisch nicht sinnvoll. Kochinseln sind ebenfalls sehr beliebt, weil man mit Blick in den Raum kochen kann. Sie sind allerdings teuer, weil die Installationen für Herd, Spüle und Dunstabzug durch den Boden geführt werden müssen. Ein Laufmeter Küche ohne Geräte kostet je nach Standard und Oberflächen 500 bis 1 000 Euro. Eine Kochinsel kostet circa 30 Prozent mehr. Ein Dunstabzug ist dann besonders teuer, wenn das Abluftrohr im Boden verlegt werden muss. Ein einfacher deckenhängender Dunstabzug reicht dagegen völlig aus. Eine andere Möglichkeit wäre, das Kochfeld in Fensternähe zu platzieren und beim Kochen über das Fenster zu lüften. Dann kann man auf einen Dunstabzug ganz verzichten.

Haben Sie einen Tipp, wie Küchen besonders preiswert und trotzdem schön sein können?

Sehr kostensparend sind selbst zusammengestellte Küchen im sogenannten Boho-Stil, der gerade stark im Trend liegt. Das sind Küchen, die lässig und unkonventionell wirken, weil sie aus ganz unterschiedlichen Elementen zusammengewürfelt sind. Man stellt einfach Fundstücke vom Flohmarkt oder auch Erbstücke zusammen, lackiert zum Beispiel auf witzige Art Omas Küchenbuffet, verwendet viel Holz und Farben, Vintage-Elemente und Deko. Den Charme einer derartigen und überaus preiswerten Küche macht gerade das Unperfekte aus, und dass nicht alles farblich aufeinander abgestimmt ist. Ich persönlich finde ja, dass eine Küche, die man sich selbst baut, den Wohnraum bereichert, allein schon deshalb, weil sie dann eine besondere Geschichte hat.

Was empfehlen Sie, um langfristig bei Küchen zu sparen?

Qualität bei den Küchenmöbeln ist dabei ein wichtiger Punkt. Wer sich eine Einbauküche wünscht, profitiert langfristig von einer Schreinerküche. Sie muss nicht unbedingt teurer als eine Markenküche aus dem Möbelhaus sein. Häufig ist sie sogar bis zu 20 Prozent preiswerter und darüber hinaus bis ins Detail individuell angepasst. Es ist übrigens ein Irrglaube, dass die Küchenplanung im Möbelhaus umsonst ist, das Honorar für die Beratung gehört dort zu den verdeckten Kosten, die nicht eigens ausgewiesen sind. Im Gegensatz zu Markenküchen sind preiswerte Standardküchen aus entsprechenden Möbelhäusern natürlich günstiger als eine Schreinerküche. Dafür sind derartige Standardküchen nicht so lange haltbar.

Sie sagten, auch Bäder sind Kostenfallen. Wie kann man hier sparen ohne Einbußen beim Komfort?

Zunächst einmal bei der Anzahl der Bäder. Je weniger Bäder, desto kostengünstiger, denn Bäder gehören zu den besonders teuren Räumen im Haus.

Und wie kann man bei der Ausstattung von Bädern am besten Kosten sparen?

Bauherren bestehen oft auf Dusche und Badewanne. Dabei sollte man sich ehrlich fragen: Ist wirklich beides nötig? Wenn im Gäste-WC sowieso eine Dusche eingebaut ist, genügt im Bad vielleicht eine Badewanne. Bei Duschen sind einfache Duschwannen preiswerter als eine bodengleiche Dusche, die zudem anfälliger für Schäden ist, wenn die Fliesen nicht sauber abgedichtet sind. Man braucht auch nicht unbedingt zwei Waschbecken. Besonders teuer sind Waschtisch-Unterbaumöbel. Hier kann man viel günstiger in Eigenleistung ein einfaches Möbel bauen, zum Beispiel ein offenes Regal unter dem Waschbecken.

Welches ist Ihre Lieblingslösung fürs Bad?

Ich persönlich bin ja ein Fan von Duschvorhängen: Einen Duschvorhang kann sich jeder leisten, man kann ihn waschen oder austauschen, und er kann ein wirklich schönes Element sein. Und wenn man ihn zur Seite schiebt, hat man sogar mehr Platz. Eine Dusche mit Glaswand und Glastür dagegen ist sehr teuer und pflegeaufwendig. Ich frage mich, warum so kompliziert, wenn es auch einfach geht?

Haben Sie einen Tipp, wie man bei Steckdosen und Lichtschaltern sparen kann?

Wenn man Steckdosen nur an einer Wand im Raum anbringt, entfällt das Rundum-Installieren und man hat dadurch klar definierte Technikbereiche. Auch die Lichtschalter sollten dann an dieser Wand angebracht werden. Dadurch kann man viel Geld sparen.

Welche Kostenfallen lauern noch beim Innenausbau?

Eine Kostenfalle ist auch das Wohnzimmer. Dort hält man sich meist nur zum Fernsehen auf. Die besten Partys finden doch in der Küche statt! Daher sind offene Wohnkonzepte attraktiv, weil die Küche zum kommunikativen Element wird. Das Wohnzimmer selbst könnte dann kleiner ausfallen. Man kann sich sogar fragen, ob man überhaupt ein Wohnzimmer braucht. Die Frage ist doch, wie sieht man heutzutage fern? Braucht es den klassischen Fernsehplatz noch, wenn man mit dem Computer überall Filme schauen kann?

Das sind spannende Entwicklungen, finde ich, die sich auch auf den Grundriss und auf die benötigte Wohnfläche auswirken. Ich habe schon öfter erlebt, dass Bauherren sagen, wir haben ein Arbeitszimmer, das auch als Gästezimmer dient, und wenn man sich mal zurückziehen möchte, dann kann man da auch fernsehen. Wenn man bereit ist, die eigenen Gewohnheiten zu hinterfragen, kann man viel Platz sparen. Für eine offene Küche mit bequemem Essplatz und Sitzecke reichen oft 25 bis 30 Quadratmeter.

Lassen sich Ihrer Erfahrung nach auch bei Wandoberflächen Kosten sparen?

Bei Innenwandoberflächen spart man Kosten, wenn man Putz und Farbe weglässt. Das kann sogar sehr gut aussehen. Man kann zum Beispiel Ziegel im Innenraum sichtbar belassen. Besonders interessant kann es wirken, wenn man Hochlochziegel um 90 Grad dreht, so dass man das Lochmuster sieht. Allerdings braucht man dafür gute Maurer, die sorgfältig arbeiten, ohne die Kanten der Ziegel abzuschlagen. Und dann muss man es natürlich auch aushalten können, wenn Besucher fragen, wann denn der Einzug geplant ist.

Auch eine Betonwand kann sehr schön sein, wenn man sie unverputzt lässt. Gerade in Kombination mit Holzböden oder Holzeinbauten ergibt sich daraus eine besondere Raumwirkung. Genauso kann eine Betontreppe ohne Bodenbelag in Sichtqualität bleiben. Allerdings sollte man kleinste Abweichungen in Farbe und Muster akzeptieren können, sonst wird es wieder teurer.

Welche unkonventionellen Raumlösungen setzen Sie gerne ein?

Um Räume abzuteilen, arbeite ich sehr gerne mit Vorhängen. Der Vorteil gegenüber einer „harten" Trennwand ist, dass man mit einem Vorhang einen Raum spontan je nach Bedarf unterteilen kann, ohne ihn dauerhaft zu verkleinern. Man kann zudem mit Vorhängen viel Wärme in einen Raum bringen und Bereiche auch akustisch etwas abschirmen. So lässt sich zum Beispiel ein Homeoffice-Arbeitsplatz einrichten, ohne dafür ein eigenes Zimmer zu beanspruchen. Aus meiner Sicht eine schnelle, schöne und preiswerte Lösung.

Gibt es noch weitere unkonventionelle Lösungen für Raumteiler?

Eine weitere preiswerte und luftige Möglichkeit, Räume zu unterteilen, sind hohe Möbel. Man kann zum Beispiel auf einer Seite eine Küchenzeile integrieren, auf der anderen Seite ein Bücherregal, eine Garderobe, eine Sitzbank oder einen Schrank. Zusätzliche Trennwände mit Putz und Anstrich sind dann überflüssig.

INNENTREPPEN

Treppen beeinflussen den Wohnwert Ihres Hauses und damit Ihre Lebensqualität auf ganz entscheidende Weise. Eine Treppe wird im Lauf des Tages üblicherweise sehr häufig und von der ganzen Familie genutzt – die Kinder stürmen sie am Morgen hinunter, um den Schulbus nicht zu verpassen; die Eltern steigen mit dem Baby auf dem Arm oder mit dem vollen Wäschekorb hinauf. Nachts tappt vielleicht jemand barfuß oder in Hausschuhen die Treppe hinunter in die Küche, um ein Glas Wasser zu trinken. Und auch die nicht mehr so trittsicheren Großeltern möchten bequem ins obere Stockwerk gelangen.

Auf keinen Fall sollte man sich daher bei der Treppenplanung ausschließlich von Kostenaspekten leiten lassen: Damit sie ihre Funktion erfüllen können, müssen Treppen nicht nur stabil, sondern auch sicher und angenehm zu begehen sein. Eine Treppe sollte kein Nadelöhr darstellen, durch das sich die Bewohner hinauf- oder hinunterzwängen müssen, wie es zum Beispiel bei engen gewendelten Treppen der Fall sein kann.

Ruhig, klar und sicher zu begehen: einläufige Treppe aus Birkensperrholz mit geschlossenen Stufen und seitlichem Handlauf

Zu bedenken gilt es neben der Funktionalität auch: Eine Treppe ist ein wichtiges gestalterisches Element, das einen Innenraum maßgeblich prägen kann. Die Lage, die Form und die Laufrichtung einer Treppe hängen von ihrem Zweck, vom Grundriss und von den Raumhöhen ab. Daher muss die Treppenplanung von Anfang an Bestandteil der Gebäudeplanung sein. Soll der Grundriss flexibel nutzbar und das Haus später zum Beispiel in zwei Wohnungen aufteilbar sein, bietet sich die Anordnung der Treppe im Eingangsbereich nahe einer Außenwand an. Soll eine Treppe hingegen Erd- und Obergeschoss so miteinander verbinden, dass Offenheit und Kommunikation im Vordergrund stehen, sollte sie eher in den Wohnbereich integriert werden. Siehe dazu auch Seite 91.

Treppen aus Beton werden bereits im Rohbau erstellt und können dann, um Kosten zu sparen, vorläufig oder auch dauerhaft ohne Belag bleiben. Leichte Treppenkonstruktionen hingegen sind Teil des Innenausbaus. Sie bestehen meist aus Holz oder Metall oder aus einer Kombination von beidem.

Maße und Konstruktion von Treppen

Wichtige Kriterien bei der Planung einer Treppe sind Steigung und Stufenmaße. Üblicherweise sind Setzstufen 18 Zentimeter hoch und Trittstufen 27 Zentimeter tief. Im privaten Wohnhaus ist jedoch ein Verhältnis von 17 Zentimeter mal 29 Zentimeter deutlich bequemer, auch

Gestalterischer Akzent: Gewendelte Treppe mit Stufenbeleuchtung, fester Brüstung und wenig Platzbedarf

wenn damit etwas mehr Platz für die Treppe benötigt wird. In einem Einfamilienhaus sollte eine Treppe mindestens 80 Zentimeter breit sein, damit man auch Möbel und andere sperrige Gegenstände leicht transportieren kann. Bei der Planung von Treppen sollten Sie daher als Erstes klären: Wollen Sie eine möglichst platzsparende oder eine bequem zu begehende Variante? Eine Treppe, die im Erschließungsbereich liegt, oder eine, die in den Wohnraum integriert ist?

Man unterscheidet zwischen verschiedenen Treppenkonstruktionen: Zweiholmtreppen, Wangentreppen, Bolzentreppen, Faltwerktreppen, Kragarmtreppen, Spindeltreppen, Raumspartreppen, Bausatztreppen und so weiter. Als eine preiswerte Treppe für normale Wohngeschosse gilt die Zweiholmtreppe, die ohne Verankerung in der Wand auskommt und bei der die Stufen auf zwei parallel verlaufenden Holmen (auch Treppenbalken genannt) aufgesattelt sind. Die am meisten verbreitete Variante ist jedoch die Wangentreppe, bei der die Stufen entweder in seitlich verlaufende Wangen eingestemmt oder auf die Wangen aufgesattelt sind. Bei Bolzentreppen dagegen werden die Stufen seitlich in der Wand befestigt und auf der gegenüberliegenden Seite mit Bolzen auseinandergehalten. Die Stufen müssen daher entsprechend dick sein. Diese drei Treppenarten kosten jeweils mindestens 2500 Euro ohne Einbau. Mit Planung und Einbau liegen die Kosten meist nicht unter 4000 Euro.

Eindrucksvoll filigran wirkende Faltwerktreppen, die ohne sichtbare Unterkonstruktion nur seitlich in der Wand befestigt und ansonsten weitgehend selbsttragend sind, sowie Kragarmtreppen, die nur aus seitlich in der Wand befestigten Trittstufen bestehen. Sie sind allerdings statisch aufwendig und daher entsprechend teuer.

TREPPEN OHNE SETZSTUFEN

werden häufig gewünscht, weil sie dann offen und filigran aussehen. Sie haben jedoch im Vergleich zu geschlossenen Treppen einige praktische Nachteile: Die Unfallgefahr steigt, weil man mit den Fußspitzen einfädeln und hängen bleiben kann, Kinderspielzeug rutscht leicht zwischen den Stufen hindurch, und nicht zuletzt verteilt sich der Staub leichter im Haus. Im Vergleich zu geschlossenen Treppen liegt die Kostenersparnis bei etwa 10 Prozent. Die Gesamtkosten einer Treppe hängen jedoch nicht so stark von der Entscheidung für oder gegen Setzstufen ab, sondern vielmehr von der Treppenlänge, vom verwendeten Material, von der Treppenform, von der Art der Ausführung sowie von Brüstung und Geländer.

Platzbedarf

Am bequemsten und sichersten zu begehen sind einläufige gerade Treppen oder zweiläufige gerade Treppen mit Podest, da beide Varianten gleichmäßig breite Stufen haben.

Zweiläufige Treppen mit Podest im 90- oder 180-Grad-Winkel erlauben ein Ausweichen oder eine Rast auf halber Höhe. Das Podest kann auch als unkonventioneller Sitzplatz mit Überblick oder als kleine Spielfläche für Kinder

Zweiläufige Treppe aus Eschenholz. Die Stufen sind auf verputzte Stahlwinkel aufgelegt, das Zwischenpodest wird zur Bibliothek.

dienen, die erfahrungsgemäß besonders gerne erhöhte Plätze in Beschlag nehmen.

Gewendelte Treppen nehmen deutlich weniger Fläche in Anspruch. Durch die trapezförmig zugeschnittenen Stufen wird die Platzersparnis allerdings mit weniger Komfort und Sicherheit beim Treppensteigen erkauft, was für ältere Bewohner, kleine Kinder und (vorübergehend) weniger mobile Menschen beschwerlich sein kann.

Für einläufige Treppen sind 10 bis 11 Quadratmeter einzuplanen, für halbgewendelte Treppen 6,3 Quadratmeter und für zweiläufige Treppen mit Podest rund 7,5 Quadratmeter. Der erhöhte Platzbedarf für gerade Treppen, ob einläufig oder zweiläufig, spielt dann keine Rolle, wenn die Treppe in den Wohnbereich integriert ist. Dann ist der Bereich um die Treppe zwischen Antritt und Austritt Teil der nutzbaren Wohnfläche, und sogar die Fläche unter der Treppe lässt sich zum Beispiel für Regale oder Sitzecken nutzen. Wenn die Treppe dagegen separat angeordnet ist, wird der beheizte Bereich zwischen Antritt und Austritt zur reinen Verkehrsfläche. Hier würde sich dann eine platzsparende Treppenform lohnen.

Treppen kostengünstig planen

Die Kosten von Innentreppen sind sehr unterschiedlich und hängen unter anderem von der Raumhöhe und somit der Treppenlänge, von der Form der Treppe und der Art der Konstruktion, von der Qualität der Ausführung, vom gewählten Material sowie von Geländer und Brüstung ab.

Grundsätzlich sind gerade, einläufige Treppen am kostengünstigsten, weil alle Stufen dieselben Maße haben. Gewendelte Treppen sind deutlich teurer, der Preisunterschied kann bis zu 50 Prozent betragen, weil die Herstellung der angeschrägten Stufen aufwendiger ist. Treppen sind im Alltag ständigen Belastungen ausgesetzt und müssen lange halten. Daher sollte man nicht an der falschen Stelle sparen. Wenn man sich zum Beispiel für Stufen aus Weichholz wie Fichte oder Kiefer entscheidet anstatt für Stufen aus Hartholz wie Buche, Ahorn oder Eiche, ist zwar der Kaufpreis günstiger, allerdings verschleißen die Stufen schneller, und es fallen möglicherweise frühzeitig Sanierungsarbeiten an.

Bei Treppen reicht die Preisspanne von mehreren Hundert Euro für eine minimalistische Raumspartreppe, die als Bausatz bei Baumarkt oder Discounter erhältlich ist, bis zu mindestens 2 500 Euro für eine Zweiholmtreppe ohne Einbau. Für eine einfache, solide Treppe vom Hersteller oder Treppenbauer, ob Zweiholm- oder Wangentreppe, muss man in der Regel jedoch mit 4 000 Euro und mehr rechnen. Eine individuell maßgefertigte Schreinertreppe bekommt man ab etwa 5 000 Euro aufwärts. Wichtig: Treppen müssen der DIN 18065 entsprechen, wenn sie in ein Wohngeschoss führen, um den Sicherheitsanforderungen zu genügen. Baumarkttreppen, die meist für Spitzböden, Keller oder Garagen eingesetzt werden, entsprechen dieser Norm häufig nicht.

Für ein einfaches Treppengeländer muss man mit mindestens 100 Euro pro Meter rechnen. Kosten sparen lassen sich hier, wenn Brüstung und Handlauf so einfach wie möglich gestaltet werden, zum Beispiel in Form eines Stahlrohrs oder in Form einer festen Brüstung aus Holzwerkstoff- oder Sperrholzplatten, die seitlich am Treppenlauf angebracht sind.

Wie lässt sich der Raum unter der Treppe nutzen?

Treppen, die aus Tritt- und Setzstufen bestehen, definieren einen geschlossenen Bereich unter der Treppe. Wird dieser Bereich sinnvoll genutzt, zum Beispiel durch einen Einbauschrank, kann die eingesparte Wohnfläche die höheren Anschaffungskosten im Vergleich zu einer einfachen Treppe aufwiegen. Eine einläufige, zentral angeordnete Treppe kann gut als Raumteiler dienen. Ein unter die Treppe eingepasstes Einbaumöbel bietet dann Stauraum und kann Türen, Schubladen oder Ausziehschränke enthalten. Ein derartiges Einbaumöbel kann auch auf beiden Treppenseiten unterschiedliche Funktionen erfüllen: auf der dem Eingang zugewandten Seite etwa als Garderobe, auf der Wohnraumseite dagegen als Bücherregal. Eine zusätzliche Trennwand wird dann überflüssig.

Unabhängig von der Treppenform und der Lage im Raum bieten sich weitere raumsparende Nutzungen an. Zum Beispiel könnten im Bereich unter der Treppe die Anschlüsse für die Wasser- und Strominstallation verborgen werden, auch ein Kleider- oder Wäscheschrank wäre denkbar. Im Wohnbereich wiederum kann im Bereich unter der Treppe vielleicht eine Hausbar oder eine Leseecke Platz finden. Eine weitere Möglichkeit ist es, bei geraden Treppen jede Stufe als Schubladenelement auszubilden oder unter jeder Stufe einen Auszug vorzusehen. Der Stauraum unter einer Treppe lässt sich allerdings auch gut als Abstellkammer, als Vorratskammer und sogar für ein Gäste-WC nutzen.

Je nach Ausführung und Hersteller kann ein vom Schreiner maßgefertigter Einbauschrank unter den Stufen 5000 bis 6000 Euro kosten, eine beidseitige Verkleidung einer frei im Raum verlaufenden Treppe zum Abteilen einer Abstellkammer ist dagegen deutlich preiswerter. Hier lohnt sich ein Preisvergleich bei Treppenbauern und Schreinern.

Es muss aber nicht unbedingt teuer sein, den Raum unter einer Treppe sinnvoll zu nutzen: Eine sehr kostengünstige Möglichkeit besteht darin, preiswerte und unterschiedlich hohe Würfelregale unter die Treppe zu stellen. Wenn es das Budget später wieder zulässt, kann man immer noch maßgefertigte Einbauten in Auftrag geben. Eine gerade Treppe können Sie seitlich auch gut im Do-it-yourself-Verfahren kreativ verkleiden und mit einer einfachen Schranktür versehen, um Stauraum zu gewinnen.

ENTSCHEIDUNGSHILFE BEI DER TREPPENWAHL

Wenn Sie eine Treppe möglichst kostengünstig erwerben möchten, sparen Sie mit einer geraden einläufigen Treppe am meisten. Da diese mehr Fläche zwischen Antritt und Austritt beansprucht als gewendelte Treppen, ist sie nur dann platzsparend, wenn sie in den Wohnbereich integriert ist. Dann lässt sich zudem der Bereich unter der Treppe gut nutzen – zum Beispiel für Sitzecken oder Regale. Viertel- und halbgewendelte Treppen benötigen weniger Fläche als gerade Treppen. Die Ersparnis an Wohnfläche erkauft man sich allerdings mit einer in der Herstellung teureren Treppe, die zudem weniger komfortabel zu begehen ist als eine gerade Treppe.

Treppe aus Fichtenholz-Dreischichtplatten mit viel Stauraum. Türen unter den Stufen verbergen einzelne Schrankabschnitte.

INNENTÜREN

Am meisten Kosten lassen sich bei Innentüren sparen, indem man so weit wie möglich auf sie verzichtet. Dies ist zum Beispiel dort möglich, wo Raumbereiche offen ineinander übergehen, wie es häufig in Wohnbereichen mit integrierter Küche der Fall ist. Allerdings kann ein offener Grundriss auch die Heizkosten erhöhen, denn abgetrennte Räume lassen sich individueller heizen als ein großer „Allraum". Da jedoch bei Neubauten die Gebäudehüllen sehr dicht sind und in der Regel regenerative Heizsysteme zum Einsatz kommen, sind die Auswirkungen auf die Heizkosten eher gering. Wenn der erforderliche Strom für das Heizsystem, zum Beispiel für eine Wärmepumpe, zudem mit Photovoltaik gewonnen wird, entstehen bei offenen Grundrissen kaum Mehrkosten fürs Heizen.

Wenn man sich jedoch für eine Innentür entscheidet, sollte man sich darüber klar werden, welchen Zweck die Tür genau erfüllen soll. Soll sie zum Beispiel nur optisch abgrenzen und vor Zugluft schützen? Dann genügt eine einfache und preiswerte Variante einer Anschlagtür. Oder soll die Tür zusätzlich robust sein und auch Wärme- und Schallschutz bieten? Das spräche für eine etwas teurere Anschlagtür mit stabilem Türblatt aus Holzwerkstoff oder aus Massivholz. Soll die Tür hingegen im geöffneten Zustand beide Räume großzügig miteinander verbinden, wäre eine breite Schiebetür eine gute Lösung.

Eigenleistung: Schiebetür aus geflämmtem, lackiertem Fichtenholz mit einfacher Schiebeleiste aus Gusseisen.

Kostenfaktoren bei Innentüren

Die Kosten für eine Anschlagtür können sehr unterschiedlich ausfallen. Anschlagtüren bestehen aus Zarge, beweglichem Türblatt, Bändern, auch Türangeln genannt, und den Beschlägen, wie Türklinke und Schloss. Mehr als 50 Prozent der Kosten für eine Anschlagtür entfallen auf das Türblatt und etwa 40 Prozent auf die Zarge. Dabei hängen die Kosten für die Zarge entscheidend von der Wandstärke und die Kosten für das Türblatt von dessen Aufbau, Material und Oberflächengestaltung ab. Die Beschläge stellen dagegen meist nur einen untergeordneten Kostenfaktor dar.

Innentüren werden in genormten Breiten (61 Zentimeter, 73,5 Zentimeter, 86 Zentimeter und 98,5 Zentimeter) und Höhen (198,5 Zentimeter und 201 Zentimeter) angeboten. Aufgrund der industriellen Herstellung sind Türen mit diesen Maßen, vor allem in den Maßen 73,5 Zentimeter und 86,0 Zentimeter, am preisgünstigsten. Davon abweichende Maße erfordern teure Sonderanfertigungen.

In Wohnräumen bewährt sich bei Türen eine lichte Durchgangsbreite von 86 Zentimetern. Eine Breite von 98,5 Zentimetern ist natürlich komfortabler und bietet sich besonders für einen barrierefreien Innenausbau an.

Zargen dienen zum Aufhängen des Türblatts und bieten diesem einen Rahmen. Zarge und Türblatt müssen daher gut aufeinander abgestimmt sein. Je nach Wandtiefe und gewünschter Optik kann man zwischen unterschiedlichen Arten von Zargen wählen. Die gebräuchlichste Zarge ist die Umfassungszarge. Sie umfasst beidseitig die gesamte Wandöffnung, sodass die Mauerkanten geschützt sind. Ein weiterer Vorteil einer Umfassungszarge ist, dass die Mauerlaibung nicht verputzt werden muss, weil sie ohnehin von der Zarge überdeckt wird. Die Kosten für eine Umfassungszarge hängen von der Wanddicke und dem Material der Zarge ab, wobei mit mindestens 140 Euro zu rechnen ist. Es gibt auch preiswerte Eckzargen, die meist in Stahl ausgeführt sind und nicht innerhalb der Wandöffnung, sondern nur auf die Wandecken montiert werden. Sie wirken dadurch zwar filigran, dennoch ist ihre Optik nicht jedermanns Sache. Eckzargen kommen vor allem in Kellerräumen zum Einsatz. Die Preise für Eckzargen liegen bei rund 100 Euro, allerdings muss die Maueröffnung dann verputzt und gestrichen werden, sodass sich in der Summe kaum ein Kostenvorteil ergibt.

Soll oder kann die Zarge nicht die angrenzenden Wandflächen mit umfassen und nur innerhalb der Wandöffnung befestigt werden, kommen Blockzargen in Betracht, die ähnlich wie ein Fensterrahmen funktionieren. Diese Art Zarge ist jedoch mit mindestens 250 Euro deutlich teurer als eine Umfassungszarge und wird vor allem bei Hauseingangstüren verwendet. Schließlich gibt es auch sogenannte Durchgangszargen, die ohne Beschläge eine Wandöffnung ohne Tür einfassen. Solche Zargen sind jedoch heute im Neubau kaum noch üblich und angesichts von Putzauftrag oder Verkleidung der Wandflächen auch nicht nötig. Zudem schmälern sie die Durchgangsbreite etwas, was bei barrierefreiem Ausbau ein Nachteil sein kann.

Abgesehen von der Zarge kann man am meisten beim Türblatt sparen, je nachdem, ob es aus Massivholz, aus Holzwerkstoffen, aus einer Kombination von Holzwerkstoff und Glas oder aus Ganzglas besteht. Türblätter aus Massivholz sind robust und wärmedämmend, und sie halten sehr gut Schall ab. Mit 200 bis 600 Euro sind sie jedoch teurer als Türblätter, die aus Holzwerkstoffen aufgebaut sind und deren Preise zwischen 50 und 400 Euro liegen. Glaseinsätze im Türblatt erhöhen die Kosten einer Tür deutlich, dagegen sind Ganzglastüren im Baumarkt bereits ab etwa 100 Euro erhältlich. Auch einfache Schiebetüren liegen in dieser Preisklasse, je nach Ausführung muss man hier jedoch Abstriche beim Schallschutz machen.

Am gängigsten sind mehrschichtige Türblätter aus Holzwerkstoffen. Sie bestehen aus einem Holzrahmen, der auf beiden Seiten mit einer Platte beplankt ist. Dazwischen befindet sich die sogenannte Mittellage, die entscheidend für den Preis einer Tür ist. Die preiswerteste Variante einer Mittellage besteht aus einer Pappe mit Wabenstruktur. Derartige Türen sind leicht und für normale Beanspruchungen durchaus ausreichend, sie sind mit 50 bis 150 Euro sehr preiswert, bieten jedoch kaum Schallschutz. Robuster und zudem besser schalldämmend sind Mittellagen, die aus einer Spanplatte mit ausgefrästen Röhren bestehen, dem sogenannten Röhrenspansteg. Derartige Türen sind in privaten Wohnhäusern weit verbreitet und je nach Ausführung für 200 bis 400 Euro erhältlich. Mittellagen, die aus einer Vollspanplatte bestehen, sind noch stabiler und wirken sehr gut schalldämmend. Aufgrund

Kostensparende Aspekte bei Innentüren

- Türen mit genormten Maßen aus industrieller Herstellung
- Gefälztes Türblatt mit Eckzarge
- Türblatt aus Holzwerkstoff; Mittellage mit Wabenkern aus Pappe
- Oberflächen mit Kunststoffbeschichtung oder Lack
- Eckzarge oder Umfassungszarge
- Einfache Schiebetür aus Holz im Selbstbau
- Schiebefalttür

Checkliste für die Wahl von Innentüren

- Wie wird der Raum genutzt?
- Welche Räume grenzen an?
- Welchen Zweck soll die Tür erfüllen? Optische Trennung, Schallschutz, Wärmeschutz?
- Soll die Tür eher trennenden oder verbindenden Charakter haben, etwa in Form eines breiten Durchgangs mit Schiebetür?
- Wie ist die Wandstärke?
- Welche Türzarge passt am besten zur Wand? Eckzarge, Umfassungszarge, Blockzarge?
- Aus welchem Material soll die Zarge bestehen? Vollholz, Holzwerkstoff oder Stahl?
- Wie oft wird die Tür genutzt, und wie stabil soll sie sein?
- Aus welchem Material soll das Türblatt bestehen: Vollholz, Holzwerkstoff oder Glas?
- Bei Holzwerkstoff: Welche Mittellage passt zum Zweck der Tür am besten: Wabenkern, Röhrenspankern oder Vollspankern?
- Soll die Tür gefälzt sein oder stumpf anschlagen?
- Wie soll die Oberfläche des Türblatts aussehen? Material und Farbe?

ihres Gewichts und ihrer besonderen Festigkeit sind derartige Türen eher in öffentlichen Bauten als in privaten Innenräumen üblich. Als Haustür eignen sie sich jedoch durchaus, die Kosten liegen bei etwa 1 000 Euro aufwärts.

Bei Türblättern unterscheidet man zwischen stumpf einschlagenden und gefälzten Türen. Die übliche und auch preiswerteste Variante ist die gefälzte Tür. Hier liegt wegen des Falzes die Kante des Türblatts auf der Zarge auf, wodurch der Spalt zwischen Türblatt und Türrahmen abgedeckt ist. Der Vorteil besteht darin, dass Geräusche, Licht und Luftzug besser abgeschirmt sind. Diese Wirkung lässt sich durch eine zusätzliche Abdichtung noch steigern. Bei stumpf einschlagenden Türen hat das Türblatt ein gerades Profil ohne Falz und schließt daher bündig mit dem Türrahmen ab. Durch verdeckt angeordnete Türbänder bilden Rahmen und Türblatt eine optische Einheit. Das hat seinen Preis: Während eine einfache, weiße gefälzte Anschlagtür inklusive Zarge ab rund 200 Euro zu haben ist, kostet eine stumpf einschlagende Tür mit verdeckten Bändern mindestens 500 bis 600 Euro, was unter anderem an dem höheren Preis für die verdeckten Türbänder liegt.

Zu den Kosten für eine Innentür kommen immer die Kosten für den Einbau hinzu, die ebenfalls von der Türkonstruktion abhängen und pro Tür 50 Euro und mehr ausmachen können. Kosten sparen können Sie schließlich bei der Wahl der Oberfläche einer Tür. Am günstigsten sind Folien- oder Kunststoffbeschichtungen. Diese sind allerdings nicht besonders strapazierfähig, und Schäden können nur schwer repariert werden. Robuster sind lackierte Oberflächen oder CPL-beschichtete Türblätter. CPL ist ein Schichtstoff mit Melaminharzoberfläche, die kratz- und stoßfest ist und sich somit besonders für beanspruchte Türen eignet. Ein einfaches Wabenkerntürblatt mit CPL-Beschichtung ist ab etwa 50 Euro erhältlich. Röhrenspansteg-Türblätter mit dieser Beschichtung kosten ab etwa 200 Euro.

PLATZ SPAREN MIT SCHIEBETÜREN

Schiebetüren haben mehrere Vorteile: Sie sind platzsparend, weil sie keinen Schwenkraum benötigen und im geöffneten Zustand kein Türblatt in den Raum ragt. Allerdings muss die angrenzende Wandfläche freigehalten werden. Zudem lassen sich mit Schiebetüren Räume barrierefrei erschließen. Einfache Schiebelemente, die vor der Wand an einer Schiene bewegt werden, können von geübten Heimwerkern gut in Eigenleistung entworfen, zusammengebaut und montiert werden. Wenn der Platz für eine Schiene und die nötige seitliche Wandfläche fehlt, können Raumspartüren eine Alternative darstellen. Faltschiebetüren zum Beispiel funktionieren nach dem Prinzip einer Ziehharmonika: Sie werden an einfachen Griffen seitlich auf- und zugeschoben. Die Kosten dafür richten sich nach Türbreite, Material und Ausführung. Faltschiebetüren aus Kunststoff in Holzoptik sind in normaler Türbreite im Onlineversand und in Baumärkten ab etwa 50 Euro erhältlich. Zwei derartige Türen, jeweils an einer Seite einer breiten Wandöffnung montiert, sind eine kostengünstige Möglichkeit, einen offenen Durchgang bei Bedarf zu schließen.

WÄNDE, DECKEN UND BÖDEN

Bei der Entscheidung für oder gegen bestimmte Wandoberflächen spielt nicht nur die Optik eine Rolle: Je nach Raum müssen Oberflächen zudem bestimmte Funktionen erfüllen, zum Beispiel wasserfest oder schallschluckend sein, und sie dürfen die Raumluft nicht belasten. Idealerweise bestehen sie aus Materialien, die Feuchtigkeit aufnehmen und wieder abgeben können, wie es bei Naturmaterialien der Fall ist, und tragen so zu einer guten Raumluftqualität bei.

Welcher Bodenbelag sich für welchen Raum eignet, hängt unter anderem von der Beanspruchung des Bodens und vom gewünschten Trittschallschutz ab. Darüber hinaus spielen die Ansprüche der Bewohner eine wichtige Rolle: Soll der Boden fußwarm sein oder eher kühl und pflegeleicht oder besonders schalldämpfend? Um die verschiedenen Anforderungen an Wand und Boden zu erfüllen, sind nicht immer teure Maßnahmen nötig, und manchmal ist weniger sogar mehr.

Wände und Decken

Die Oberflächen von Wänden und Decken machen zusammen ein Vielfaches der Bodenfläche aus und verursachen damit einen beträchtlichen Teil der Kosten, die für die Oberflächengestaltung pro Quadratmeter Wohnfläche anfallen. Zudem wirken sich aufgrund des hohen Flächenanteils die an Wänden und Decken verwendeten Materialien auf das Raumklima aus.

In der Regel werden massive Innenwände und Decken verputzt, Wände in Trockenbauweise gespachtelt. Danach wird entweder tapeziert oder gestrichen. Ein Innenputz besteht aus zwei Schichten, dem Unter- und dem Oberputz. Je nach Untergrund, Raumfunktion und gewünschten Eigenschaften des Putzes kommen verschiedene Putzarten infrage.

Da die Kosten für Innenputze von mehreren Faktoren abhängen, unter anderem davon, ob Decke oder Wand verputzt werden soll – Decken zu verputzen ist aufwendiger und teurer –, sind pauschale Kostenangaben nicht möglich. Je nach Putzart und -qualität kann man jedoch für Unter- und Oberputz inklusive Handwerksleistungen sowie der nötigen Rand- und Eckprofile von mindestens 20 bis über 50 Euro pro Quadratmeter Fläche ausgehen.

- **GIPSPUTZ** ist von allen Putzarten in Innenräumen am gebräuchlichsten und am preiswertesten. Er ist diffusionsoffen und eignet sich sehr gut als Untergrund für Tapeten und Farbanstriche, allerdings nicht für Feuchträume.

- **KALKPUTZ** ist aufgrund seiner alkalischen Beschaffenheit resistent gegen Schimmel und zugleich feuchtigkeitsregulierend, weshalb er für ein gutes Raumklima sorgt und sich für Bäder außerhalb des Spritzwasserbereichs gut eignet. Preislich liegt er allerdings deutlich über Gipsputz.

- **KALKZEMENTPUTZ** ist aufgrund seines Zementanteils sehr robust und abriebfest. Er ist diffusionsoffen und zugleich wasserabweisend, weshalb er sich besonders gut für Feuchträume eignet.

- **LEHMPUTZ** ist zwar teuer (er kostet etwa doppelt so viel wie Gipsputz), soll jedoch nicht unerwähnt bleiben, weil er für ein hervorragendes Raumklima sorgt. Dies liegt an seiner ausgesprochen guten Fähigkeit, Feuchtigkeit aufzunehmen und wieder abzugeben sowie Gerüche und Schadstoffe zu absorbieren. Das Besondere an Lehmputz ist zudem: Aufgrund der Wasserlöslichkeit von Lehm lassen sich kleinere Schäden allein durch Anfeuchten der Wand beliebig oft ausbessern.

Putze sind auch in Sichtqualität erhältlich, was dann einen Anstrich überflüssig macht. Anderenfalls kommen zu den Kosten für einen Putz noch Kosten für Farbanstriche. Wer Tapeten bevorzugt, kommt mit Raufasertapeten am günstigsten weg, sie kosten etwa 50 Cent bis 1 Euro pro Quadratmeter, sollten allerdings noch gestrichen werden. Wenn Raufasertapeten keine künstlichen Zusätze enthalten, sind sie zudem ein ökologisch einwandfreier Wandbelag, da sie nur aus Holzfasern und Papier bestehen, häufig sogar aus Altpapier.

Unter- und Oberputz, danach gegebenenfalls noch der Anstrich oder das Tapezieren – mehrere Arbeitsgänge schlagen auch bei der Verwendung eines günstigen Putzes zu Buche. Aber Wände und Decken können auch ganz ohne Putz, Farbe und Tapeten auskommen, wenn sie bereits Sichtqualität haben. Dies ist häufig bei Oberflächen aus Beton, Metall (bei Sandwichpaneelen) oder Sperrholz (bei Holzleichtbauten) der Fall. Dass derartige Oberflächen optisch sogar besonders reizvoll sein können, verdeutlichen einige der im Buch gezeigten Projektbeispiele. Bei Massivholzbauten bietet es sich ohnehin an, die Innenoberflächen natürlich zu belassen. Aber auch Holzwerkstoffplatten, wie OSB-Platten, oder in einzelnen Bereichen sogar Ziegelmauerwerk können ohne zusätzliche Oberflächenbehandlung bleiben. Für Sichtqualität muss Mauerwerk allerdings besonders sauber und sorgfältig ausgeführt werden. Dann erzeugt es einen ganz besonderen Raumeindruck. Und bei Bedarf und besserem Finanzpolster kann es später immer noch verputzt oder verkleidet werden.

Auch Holzbalkendecken können preiswerte Oberflächen ermöglichen: Wenn sie auf der Unterseite nicht verkleidet werden, sieht man die Traghölzer, was häufig sogar gewünscht ist. Wenn die Oberseite der Decke aus Holzdielen besteht, kann auch sie, um weitere Kosten zu sparen, ohne weiteren Bodenbelag belassen werden, und es reicht dann, sie nur zu ölen. Ein Schallschutz besteht dann jedoch nicht. Für einen guten Schallschutz ist daher ein Bodenaufbau mit Trittschalldämmung erforderlich. Bei Massivholzdecken bestehen Ober- und Unterseite aus glatten Holzflächen, die ohne weiteren Belag oder sonstige Verkleidung auskommen können, sofern man in Bezug auf den Trittschallschutz keine höheren Ansprüche hat. Bei Betondecken kann die Unterseite ebenfalls in Sichtqualität bleiben, während die Oberseite einen Fußbodenaufbau benötigt.

Fertigparkett im Klickverbund. Mit etwas Geschick lassen sich derartige Bodenbeläge gut in Eigenleistung verlegen.

Welcher Bodenbelag ist kostengünstig?

Fußböden im Wohnbereich sollen möglichst lange Beanspruchungen standhalten und zugleich ihre natürliche Optik behalten. Wenn man die Lebensdauer eines Bodenbelags mitberücksichtigt, dann kann ein robuster und zunächst etwas teurerer Belag in der Summe kostengünstiger sein als ein preiswerter, jedoch für Verschleiß anfälliger Belag. Bei jedem Bodenbelag kommen Kosten für Anschlussprofile, Sockelleisten und weiteres Zubehör dazu.

Am preiswertesten in der Anschaffung sind Bodenbeläge mit Kunststoffoberflächen, wie Laminat und Vinyl, die typischerweise je nach Qualität zwischen 15 und 30 Euro pro Quadratmeter kosten. Diese Bodenbeläge sind in verschiedenen Designvarianten erhältlich und können unter anderem einem Holzboden optisch ähneln. Laminat ist ein sogenannter Schichtstoff, das heißt, er besteht aus mehreren Schichten, die miteinander verpresst werden. Die Trägerplatte besteht meist aus einer Spanplatte, darüber wird ein Papier mit der jeweils gewünschten Optik aufgebracht, und die obere Schutzschicht besteht aus einer Kunststofffolie. Daher ist Laminat fußkalt und hat trotz seiner Holzoptik kaum etwas mit Holz zu tun. Kleine Schäden, zum Beispiel Kerben, lassen sich nicht reparieren. Diese Stellen müssen dann mit einer Paste gefüllt werden, damit keine Feuchtigkeit in den Boden eindringen kann.

Vinyl besteht aus PVC und Weichmachern, die jedoch seit 2015 kein Phthalat mehr enthalten dürfen. Vinylböden sind wasserunempfindlich und relativ fußwarm. Sie sind allerdings nur bedingt strapazierfähig, Schäden lassen sich ebenfalls nicht reparieren. Als zunächst preiswerte Bodenbeläge können sie daher langfristig Mehrkosten verursachen, wenn sie aufgrund von Verschleiß nach einiger Zeit ausgetauscht werden müssen. Zu bedenken ist bei allen Bodenbelägen mit künstlichen Zusätzen, dass sie nicht nachhaltig sind. Doch es gibt auch nachhaltige Alternativen, die in der Kosten-Nutzen-Betrachtung durch einige Vorteile punkten können.

Wenn es um besondere Langlebigkeit und Robustheit geht, eignen sich zum Beispiel Massivholzböden aus Eichenholz, das ein sehr hartes Holz ist, sehr gut. Massives Eichenholzparkett wird vollflächig verklebt, weshalb es immer wieder abgeschliffen werden kann. Ein derartiger Holzboden mit geölter Oberfläche ist extrem widerstandsfähig, und er kann mit Wasser und Holzseife leicht gereinigt werden.

Stäbchenparkett hat gegenüber Massivholzdielen den Vorteil, dass die kleinen Hölzer im Verbund viel weniger arbeiten als die größeren Holzdielen und dass für die Stäbchen fast alle Anteile eines Baumes genutzt werden können. Für einen Massivholzboden mit guter Qualität muss man mit Materialkosten von 50 bis 100 Euro pro Quadratmeter rechnen, weiche Hölzer sind etwas preiswerter zu bekommen. Die Lebensdauer von massiven Holzböden, ob Dielen oder Parkett, liegt bei etwa 50 Jahren und mehr. Anders sieht es bei einem Bodenbelag aus Fertigparkett aus, das üblicherweise im Klickverbund verlegt wird. Dieses kostet mit 20 bis 40 Euro pro Quadratmeter (ohne Verlegen) weniger als Massivholzparkett, hat aber dafür eine deutlich kürzere Lebensdauer von nur 10 bis 15 Jahren, da nur eine dünne Oberschicht aus Holz besteht, der übrige Aufbau dagegen nur aus einem Holzwerkstoff, etwa einer Spanplatte. Daher kann Fertigparkett auch nicht abgeschliffen werden.

Vinylböden sind sehr pflegeleicht und überall einsetzbar. Sie werden in zahllosen Farben und Dekoren angeboten.

Bodenbeläge im Vergleich

Material	Lebensdauer
Laminat	10 Jahre
Vinyl (PVC)	10 bis 15 Jahre
Fertigparkett	10 bis 15 Jahre
Teppich	ca. 10 Jahre
Linoleum	ca. 20 Jahre
Kork	10 bis 20 Jahre
Holzdielen geölt	mind. 50 Jahre
Parkett massiv, geölt	mind. 50 Jahre
Keramikfliesen	70 bis 100 Jahre
Sichtestrich („Industrial Design“)	60 bis 100 Jahre

Natürlich, robust und langlebig: massiver, geölter Holzdielenboden. Besonders gut fürs Raumklima ist hier die Kombination mit Lehmputz.

Linoleum und Kork sind elastische Bodenbeläge, die überwiegend aus nachwachsenden Rohstoffen hergestellt werden. Kork wird durch das Schälen von Korkeichen gewonnen, die in Spanien und Portugal beheimatet sind. Zu Granulat gemahlener Kork, der zum Beispiel auch als Abfallprodukt bei der Herstellung von Flaschenkorken anfällt, wird durch Zugabe von Bindemitteln zu stabilen Oberflächen verarbeitet. Korkböden können vollflächig verklebt oder als Parkett im Klickverbund verlegt werden und lassen sich wie Holzparkett abschleifen und versiegeln. Als Bodenbelag ist Kork sehr wärme- und schalldämmend. Daher darf beim Einbau einer Fußbodenheizung die Korkschicht nur wenige Millimeter dick sein. Kork ist pflegeleicht und zugleich relativ robust.

Linoleum dagegen besteht hauptsächlich aus Leinöl, Korkmehl, Kalksteinmehl, Holzmehl und Naturharzen. Linoleum wird meist vollflächig verklebt, ist sehr strapazierfähig und pflegeleicht, allerdings eher fußkalt. Mit Fußbodenheizung spielt dieser Aspekt jedoch meist eine geringere Rolle. Kork und Linoleum eignen sich durch ihren hohen Anteil an Naturmaterialien zum Beispiel gut für Kinderzimmer.

Die Materialkosten für Korkböden liegen derzeit (Stand 2021) je nach Qualität zwischen 20 und 70 Euro pro Quadratmeter, für Linoleum als Bahnenware zwischen 20 und 50 Euro, im Klickverbund zwischen 40 und 80 Euro pro Quadratmeter. Da Linoleum und Kork auch in Form von Fliesen auf einer Trägerplatte im Klickverbund erhältlich sind, erleichtert das das Verlegen in Eigenleistung. Die lebensdauer von Korkböden beträgt 10 bis 20 Jahre,diejenige von Linoleum etwa 20 Jahre.

Teppiche sind besonders fußwarm und wirken zugleich schalldämpfend. Je nach Qualität ist die Preisspanne sehr groß: Teppiche aus Kunstfasern können zwischen 5 und 20 Euro pro Quadratmeter kosten, verschleißen jedoch schnell und können wie andere synthetische Bodenbeläge Schadstoffe ausdünsten. Qualitativ hochwertige Teppichböden sind mit 30 bis 80 Euro pro Quadratmeter teurer, und Teppiche aus Wolle können bis zu 100 Euro pro Quadratmeter kosten. Nach 10 bis 15 Jahren sollten Teppichböden ausgetauscht werden.

Keramikfliesen sind in vielen unterschiedlichen Größen, Formen, Qualitäten und Preislagen erhältlich. Sehr preiswerte Fliesen, die 10 Euro pro Quadratmeter oder weniger kosten, haben meist keine besonders gute Qualität, können fehlerhafte oder unregelmäßige Oberflächen aufweisen, sind weniger langlebig als hochwertigere Fliesen und können häufig auch nicht nachgekauft werden. Da beim Verlegen von Fliesen die meisten Kosten für die Handwerkerleistungen anfallen, lohnt es sich eher nicht, beim Material auf die günstigste Preisklasse zurückzugreifen.

Qualitativ hochwertige Fliesen sind für rund 40 Euro pro Quadratmeter zu finden, wenn sie von eher wenig bekannten Herstellern stammen. Fliesen von Markenherstellern sind meist deutlich teurer, dasselbe gilt für Fliesen, die aus Naturstein bestehen, wie Granit oder Marmor, für handgefertigte Fliesen oder für Fliesen, deren Oberflächen veredelt sind. Beim Verlegen von Fliesen fallen zusätzlich Kosten an für Kleber, Fugenmasse und Sockelleisten, die 10 bis 15 Euro pro Quadratmeter ausmachen können. Die Kosten für das Verlegen von Fliesen richten sich nach dem Raumzuschnitt und der Größe der Fliesen und darüber hinaus nach der Region – hier bestehen teilweise große Unterschiede. Mit 40 bis 80 Euro pro Quadratmeter sollte man auf jeden Fall rechnen. Fliesen in Eigenleistung zu verlegen ist zwar möglich, jedoch eher riskant: Es ist auch für geübte Heimwerker schwierig, Fliesen eben und mit sauberen Fugenverläufen zu verlegen, und es kann passieren, dass die Fliesen brechen. Im Bad kommt es zudem auf die Dichtigkeit an, um Bauschäden durch Feuchtigkeit zu vermeiden. Dort sollte man das Fliesen einem Profi überlassen.

Fußbodenheizung und Bodenbeläge

Entscheidend für die Eignung eines bestimmten Bodenbelags für eine Fußbodenheizung ist seine Fähigkeit, Wärme zu leiten. Fliesen sind ideale Beläge für eine Fußbodenheizung, und auch Estrich leitet hervorragend Wärme, während Kork aufgrund seiner isolierenden Wirkung nur bedingt geeignet ist. Allerdings können alle gängigen Bodenbeläge mit einer Fußbodenheizung kombiniert werden, wenn sie eine gewisse Aufbauhöhe nicht überschreiten. Bei Holzböden kommt es darauf an, dass sie einerseits nicht zu dick, andererseits möglichst in Schichten verleimt sind, wie es zum Beispiel bei Stäbchenparkett der Fall ist. Dann kann das Holz die Temperaturwechsel ohne Rissbildung gut tolerieren. Vinyl ist für eine Fußbodenheizung gut geeignet, weil die relativ dünne Schicht des Bodens sehr gut Wärme weiterleiten kann. Die meisten Laminate eignen sich ebenfalls gut, allerdings sollte man bei der Wahl des Laminats die Aufbauhöhe berücksichtigen.

Böden mit Sichtoberflächen

Besonders kostengünstig ist es, wenn kein eigener Bodenbelag erforderlich ist. In Oberschossen kann dies der Fall sein, wenn es sich bei der Geschossdecke um eine Massivholzdecke oder eine Holzbalkendecke handelt. Dann ist die Bodenoberfläche bereits eben und kann als Nutzschicht dienen. Das Holz muss dann nur noch geölt werden. Diese Variante ist allerdings nur dann geeignet, wenn man keinen Wert auf den Trittschallschutz legt. Auch ein Estrich kann als fertige Oberfläche dienen, was durchaus Vorteile bietet: Ein Sichtestrich ist ausgesprochen robust, sehr pflegeleicht und langlebig, und er kann auch in verwinkelten Bereichen aufgebracht werden. Ein derartiger fugenloser Boden in Industrieoptik, auch

Geglätteter und versiegelter Zementestrichboden. Rohe Beton- oder Estrichoberflächen harmonieren mit warmem Holz besonders gut.

Geschliffener und versiegelter Estrich: ein strapazierfähiger Bodenbelag, der sich für den gesamten Wohnbereich eignet

Industrial Design genannt, wird bei privaten Bauherren immer beliebter. Allerdings ist er in hochwertiger Ausführung, wie er häufig in Wohnzeitschriften abgebildet ist, teuer, was an dem sehr hohen Arbeitsaufwand liegt: Für eine entsprechende Oberflächengüte muss der Estrich mehrfach gründlich geschliffen und anschließend versiegelt oder imprägniert werden, was dann pro Quadratmeter Bodenfläche mit mindestens 120 Euro zu Buche schlägt. Bei Einfärbung mit Pigmenten oder bei anderen Spezialbehandlungen steigen die Kosten nochmals deutlich.

Kosten sparen kann man bei Sichtestrich nur dann, wenn man den Estrich vor dem Versiegeln nur einmal abschleifen lässt oder Zementestrich wählt, der nur geglättet und versiegelt wird, was eine besonders kostengünstige Variante eines Bodenbelags darstellt. Dann lassen sich allerdings ähnlich wie bei Holzböden leichte Gebrauchsspuren nicht vermeiden. Noch günstiger ist es, nur die Betonbodenplatte zu glätten und zu versiegeln.

Trittschallschutz beachten

Ein guter Trittschallschutz der Obergeschossdecke schont Nerven, vor allem, wenn es sich beim Bodenbelag um harte Materialien handelt. Besonders laut ist Laminat (eine direkt an der Unterseite der Bretter angebrachte Dämmschicht hilft nur bedingt), während Teppichboden und Kork bereits selbst eine gewisse dämmende Wirkung besitzen. Am wirkungsvollsten gegen Körperschall, zu dem der Trittschall gehört, ist das Entkoppeln von Bauteilen. Bei massiven Geschossdecken ist es daher üblich, einen „schwimmenden" Estrich zu verlegen. Dabei wird der Estrich ohne festen Kontakt mit der tragenden Platte direkt auf eine druckfeste Dämmplatte aufgebracht. Zusätzlich trennen Dämmstreifen den Estrich von den Wänden, um zu verhindern, dass sich der Trittschall über die Wände fortsetzt. Zur Trittschalldämmung unter einem Estrich eignen sich Dämmstoffplatten aus Mineralwolle und aus Polystyrol. Zur Dämmung von Holzdecken oder zur nachträglichen Dämmung von Estrichen eignen sich auch natürliche Materialien, wie Korkplatten, Kokosfaser- und Holzweichfasermatten sehr gut. Zur zusätzlichen Dämmung von Holzbalkendecken können auch preiswerte Einblasdämmstoffe zwischen die Balken eingebracht werden, allerdings benötigen diese dann eine Unterverkleidung.

KÜCHEN – KOSTENSPARENDE GESTALTUNG

Wie lässt sich im Neubau eine gut funktionierende und optisch ansprechende Küche mit möglichst wenig Kosten realisieren? Zwei Faktoren sind dafür wichtig: eine auf ihre Kernfunktion reduzierte Küche und ein gut geschnittener Grundriss, der auf die Standardmaße von Küchenelementen abgestimmt ist. Das ist auch dann von Vorteil, wenn man die alte Küche mitbringen oder, um Kosten zu sparen, zunächst eine einfache Einbauküche im niedrigen Preissegment kaufen möchte. Bei Restnischen, Versprüngen oder fehlenden Stellflächen sind häufig Sonderanfertigungen nötig, die dann teurer sind, oder die Nischen bleiben ungenutzt, was teure Wohnfläche verschwendet.

Als Standardbreite gelten 60 Zentimeter für Küchenmöbel und für freistehende Küchengeräte, wie Herd oder Kühlschrank. Geschirrspüler sind in den Breiten 60 Zentimeter und 45 Zentimeter erhältlich, Küchenmöbel auch in den Breiten 30 Zentimeter, 40 Zentimeter und 50 Zentimeter. Achten Sie schon während der Planung darauf, dass der Grundriss Ihrer Küche auf diese Standardmaße abgestimmt ist, sodass alte wie neue Küchenmöbel und -geräte ohne Raumverlust angeordnet werden können.

Wie groß muss die Küche sein?

Je kleiner eine Küche ausfallen kann, desto preiswerter ist sie. Wer sich auf die wesentlichen, unbedingt notwendigen Elemente und den Mindeststauraum beschränkt, kann Kosten für Wohnfläche und für die Küche selbst sparen. Ähnliche Fragen, die Sie sich bei der Hausplanung stellen sollten, sind auch für die Küchenplanung wichtig: Was brauchen Sie wirklich? Wie oft und wie aufwendig kochen Sie? Wie viele Personen nutzen die Küche? Welche elektrischen Geräte in welcher Ausführung sind Ihnen wichtig, welche wären eher Luxus? Was man unter der Mindestausstattung einer Küche versteht, ist individuell verschieden – neben Spüle, Herd und Ofen, Kühlschrank, Vorratsschrank, Arbeitsfläche und Spülmaschine gehören für viele auch Mikrowelle, Dunstabzug, Sitzgelegenheiten und so weiter dazu. Was auch immer Ihnen wichtig ist – alle gewünschten Küchenelemente bestimmen mit ihrem Platzbedarf die Größe einer Küche in entscheidender Weise.

Bei der Grundrissplanung ist es außerdem sinnvoll, die Küchenmaße passend zu den alltäglichen Arbeitsabläufen zu planen. Die Küchenarbeiten bestehen im Wesentlichen aus drei Arbeitsschritten: Vorbereiten, Kochen und Spülen. Um die Laufwege so kurz wie möglich

Kostensparende Aspekte bei der Küchenplanung

- Bedarf kritisch prüfen
- Grundrissmaße auf Standardbreiten von Küchengeräten und -schränken anpassen
- Küche auf Kernfunktion reduzieren
- Platz sparen durch hohe Küchenoberschränke
- Einzelelemente und Standgeräte anstatt Einbauküche kaufen
- Platz, Trennwände und Türen sparen durch Wohnküche oder zum Essplatz offene Küche
- Armaturen und Elektrogeräte mit sparsamem Verbrauch wählen
- Küchenrückwand mit abwaschbarem Acryllack streichen
- Arbeitsplatten aus Holzwerkstoff mit Laminatoberfläche wählen
- Einbauküche und Elektrogeräte separat kaufen

Küche mit zwei gegenüberliegenden Küchenzeilen: Diese Anordnung ist wirtschaftlich und im Alltag effizient nutzbar.

zu halten, empfehlen sich je nach Küchenform bestimmte Anordnungen von Kühlschrank, Spüle und Herd. Bei einer einzeiligen Küche liegt der Herd idealerweise zwischen Spüle und Kühlschrank. Zwischen Herd und Spüle sollte ein 60 bis 90 Zentimeter breiter Arbeitsbereich vorgesehen werden, zwischen Herd und Kühlschrank sollte der Abstand mindestens 50 Zentimeter betragen.

Bei einer Kochinsel oder einer gegenüberliegenden zweiten Zeile hingegen liegen entweder Kochfeld oder Spüle mittig in der Insel oder Küchenzeile, Kühlschrank und Spüle oder Kochfeld sind dann in der gegenüberliegenden Zeile angeordnet.

Wichtig: Denken Sie bei der Planung Ihrer Küche auch in die Höhe. Um den Platz in der Küche wirklich optimal ausnutzen zu können, sind möglichst hohe Oberschränke sinnvoll. Ganz oben können diejenigen Küchenutensilien oder Kleingeräte untergebracht werden, die man nur selten braucht. Das kann Platz und somit Kosten für einen zusätzlichen Geschirrschrank sparen.

Gut zu wissen: Wenn man wassersparende Armaturen verwendet, lassen sich bis zu 60 Prozent kostbaren Trinkwassers und die entsprechenden Kosten sparen. Ein Durchflussbegrenzer und beigemischte Luft sorgen für den Spareffekt, ohne dass der Komfort eingeschränkt wird.

Einbauküche oder Einzelelemente?

Muss es eigentlich eine Einbauküche sein? Bei der Entscheidung über diese Frage sollten Sie bedenken, dass Einbaugeräte wie Herd, Geschirrspüler und Kühlschrank etwas schmaler als Standgeräte sind, damit sie in die Einbauschränke passen. Zwar lassen sich dadurch Ihre alten Einbaugeräte problemlos in eine neue Einbauküche integrieren. Aber das nutzbare Volumen etwa eines Einbaukühlschranks ist dadurch geringer als das eines gleich hohen Standgeräts, zudem ist der Montageaufwand größer.

Eine kostengünstige Alternative zu einer Einbauküche ist es daher, die Küche aus Einzelelementen zusammenzustellen und Standgeräte statt Einbaugeräte zu wählen. Standgeräte sind häufig auch unterbaufähig, das heißt, man kann die obere Abdeckung abnehmen und das Gerät unter die Arbeitsplatte schieben.

Wenn Sie sich jedoch für eine neue Einbauküche entscheiden, kann es kostengünstiger sein, die Elektrogeräte separat zu kaufen, da Einrichtungshäuser diese häufig im Gesamtpaket mit der Küche mit Aufpreis anbieten. Die Stiftung Warentest testet regelmäßig Küchengeräte – Einbaugeräte und Standgeräte – und erläutert, welche Geräte leistungsstark und zugleich stromsparend sind.

KOSTEN SPAREN DURCH DIE WAHL VON ELEKTROGERÄTEN

Bei Elektrogeräten muss nicht immer das teurere Gerät das bessere sein. Das zeigen die Tests zum Beispiel von Spülmaschinen, Herden oder Kühlschränken, die die Stiftung Warentest regelmäßig durchführt. Testergebnisse und viele weitere Informationen finden Sie unter test.de/thema/kuechengeraete/.

Tipp: Auch wenn energieeffiziente Geräte in der Anschaffung zunächst teurer sind, macht sich die Ersparnis an Strom und Wasser, zum Beispiel bei einem Geschirrspüler, langfristig bezahlt. Zudem sind energieeffiziente Geräte meist weniger störanfällig. Über die Lebensdauer des Geräts lohnt sich also die Investition.

Küchenformen

Gerade Küchenzeilen sind deutlich preiswerter als solche, die übereck angeordnet sind, und sie sind auch besser nutzbar, weil jeder verfügbare Quadratmeter ausgeschöpft werden kann. Für eine gerade Küchenzeile in einfacher Ausführung muss man ohne Elektrogeräte mindestens 500 bis 1 000 Euro veranschlagen, eine L-förmige Küchenzeile hingegen kann leicht das Doppelte kosten.

U-förmige Küchenzeilen sind in Neubauten kaum noch üblich, weil sie für die Fläche, die sie beanspruchen, vergleichsweise wenig Stauraum bieten.

Inselküchen sind rund 30 Prozent teurer als einzeilige Küchen, weil die Anschlüsse für Herd und Spüle im Boden verlegt werden müssen, und sie benötigen zusätzlichen Platz. Dafür haben Inselküchen einige Vorteile: Sie fördern die Kommunikation, denn beim Kochen blickt man nicht nur auf eine Wand, und man kann mit mehreren Personen um die Kochinsel herumstehend gemeinsam kochen, ohne sich dabei in die Quere zu kommen.

Materialien

Die Kosten für eine Küche hängen auch von den verwendeten Materialien ab. Arbeitsplatten gibt es in zahlreichen Ausführungen, von einfachen Holzwerkstoffplatten mit Laminat über Holz bis hin zu Naturstein. Dementsprechend groß ist die Preisspanne. Am preisgünstigsten sind Holzwerkstoffplatten mit laminiertem Schichtstoff, die bereits ab etwa 30 Euro pro Quadratmeter in verschiedenen Dekoren erhältlich sind. In dieser Preisklasse handelt es sich meist um 15 bis 25 Millimeter dicke Platten mit CPL-Oberflächen – „Continuous Pressure Laminate" – die nur bedingt widerstandsfähig sind, zum Beispiel gegen Hitze. Trägerplatten mit HPL-Oberflächen – „High Pressure Laminate" – sind dagegen mit 40 Millimetern viel dicker, wesentlich unempfindlicher und haltbarer, wobei man mit einer durchschnittlichen Lebensdauer von 20 Jahren rechnen kann. Die Preise beginnen hier bei etwa 60 Euro pro Quadratmeter.

Eine etwas teurere Alternative stellen MDF-Platten dar, also mitteldichte Faserplatten. Im

Einfache, reduzierte Küche mit schlichten, vom Schreiner angefertigten Möbeln

Gegensatz zu Spanplatten werden für MDF-Platten sehr feine Holzfasern miteinander verpresst, wodurch sich eine besonders homogene Oberfläche ergibt.

Furnierte Holzarbeitsplatten kosten je nach Holzart und Stärke ab etwa 80 Euro pro Quadratmeter aufwärts. Sie erfordern einen gewissen Pflegeaufwand.

Zu den teuren Materialien für Küchenarbeitsplatten zählen unter anderem Vollholz, Granit, Edelstahl, Acrylstein und Keramik, für die man je nach Material mit mindestens 200 Euro pro Quadratmeter rechnen muss, die dafür jedoch eine deutlich längere Lebensdauer haben als Laminate.

Nischenverkleidungen über der Arbeitsplatte müssen nicht unbedingt gefliest sein. Oft wird eine dünne Laminat-, MDF- oder Glasplatte farblich passend zur Arbeitsplatte gewählt. Doch man kann auch durchaus ganz ohne feste Nischenverkleidung auskommen. Am einfachsten ist es, die Wandfläche mit einer abwaschbaren Wandfarbe, etwa einem Acryllack, zu streichen. Soll es eine feste Nischenverkleidung sein, kann diese zwischen Arbeitsplatte und Oberschrank auch nur halbhoch angebracht werden. Zusätzlich kann hinter dem Herd für rund 40 Euro auch ein Spritzschutz, zum Beispiel aus Glas oder Edelstahl, montiert werden.

KOSTENFALLE BADEZIMMER

Bäder gehören zu den teuersten Räumen in einem Einfamilienhaus: Für ein einfaches, sechs Quadratmeter großes Bad müssen Sie mit 5 000 bis 15 000 Euro rechnen, für eines mit gehobener Ausstattung dieser Größe ab 15 000 Euro aufwärts. Die wichtigste Kostenfrage lautet daher: Wie viele Bäder brauchen Sie? Für eine vierköpfige Familie kann man mit einem einzigen Bad gut auskommen, vor allem, wenn zusätzlich ein separates Gäste-WC vorhanden ist. Ein zweites Bad hingegen schlägt bei den Kosten nicht nur mit der Badausstattung zu Buche, sondern auch mit den dafür zusätzlich benötigten Quadratmetern beheizter Wohnfläche. Ein Familienbad hat mit acht bis zehn Quadratmetern eine komfortable und normalerweise auch ausreichende Größe. Die Kosten lassen sich weiter reduzieren, wenn Sie auf eine einfache und praktische Ausstattung setzen: ein Waschbecken anstatt zwei, entweder eine Dusche oder eine Badewanne und nicht beides.

Grundsätzlich empfiehlt es sich, im Bad wenn möglich Platz für eventuelle spätere Einbauten oder für das Aufstellen von Geräten, wie eine Waschmaschine, einzuplanen und die dafür nötigen Anschlüsse bereits von vorneherein zu installieren. Um bei der Vorwandinstallation Kosten zu reduzieren, sollten alle angeschlossenen Objekte, wie Waschbecken, WC, Dusche oder Badewanne, möglichst an derselben (Vor-)Wand liegen.

Wand- und Bodenbeläge im Bad

Bäder müssen nicht rundum gefliest sein. Es genügt, den Fliesenspiegel hinter Waschbecken und WC auf eine Höhe von etwa 1,10 Meter zu beschränken, in der Dusche genügt eine Höhe des Fliesenspiegels von 2 Metern. Pro Quadratmeter Wandfläche müssen Sie für

Fliesen in einfacher Ausführung inklusive Materialkosten und Verlegen durch einen Fachmann mit rund 65 Euro rechnen, wobei sehr einfache Wandfliesen bereits ab etwa 10 Euro pro Quadratmeter zu finden sind.

Als Alternative zu Fliesen eignen sich zum Beispiel dampfdurchlässige Kalkstreichputze. Diese Putze nehmen Feuchtigkeit auf und geben sie auch wieder ab, lassen das Bad wohnlicher als mit Fliesen wirken, und sie lassen sich gut in Eigenarbeit auftragen, was Handwerkerkosten von 50 Euro oder mehr pro Quadratmeter Wandfläche spart. Mit Kalkstreichputz entstehen Ihnen Materialkosten von rund 1,60 Euro pro Quadratmeter Wandfläche. Bei einer verputzten Badezimmerwand benötigen Sie allerdings rings um Waschbecken und WC einen Spritzschutz, der jedoch nicht unbedingt aus einer gefliesten Fläche bestehen muss. Eine preiswerte, weil einfach zu montierende Alternative ist ein Spritzschutz zum Beispiel aus Glas, Acrylglas oder Polycarbonat, und auch beschichtete Dekorplatten sind eine Option. Die Quadratmeterpreise für derartige Verkleidungen können je nach Material, Oberflächenstruktur und Dicke zwischen 10 und 60 Euro liegen.

Fugenlose Wandbeläge, die zum Beispiel aus Feinputzen mit Zusätzen oder aus Kunstharz bestehen können, sind wasserfest und lassen ein Bad größer erscheinen als ein gefliestes Bad. Mit fugenlosen Belägen lassen sich sämtliche Wandoberflächen im Bad gestalten, sodass Fliesen oder Spritzschutzvorrichtungen überflüssig sind. Je nach Material, Zusammensetzung und Optik entstehen Materialkosten ab rund 20 Euro aufwärts pro Quadratmeter Wandfläche. Dazu kommen die Kosten für die handwerkliche Ausführung.

Sanitärobjekte

Sanitärgegenstände, ob Badkeramik, Armaturen oder sonstiges Zubehör, sind deutlich günstiger, wenn man sie selbst erwirbt, als wenn der beauftragte Handwerker das Material mitliefert, denn dessen Aufschläge können 30 bis 50 Prozent der reinen Produktkosten ausmachen. Allerdings muss man sich dafür um nichts weiter kümmern, den Verschnitt nicht mitbezahlen, und der Handwerksbetrieb haftet für eventuelle Materialfehler. Namhafte Hersteller bieten auch einfache Badkeramik an, die man preisgünstig in Baumärkten, Möbelhäusern oder im Onlinehandel findet. Wer sich bei der Badausstattung auf einfache und wenige Sanitärgegenstände beschränkt und auf Sondermaße verzichtet, kann bis zu 50 Prozent im Vergleich zu einer hochwertigen Ausstattung sparen.

Kreative Halterung: Duschvorhänge müssen keineswegs langweilig sein.

Waschbecken in Standardausführung sind in der Regel 60 Zentimeter breit und 55 Zentimeter tief, WCs 40 Zentimeter breit und 60 Zentimeter tief (mit Wandeinbauspülkasten) oder 75 Zentimeter (mit Druckspüler), Badewannen haben standardmäßig die Maße 170 Zentimeter auf 75 Zentimeter, der Standard bei Duschwannen liegt bei 80 mal 80 Zentimeter.

Weniger ist mehr: Wenn eine Badewanne unbedingt gewünscht ist (die Kostenspanne

Kostenfallen beim Bad

- Größe des Bades überdimensioniert
- Handtuchheizkörper mit Elektrobetrieb
- Unnötig hoher Fliesenspiegel
- Doppelwaschbecken
- Kombinationen aus Badkeramik und Badmöbel

reicht von 400 bis 4000 Euro), kann man diese zumindest vorerst auch zum Duschen benutzen und eine separate Dusche erst später einbauen. Dabei sind die komfortablen Walk-In-Duschen mit durchgehendem Bodenbelag deutlich teurer als herkömmliche Duschkabinen, denn die Abdichtung des Bodens, der ein Gefälle aufweisen muss, ist sehr aufwendig. Bei Badewannen spart man langfristig Kosten, wenn man solche aus Stahlemail wählt – ein unempfindlicher Verbundwerkstoff aus Glas und Stahlblech, der nicht altert, was eine sehr hohe Lebensdauer der Badewanne nach sich zieht. Nach dem Entsorgen können diese Badewannen eingeschmolzen und das Material wiederverwendet werden. Acrylwannen sind zwar leichter, rutschfester und in individuellen Formen herstellbar, bestehen allerdings aus Kunststoff und reagieren empfindlich auf Badezusätze und Scheuermittel. Dementsprechend sind sie weniger lange haltbar und müssen dann als Sondermüll entsorgt werden. Der Kaufpreis liegt bei beiden Varianten in einer ähnlichen Größenordnung.

ELEKTROINSTALLATION

Die Elektroplanung unterliegt zahlreichen Vorschriften und ist ein Kostenfaktor, bei dem Sie nur in geringem Umfang sparen können. Die Kosten für die Elektroinstallation variieren stark, liegen jedoch bei einem Einfamilienhaus meist zwischen 3 und 5 Prozent der Gesamtbausumme. Rund 60 Prozent der Kosten entstehen dabei für Installationsarbeiten, die nur von einem Fachmann ausgeführt werden dürfen, und nur etwa 40 Prozent der Kosten entfallen auf das benötigte Material. Daher gilt: Je einfacher die Elektroinstallation, desto kostensparender ist sie.

Sparen durch gute Planung

Um Kosten bei der Elektroinstallation zu sparen, lohnt sich eine genaue Planung: Wie viele Steckdosen benötigen Sie für Geräte und für Standleuchten und an welchen Stellen? Wo sollen Lichtschalter platziert werden: an den Türen, am Bett oder an Schränken für eine indirekte Beleuchtung? Wie viele Multimediaanschlüsse sind erforderlich? Gibt es weitere elektrische Installationen, die Sie benötigen, zum Beispiel für eine elektrische Steuerung der Rollläden oder eine Wechselsprechanlage?

Später neue Leitungen zu verlegen ist wesentlich teurer, als diese von vorneherein im Zuge der Elektroarbeiten mit zu verlegen. Gerade bei Steckdosen kann man sparen: Anstatt Einzelsteckdosen in einem Raum an vielen verschiedenen Stellen vorzusehen, ist es günstiger, dieselbe Anzahl an Steckdosen an einigen wenigen Stellen in Form von Mehrfachsteckdosen einzusetzen, da so weniger Leitungen verlegt werden müssen. Je nach Wandkonstruktion kann das Verlegen aufwendig und damit entsprechend kostenintensiv sein. Mit der Anzahl der Steckdosen sollte man allerdings nicht zu knapp kalkulieren, denn im Laufe der Zeit benötigt man meist mehr Steckdosen als zunächst angenommen. Allein schon für die heutzutage übliche Ausstattung mit Unterhaltungselektronik im Wohnzimmer werden etwa zehn elektrische Anschlüsse benötigt. In Kinderzimmern sollten etwa acht Steckdosen vorgesehen werden, auch, damit nach dem Auszug der Kinder die Räume flexibel genutzt werden können. Im Schlafzimmer sind je nach Bedarf etwa sechs Steckdosen sinnvoll, eventuell auch solche mit integriertem USB-Anschluss,

Kostenfaktoren bei der Elektroplanung

- Stromverteilung und Länge der Leitungen
- Anzahl und Art der Steckdosen und Schalter
- Art der Kabelführung
- Lage und Anzahl von Steigschächten

im Arbeitszimmer benötigt man eher acht bis zehn Steckdosen und in der Küche zehn, zusätzlich zu den Anschlüssen für den Herd. Weitere Steckdosen sind für Flur und Nebenräume sowie für die Garage nötig. Im Zweifelsfall leisten Leerrohre für spätere Elektroinstallationen wertvolle Dienste, wenn sie bereits beim Bau verlegt und entsprechende Verteilerdosen mit eingelegten Zugdrähten versehen werden, denn dann können Stromkabel bei Bedarf auch nachträglich noch eingezogen werden.

Anstatt Elektrokabel unter Putz im geschlitzten Mauerwerk oder in der Konstruktion einer Holzwand zu führen, können sie auch kostengünstig sichtbar, zum Beispiel in Kupferrohren, auf der Wand verlegt werden, was sich besonders bei Sichtoberflächen aus Holz, Beton oder Mauerwerk anbietet.

Eigenleistungen sind bei der Elektroinstallation nur eingeschränkt möglich. Sie können jedoch in einem gewissen Rahmen Kosten für Handwerkerleistungen sparen, wenn Sie zum Beispiel selbst Schlitze stemmen, Unterdosen setzen, Kabel in Leerrohre einziehen oder die Wandschlitze wieder verschließen. Der Elektriker muss die Arbeiten aber abnehmen, da er verantwortlich für die korrekte Installation ist.

Schalter und Steckdosen werden in vielen verschiedenen Ausführungen und zu ganz unterschiedlichen Preisen angeboten. Hier können Sie viel Geld sparen, wenn Sie Standardschalter und Standardsteckdosen wählen, die Sie bei Bedarf jederzeit nachkaufen können.

Smart Home – Nutzen und Kosten

Unter Smart Home versteht man die umfassende Vernetzung verschiedenster Hausfunktionen und ihre Steuerung. Je nach Voreinstellung können zum Beispiel vollautomatisch oder individuell über Smartphone, PC oder Tablet die Heizungsanlage oder der Kaminofen, das elektrische Licht im Haus, die Sonnenschutzrollos und auch die Haushaltsgeräte, zum Beispiel entsprechend der aktuellen Stromerzeugung durch eine Photovoltaikanlage, gesteuert werden. Auch die Sicherheitstechnik ist steuerbar: So schließen zum Beispiel Fenster automatisch, wenn niemand anwesend ist oder wenn es anfängt zu regnen.

Im günstigsten Fall lassen sich mit der eingebauten Technik 20 bis 30 Prozent der Heizkosten einsparen. Dies gelingt allerdings nur, wenn man sich intensiv mit den Automatisierungsmöglichkeiten beschäftigt und dann entsprechend programmiert – Smart-Home-Systeme sind zurzeit noch nicht sehr benutzerfreundlich gestaltet. Ob sich eine derartige, je nach Ausführung und Leistung bis zu 60 000 Euro teure Anlage lohnt und die hohen Anschaffungskosten rechtfertigt, ist eine individuelle Entscheidung. Zu bedenken ist auch die Datensicherheit, die bei Funksystemen nicht immer gegeben ist, sodass unter Umständen Zugriffe von außen möglich sind. Dies lässt sich mit kabelgebundenen Systemen vermeiden, die außerdem stabiler sind. Diese müssen allerdings von vorneherein sorgfältig geplant werden. Nachträgliche Veränderungen führen zu hohen Folgekosten.

Auf den Wandoberflächen verlegte elektrische Leitungen

Makellos ohne Make-up

WOHNHAUS IN UNGERHAUSEN CHRISTIAN GROSS ARCHITEKTUR, MARKT RETTENBACH

Ein einfacher Baukörper und unbehandelte Sichtoberflächen sind die wesentlichen Merkmale dieses preiswerten und mit wenigen, jedoch hochwertigen Materialien gebauten Hauses.

Situation Auf dem Grundstück hinter ihrem Elternhaus fand die junge Bauherrin Platz für ihr eigenes Wohnhaus, umgeben von Scheunen und ehemaligen Bauernhäusern. Ihr Budget war sehr knapp, sodass ein Bauträgerhaus, wie ursprünglich angedacht, für sie nicht infrage kam. Der Bauherrin war wichtig, an den richtigen Stellen zu sparen, um dafür andere Wünsche am Haus verwirklichen zu können. Deshalb beauftragte sie einen Architekten, der ihre Vorstellungen von kostengünstigem Bauen kreativ umsetzen sollte. Dabei sollte das Haus preiswert, jedoch nicht bil-

Links: Blick von Süden, mit Küchenbereich im Erdgeschoss. Die Fassade ist mit Aluwelle verkleidet.

Im Inneren dominieren Oberflächen aus Sichtbeton und unbehandeltem Seekiefernholz. Die Treppe mit dem darunter integrierten Regal wurde von einem Schreiner gefertigt, um den verfügbaren Platz optimal auszunutzen.

lig gebaut sein. Im Erdgeschoss waren der Bauherrin große Fensterflächen wichtig, eine zumindest teilweise massive Bauweise als Speichermasse für einen möglichst guten sommerlichen Wärmeschutz sowie eine ins Haus integrierte Garage. Dafür war sie gerne bereit, sich bei der Anzahl der Räume und bei den Oberflächen auf das Notwendige zu beschränken. Die Bauvorschriften ließen nahezu freie Hand: Behördlich vorgegeben war lediglich, dass sich das Gebäude in die Umgebung harmonisch einfügen und ein Satteldach haben sollte. In Anlehnung an die umgebenden Scheunen mit ihren dunkel gestrichenen Holzfassaden wählte der Architekt eine ebenfalls dunkle Fassade, allerdings nicht aus Holz, sondern aus Aluwelle, die preiswerter war. Außen dunkel und innen lichtdurchflutet: Für diesen Entwurf erhielt der Architekt unter anderem eine Anerkennung beim Baupreis Allgäu 2018 und eine Nominierung für den DAM-Preis 2019 des Deutschen Architekturmuseums.

Baukörper und Materialien Der kompakte, schnörkellose Baukörper wurde in Holzständerbauweise mit einem aussteifenden Betonkern errichtet. Der Aufbau der Außenwände war besonders kostengünstig: Außen besteht die Verkleidung aus Aluwelle, auf den Innenseiten dagegen aus unbehandelten Seekiefer-Sperrholzplatten, die als Plattenwerkstoff bereits dampfdicht sind. Daher war eine Dampfsperre überflüssig. Auf eine Installationsebene und die dann erforderliche zweite Verkleidung wurde ebenso verzichtet. Die massiven Betonwände wurden roh und unbehandelt belassen, was so viel Kosten einsparte, dass der Wunsch der Bauherrin nach großen Fensterflächen erfüllt werden konnte. Auf der Südseite bestehen diese aus einer Festverglasung und einer einfachen Terrassentür, während sich die Fensterfläche auf der Westseite über eine Hebe-Schiebetür zur Terrasse hin öffnen lässt. Eine Besonderheit ist die Lage der Garage: Auf Wunsch der Bauherrin wurde die Garage ins Gebäude integriert, wo sie zugleich als Haustechnik- und Lagerraum dient. So können die

Im schlichten Badezimmer sind die Oberflächen wie überall im Haus unbehandelt. Das Regal unter dem Waschbecken könnte mit handwerklichem Geschick auch selbst hergestellt werden.

Offener Übergang von der Küche ins Wohn-Esszimmer. Der Fußboden besteht lediglich aus der geglätteten und imprägnierten Betonbodenplatte.

Bewohner geschützt direkt von der Garage aus ins Haus gelangen. Da die Garage innerhalb der thermischen Gebäudehülle liegt, könnte bei Bedarf das Garagentor gegen bodentiefe Fenster ausgetauscht und so ein zusätzlicher Raum gewonnen werden.

Grundriss und Innenraum Der Grundriss im Erdgeschoss ist vollkommen offen, wobei die Küche um das Gästebad herum angeordnet ist und somit optisch etwas abgeschirmt vom Wohn-Essbereich liegt. Dieser wiederum ist zweigeschossig und reicht offen bis unters Dach, was das Haus trotz der relativ geringen Wohnfläche großzügig wirken lässt. Das Bad im Erdgeschoss ist zwar innenliegend, wird jedoch über einen Lichtschacht von einem Dachoberlicht und einem kleinen Glasboden im Obergeschossbad belichtet. Vom Wohnraum aus gelangt man auf eine Galerie, die zwei Schlafräume und das obere Bad erschließt. Es wurde von vorneherein eingeplant, dass später bei Bedarf im Obergeschoss ein weiteres Kinderzimmer eingebaut werden kann. Dafür würde es genügen, über dem Wohnbereich mit einer leichten Holzkonstruktion einen zusätzlichen Boden einzuziehen und die so erweiterte Galerie seitlich zu schließen. Die entsprechenden Fenster sind in der Fassade bereits vorhanden. Bei den Oberflächen ging die Bauherrin aus Kostengründen einige Kompromisse ein: Die Wandoberflächen bestehen entweder aus Seekiefer-Sperrholzplatten oder aus Beton, sind jeweils völlig unbehandelt und wurden in Sichtqualität belassen. Putz oder Farbanstriche kamen nicht zum Einsatz. Seekiefer hat eine markante Maserung und ist ein preiswertes Holz, das sich gut für den Innenbereich eignet, so zum Beispiel auch für das Stabparkett im Obergeschoss. Im Erdgeschoss besteht der Boden hingegen lediglich aus der Betonbodenplatte, deren Oberfläche nur geglättet und imprägniert wurde. Die Heizschlangen für die Fußbodenheizung wurden vor dem Aushärten des Betons in den Boden eingelegt. Mit dieser Lösung sparte die Bauherrin im Vergleich zu Estrich und Holzbelag rund 15 000 Euro ein. Für Treppe, Einbaumöbel und Küche beauftragte die Bauherrin einen Schreiner. So konnte sie jeden Quadratmeter im Haus optimal ausnutzen – der Raum unter der Treppe dient etwa als Regal.

Energiekonzept Beheizt wird das Gebäude mit einer Gasbrennwerttherme, Solarthermie sorgt für die Warmwasserbereitung. Ein Holzofen verbreitet im Winter eine behagliche Atmosphäre.

Garten und Außenanlagen Einfache Holzdecks aus Lärchenholz grenzen an die großen Glasflächen im Süden und Westen, sodass sich schwellenlose Übergänge zwischen innen und außen ergeben. Garage und Hauseingang erreicht man über einen Schotterbelag.

Projektdaten

Architektur: Christian Groß Architektur, Markt Rettenbach
Anzahl der Bewohner: 2 (für 3 geplant; erweiterbar für 4 Bewohner)
Grundstücksgröße: ca. 1 150 m² (grenzt ans elterliche Grundstück)
Wohnfläche: 125 m²
Anzahl der Vollgeschosse: 1 + DG
Keller: nein
Energiestandard: gemäß EvEV 2016
Energiekonzept: Gasbrennwerttherme, Solarthermie, Holzofen
Konstruktion und Materialien: Holzständerbau, innen Betonkern; Fassade: Aluwelle
Jahr der Fertigstellung: 2018
Baukosten: ca. 2 000 Euro pro m² Wohnfläche (KG 300 + 400), inkl. Garage Bauwerkskosten: 250 000 Euro brutto (KG 300+400)

Kostensparende Aspekte:
- Kompakter Baukörper
- Offener Grundriss
- Verzicht auf Bodenbelag im Erdgeschoss
- Unbehandelte Sichtoberflächen bei Wänden und Decken
- Preiswerte Materialien
- Verzicht auf versiegelte Flächen im Außenbereich

Westseite mit Hauseingang und mit rechts davon ins Gebäude integrierter Garage

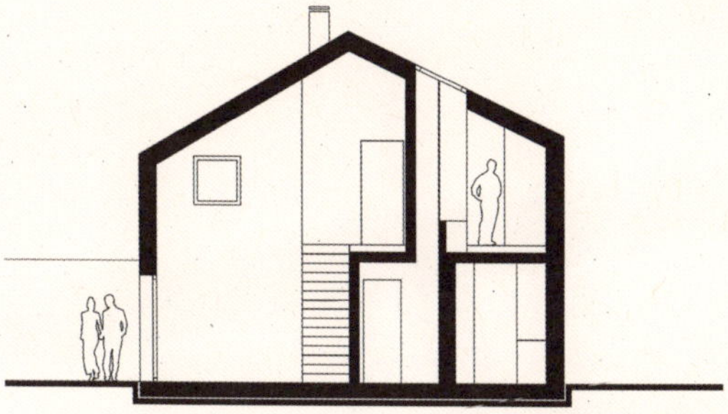

Querschnitt

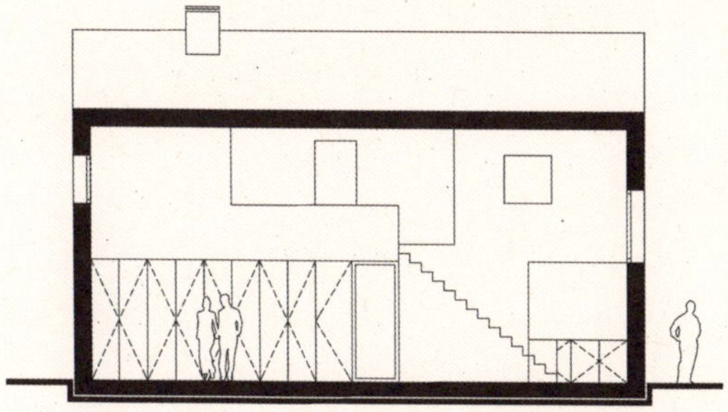

Längsschnitt

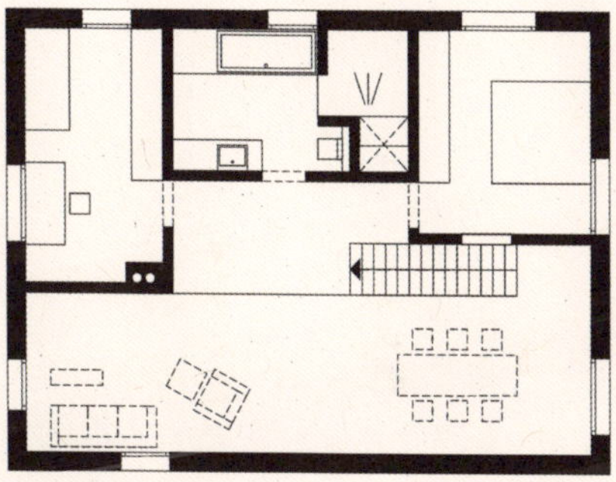

Obergeschoss

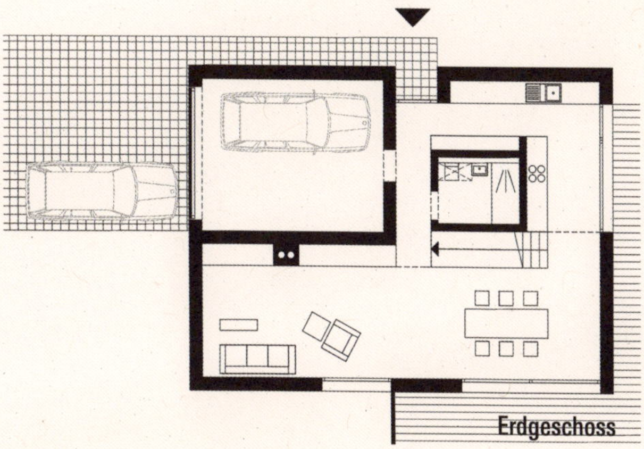

Erdgeschoss

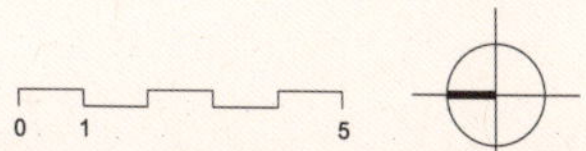

Schlank und elegant

SCHWARZES HAUS IN WOLFHAGEN, HESSEN
ARCHITEKTEN NINA UND MICHAEL BOHL

Das genau von Süd nach Nord ausgerichtete Haus öffnet sich zu zwei Holzterrassen.

Eine optimierte Grundrissplanung und viel Eigenleistung waren der Schlüssel zu diesem besonders kostengünstigen und dennoch geräumigen Wohnhaus, das zugleich durch eine klare architektonische Handschrift besticht.

Die Eingangsdiele führt offen in den Wohnbereich, lediglich Garderobe, WC und Technikraum grenzen die Diele seitlich ab,

Situation Es war ausgerechnet das schmalste Grundstück, das im Baugebiet der Wohnsiedlung noch frei war, und der Bebauungsplan gab zudem vor, dass die Außenwände an den Traufseiten nur maximal fünf Meter hoch sein durften. Den Bauherren war allerdings eine Bauweise mit zwei Vollgeschossen wichtig, was angesichts der begrenzten Traufhöhe eine besondere Herausforderung darstellte. Dagegen verzichteten sie gerne auf Keller und Garage.

Baukörper und Materialien Das etwa 16 Meter lange und sechs Meter breite Gebäude wurde als Holzrahmenbau geplant und war durch die Vorfertigung der Rahmenelemente in nur acht Monaten bezugsfertig. Die sägeraue schwarze Lärchenholzverkleidung lasierten die Bauherren in Eigenleistung. Das Obergeschoss ist zum Dachraum hin offen, wobei die Innenwandhöhe bis zum Knickpunkt zur Decke 2,10 Meter beträgt. Um diese Raumhöhe trotz der vorgeschriebenen Begrenzung der Traufhöhe erreichen zu können, durfte die Deckenkonstruktion nur so wenig wie möglich auftragen. Dies gelang mit einer schlanken Vollholzdecke aus 18 Zentimeter dickem Brettschichtholz, das bis zu 5,50 Meter frei gespannt werden kann und zudem ohne Unterverkleidung auskommt. Mit Trittschalldäm-

Im Erdgeschoss besteht der Boden aus ungeschliffenem Zementestrich und einer Deckschicht aus glattgestrichenem Zementspachtel.

mung und Bodenbelag beträgt die Deckenstärke insgesamt etwa 23 Zentimeter. Zum Vergleich: Eine übliche Holzbalkendecke wäre mindestens 30 Zentimeter dick und nur geringfügig preiswerter gewesen.

Die Fassadenbretter sind unterschiedlich breit und besonders lang: Auf Wunsch der Bauherren laufen die Bretter ohne horizontale Stöße durch, wodurch die Fassade eleganter wirkt. Da derartig lange Bretter in keine Trockenkammer passen, nahmen die Bauherren bewusst eine gewisse Restfeuchte in Kauf.

Bei den Fensteröffnungen wählten die Bauherren aus Kostengründen standardisierte Fensterformate. Um kostengünstig möglichst große Fensterflächen verwirklichen zu können, bauten sie wo immer möglich Festverglasungen ein und beließen es im Obergeschoss bei schmalen, nur 60 cm breiten Öffnungsflügeln.

Anstelle eines Kellers entschieden sich die Bauherren für ein etwa 12 Quadratmeter großes Gartenhaus für Geräte und Fahrräder. Sie platzierten es im 90-Grad-Winkel zum Wohnhaus, was das Grundstück zur Straße hin etwas abschirmt und zugleich zwei Stellplätze begrenzt. Mit 200 Euro pro Quadratmeter kostete es deutlich weniger als ein Keller.

Grundriss und Innenraum Man betritt das Haus an der Giebelseite im Osten. Das Erdgeschoss ist durch eine 8 Meter lange tragende Wand der Länge nach geteilt und, abgesehen von drei Nebenräumen entlang der Eingangsdiele, offen. Auf diese Weise konnten Trennwände und Türen gespart werden. Dafür waren den Bauherren große Schiebetüren zu den beiden Holzterrassen wichtig, damit der Wohn- und Essbereich nach außen hin erweitert werden kann. Im Erdgeschoss be-

steht der Bodenbelag nur aus Zementestrich, auf dem eine dünne Schicht Zementspachtel glattgestrichen und versiegelt wurde – ohne Schleifen, was sonst sehr aufwendig und entsprechend teuer gewesen wäre. Dieser völlig unbehandelte Zementbelag gilt eigentlich nicht als Fertigboden, er ist jedoch preiswerter als jeder andere Bodenbelag, zudem robust und leicht zu reinigen, und er passt mit seinem Industrielook gut zu den weiß lasierten Holzdecken. Leichte Kratzer oder Schleifspuren lassen sich zwar auf Dauer nicht vermeiden, sie verleihen dem Boden jedoch eine gewisse Lebendigkeit und eine Geschichte, wie es auch bei Holzböden der Fall ist.

Von der Eingangsdiele aus führt eine einläufige Stahl-Holz-Treppe entlang der Außenwand ins Obergeschoss. Durch die Lage der Treppe ergeben sich an beiden Flurenden aufgeweitete Bereiche. Dank dreier Fenster ist der Flur zudem taghell, sodass er im rückwärtigen Flurbereich, abgeschirmt durch die geschlossene Treppenbrüstung, als Arbeitsplatz

Oben: Im rückwärtigen, aufgeweiteten Bereich des natürlich belichteten Flurs verbirgt sich eine Arbeitsnische.

Rechts: Die bewusst nur 45 Zentimeter hohen und besonders tief ausgeführten Fensterbänke bieten bequeme Sitzmöglichkeiten. Die Festverglasung wird von zwei schmalen Öffnungsflügeln gerahmt.

genutzt werden kann. Ein eigener Raum fürs Homeoffice wurde dadurch überflüssig.

Sämtliche leichten Trennwände bestehen aus Holzrahmen und Gipsplatten, die in Eigenleistung montiert, gespachtelt und weiß gestrichen wurden. Der Bodenbelag besteht im Obergeschoss aus weiß geölten Lärchenholzdielen, die die Bauherren selbst verlegten, um weitere Kosten zu sparen. Besonderes Augenmerk legten die Architekten auf lange, zusammenhängende Wandflächen, damit Schränke platzsparend aufgestellt werden können.

Energiekonzept Beheizt wird das Gebäude über eine Brennstoffzelle, die über den vorhandenen Erdgas-Anschluss betrieben wird und die neben Wärme auch elektrische Energie produziert, sodass der Bedarf an Haushaltsstrom nahezu abgedeckt ist. Die Brennstoffzellenheizung besteht aus zwei 60 Zentimeter mal 60 Zentimeter großen und 2 Meter hohen Modulen, die wie ein Doppelkühlschrank im Hauswirtschaftsraum neben der Waschmaschine stehen. Brennstoffzellen sind derzeit noch teuer, allerdings werden sie finanziell stark gefördert. Im Vergleich zu einer Gasbrennwerttherme plus Solarthermie würde eine Brennstoffzellenheizung rund 10 000 Euro mehr kosten. Wegen der KfW-Förderung für eine derartige Heizung betrugen hier die Mehrkosten jedoch nur noch rund 1 000 Euro. Die Bauherren entschieden sich bewusst gegen eine Luftwärmepumpe, weil sie im Garten die zu erwartende Geräuschbelastung vermeiden wollten, und sie entschieden sich wegen der relativ flachen Dachneigung zudem gegen Solarthermie.

Wegen des fußwarmen Holzbodens im Obergeschoss reichten dort Flachheizkörper unter den Fenstern. Im Gegensatz dazu war unter dem Zementboden im Erdgeschoss eine Fußbodenheizung sinnvoll.

Garten und Außenanlagen Zwei Holzterrassen aus Lärchenholz, in Eigenleistung verlegt, erweitern in Kombination mit den großen Schiebetüren den Wohnraum nach außen. Da sie auf derselben Höhe wie der Fußboden liegen, ergibt sich ein nahezu barrierefreier Übergang von innen nach außen. In einem Kiesbett locker angeordnete Betonplatten bilden einen Verbindungsweg zwischen den Terrassen.

Die Südterrasse wird über die gesamte Breite von einem Pflanztrog begrenzt, der ebenfalls mit dem schwarzen Fassadenholz verkleidet ist. Rechts im Hintergrund der Holzschuppen, der als Kellerersatz dient und die Stellplätze abschirmt.

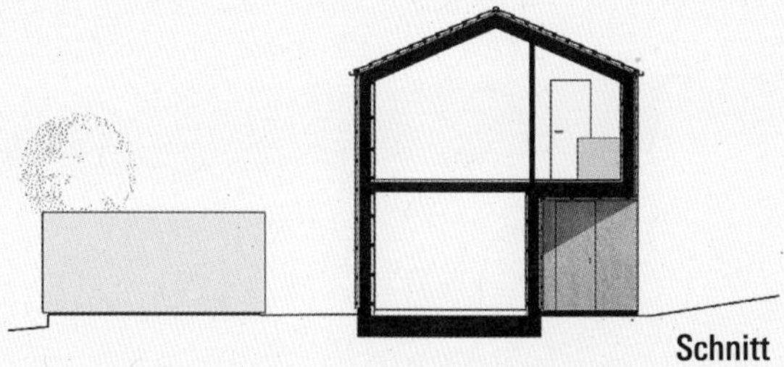

Schnitt

Projektdaten

Architektur: Nina Bohl, Architektin, und Michael Bohl, Architekt, Wolfhagen
Anzahl der Bewohner: 4
Grundstücksgröße: 650 m²
Wohnfläche: 140 m²
Anzahl der Vollgeschosse: 2
Keller: nein
Energiestandard: gemäß EnEV 2016
Energiekonzept: Brennstoffzellen-Heizung, Fußbodenheizung, Flachheizkörper
Konstruktion und Materialien: Holzrahmenbau; Wärmedämmung: Einblasdämmung und Holzweichfaserplatten; Dacheindeckung: Beton-Flachziegel
Jahr der Fertigstellung: 2019
Baukosten: ca. 1 800 Euro/m² Wohnfläche (KG 300 + 400)
Bauwerkskosten: 250 000 Euro brutto (KG 300 + 400)

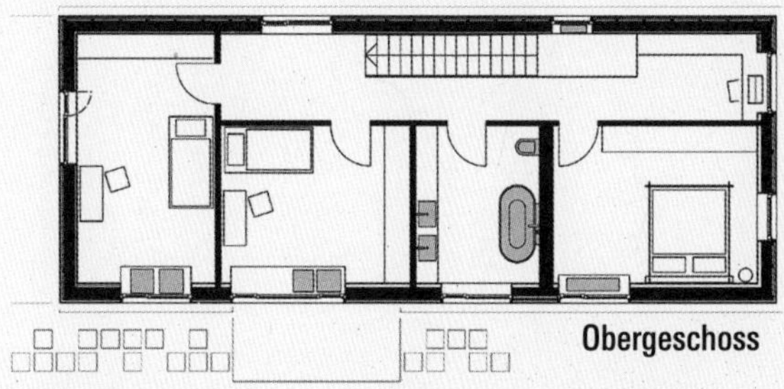

Obergeschoss

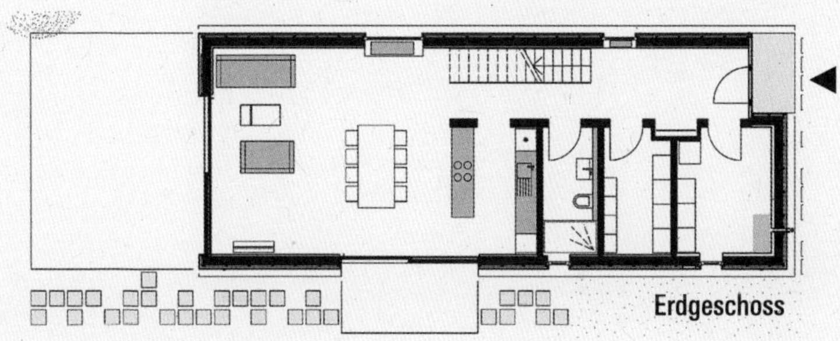

Erdgeschoss

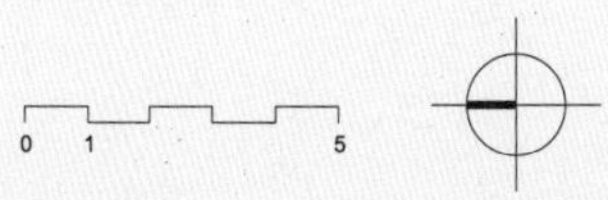

Kostensparende Aspekte:

- Kompakter Baukörper
- Standardisierte Formate bei Fenstern
- Hoher Anteil an Festverglasung
- Verzicht auf Keller
- Verzicht auf Garage
- Einfacher Zementestrichboden im Erdgeschoss
- Verzicht auf abgehängte Decken
- Kompakte Anordnung von Küche und Bädern für sparsame Leitungsführung
- Hoher Anteil an Eigenleistung

AUSSENANLAGEN GÜNSTIG GESTALTEN

Wenn die Gestaltung der Außenanlagen ansteht, ist das Haus in der Regel bereits fertig und das Budget häufig so gut wie aufgebraucht. In solchen Fällen kann die Gartengestaltung noch warten, und Sie können dabei später auch vieles in Eigenleistung erbringen. Allerdings gibt es Bereiche, die von vorneherein geplant werden sollten, um spätere Mehrkosten zu vermeiden, und andere, die grundsätzlich nicht verschoben werden sollten. Hierzu zählt zum Beispiel das Befestigen von Zufahrt und Stellplatz. Auch die Frage, ob es eine Garage oder ein Carport sein soll, sollte von Anfang an beantwortet werden, damit die dafür nötigen Fundamente bereits beim Rohbau angelegt werden können. Nachträgliche Maßnahmen zur Gründung werden nämlich deutlich teurer. Dies betrifft auch den Bau eventuell gewünschter weiterer Nebengebäude. Auch wenn der Garten erst später angesät und bepflanzt werden soll, ist es sinnvoll, zumindest die Terrasse schon anzulegen, um den Terrassenbereich nutzen zu können.

WOHIN MIT DEM AUTO?

Am meisten Kosten können Sie natürlich sparen, wenn Sie Ihr Auto einfach im Freien – entweder auf dem Grundstück oder am Straßenrand – parken. Falls Sie jedoch einen wettergeschützten Unterstand bevorzugen, sind Sie mit einem einfachen Carport gut beraten, weil dieser wesentlich kostengünstiger zu realisieren ist als eine Garage. Carports können je nach Ausführung mehrere Hundert bis zu mehrere Tausend Euro kosten, wobei die Fundamente, die für einen Carport nötig sind, zu den Kosten noch dazukommen. Garagen kosten in einfacher Ausführung aus Holz oder Stahl ab etwa 4000 Euro, zuzüglich der Fundamente. Betongaragen sind deutlich teurer.

Wenn Sie einen Carport oder eine Garage planen und die Baugenehmigung dafür einholen, könnte es sich lohnen, den Unterstand fürs Auto gleich um einen Geräteschuppen zu erweitern. Carports mit integriertem Schuppen sind auch als Komplettpakete je nach Größe ab etwa 3000 Euro erhältlich. Dann können Gartenmöbel und Fahrräder, Werkzeug und anderes untergebracht werden, sodass dieser gewonnene Platz eventuell sogar einen Keller ersetzen kann. Wenn der Carport mit Pflanzen berankt ist, bietet er sich zudem auch als geschützter Sitzplatz im Freien für gesellige Treffen an.

Stabil und lange haltbar: Carport aus Holz mit integriertem Abstellraum im Hintergrund.

Carport

Obwohl ein Carport nur aus einer auf Stützen befestigten leichten Überdachung oder einer begrünten Pergola besteht, müssen Punktfundamente angelegt werden, die mit 150 bis 300 Euro pro Fundament zu Buche schlagen können. Besteht das Dach des Carports aus einer Pergola, ist keine Baugenehmigung erforderlich und der Unterstand sieht sehr natürlich aus. Seitlich aufgestellte Rankgitter können als Wind- und Sichtschutz dienen. Das Auto steht dann im Schatten, ist jedoch nicht komplett vor Regen geschützt. Carports mit Dach hingegen sind in manchen Bundesländern genehmigungspflichtig, selbst mit einem Dach aus Kunststoff. Bei der Überlegung, wo der Carport am besten aufgestellt werden soll, müssen die Abstandsflächen zu den Nachbarn eingehalten werden. Diesbezügliche Vorschriften stehen im Bebauungsplan und können je nach Bundesland variieren, meist sind jedoch 2,5 bis 3 Meter einzuhalten.

Die Kosten für einen Carport variieren je nach Größe und Ausführung sehr stark und hängen unter anderem vom Material (Holz oder Metall), von der Breite (Einzelcarport oder Doppelcarport), von den seitlichen Wandelementen (offen oder geschlossen) und auch von der Höhe ab. Einen ganz einfachen Carport aus Fichtenholz für einen einzelnen Pkw kann man im Baumarkt als Bausatz bereits für rund 300 Euro erwerben, die übliche Preisspanne liegt jedoch je nach Qualität und Ausführung bei mehr als 2000 Euro, zuzüglich der Fundamente. Einfache Doppelcarports beginnen bei 2000 bis 2500 Euro. Bei günstigen Bausatzmodellen kann es sein, dass die Stützen nicht so stabil wie bei robusteren Carports sind, sodass sie eventuellen Beschädigungen oder einem versehentlichen Aufprall nicht so gut standhalten. Daher sollte man hier nicht an der falschen Stelle sparen. Carports aus Holz sind, wenn sie ausreichend stabil konstruiert sind, Jahrzehnte lang haltbar. Lärchenholz und Fichtenholz eignen sich besonders gut, ein Holzschutz ist in der Regel nicht erforderlich. Unbehandeltes Holz vergraut im Laufe der Zeit natürlich, ohne seine Funktion einzubüßen. Wichtig ist jedoch, dass Regenwasser immer gut ablaufen und das Holz richtig trocknen kann. Je nach Region muss auch auf die maximal zulässige Schneelast des Daches geachtet werden, die mindestens 85 Kilogramm pro Quadratmeter betragen sollte.

Metallcarports sind sehr stabil und pflegeleicht, tragen hohe Schneelasten und wirken elegant und filigran. Sie halten viele Jahrzehnte lang, sind allerdings deutlich teurer als Holzcarports. Einfache Metallcarports kann man im günstigsten Fall für rund 1500 Euro finden, in aller Regel liegen die Preise für einen Einzelcarport aus Metall jedoch bei 5000 Euro und, je nach Breite, Ausführung und Ausstattung, auch bei mehr. Carports aus Metall können entweder aus Aluminium bestehen, was sie leicht und filigran macht, oder aus rostfreiem Edelstahl, was die teurere Variante ist. Die Preise sind dann vergleichbar mit denen einer Fertiggarage.

Ob dann nicht gleich eine Fertiggarage die bessere Wahl ist, kann man allerdings nicht pauschal beantworten, denn bei der Abwägung zwischen hochwertigem Carport und Fertiggarage spielen verschiedene Faktoren eine Rolle: die Optik (filigran gegen kompakt), die Belüftungsmöglichkeiten bei Feuchtigkeit, der Platzbedarf, die Wartung des Garagentors, die nötigen Abstandsflächen zum Nachbarn und so weiter. Daher bleibt diese Abwägung, selbst bei gleichen Kosten, immer eine persönliche Entscheidung.

Garage

Eine Garage ist die sicherste und zugleich teuerste Variante eines Stellplatzes, beansprucht mehr Platz als ein Carport und sollte ausreichend groß bemessen sein, damit Sie Ihr Fahrzeug problemlos einparken und bequem ein- und aussteigen können. Eine Garage kann noch weitere Funktionen erfüllen: Ist sie länger oder breiter als für einen Pkw benötigt, bietet sie Platz für Fahrräder, Sportgeräte, Gartenmöbel und anderes mehr. Dann kann eine Garage durchaus einen Keller ersetzen. Auch das Dach einer Garage, ob Flachdach oder Schrägdach, lässt sich gut nutzen: Zum Aufstellen von Solarmodulen eignen sich beide Varianten. Ein Schrägdach bietet zusätzlichen Stauraum unter dem First, ein Flachdach könnte, wenn die Garage direkt ans Haus grenzt, bei Bedarf und bei entsprechender Konstruktion als Terrasse für das Obergeschoss genutzt oder begrünt werden. Je nach Standort kann eine Garage den Straßenlärm vom Garten abschirmen, ihn allerdings im ungünstigen Fall auch reflektieren. Wenn eine Garage massiv gebaut ist und direkt ans Wohnhaus grenzt, kann eine Verbindungstür einen direkten Zugang zum Haus ermöglichen. Für Garagen ist immer eine Baugenehmigung erforderlich, zudem müssen die Abstandsregeln zum Nachbarn eingehalten werden. Ob die Garage auf dem Grundstück direkt an die Grundstücksgrenze gebaut werden darf

Kosten sparen beim überdachten Stellplatz

- Garage größer planen, um Keller zu sparen
- Einfaches Garagentor wählen, etwa Doppelflügeltür
- Fertiggarage bevorzugen (Holz oder Stahl)
- Mehrfachnutzung planen (zum Beispiel Übergröße oder Anbau)
- Dachfläche nutzen (Solarpaneele, Begrünung, Dachterrasse für Wohneinheit im Obergeschoss)
- Fertiggarage gebraucht kaufen

oder sogar verpflichtend muss, sollten Sie auf jeden Fall im Vorfeld abklären.

Die Kostenspanne für Garagen ist groß und richtet sich nach Ausführung und Material, zum Beispiel, ob sie massiv aus Mauerwerk oder Beton gebaut oder in leichter Holz- oder Stahlbauweise als Fertiggarage ausgeführt ist, sowie nach der Größe: Am preisgünstigsten ist eine einfache Fertiggarage aus Holz mit Doppelflügeltür oder aus Stahl, die im Baumarkt zwischen 2 000 und 5 000 Euro kostet. Dazu kommen die Kosten für die Fundamente, die je nach Art und Größe des Fundaments bei 100 bis 300 Euro pro Quadratmeter liegen können, und für den Aufbau. Für eine Fertiggarage aus Beton muss man mit Kosten von mindestens 5 000 Euro rechnen, für eine massive Garage können bis zu 25 000 Euro anfallen. Zu den Kosten für die Garage selbst kommen noch die Kosten für die elektrische Ausstattung hinzu, zum Beispiel für den Toröffner und für die Beleuchtung.

FERTIGGARAGEN
sind meist mobil, das heißt, sie können bei einem eventuellen Umzug mitgenommen werden. Umgekehrt bedeutet dies, dass man einige Kosten sparen kann, wenn man eine gebrauchte Fertiggarage kauft.

OBERFLÄCHEN GÜNSTIG GESTALTEN

Bei der Gestaltung der Außenanlagen empfiehlt es sich, zunächst den Weg zur Haustür, die Zufahrt und einen Autostellplatz im Freien zu befestigen. Wird dies aus Kostengründen auf später verschoben, kann der Untergrund durch Regen weggespült werden. Ebenfalls nicht verschoben werden sollte zumindest das Anlegen der Fundamente von Carport, Garage oder Schuppen, damit sie bereits während des Rohbaus gesetzt werden können, wenn ohnehin das Material, die Maschinen und die Arbeitskräfte vor Ort sind – ein nachträglicher Erdaushub wird teurer und kann mit rund 1 000 Euro zusätzlich zu den Fundamenten zu Buche schlagen. Es ist sinnvoll, auch die Terrasse am Haus frühzeitig anzulegen, damit der Freibereich bereits genutzt werden kann. Im Zweifelsfall kann jedoch zunächst auch ein Kiesbelag gute Dienste leisten.

Alle anderen Flächen, wie der Garten selbst oder andere Grünbereiche rings ums Haus, können auch noch später ohne Mehrkosten angelegt werden. Die Kosten für die Freiflächenplanung inklusive der Ausführung betragen in der Regel 12 bis 18 Prozent der Bausumme. Auf ebenen Grundstücken muss man für Terrasse, Garagenzufahrt, Weg zum Hauseingang, Gartenzaun, Rasen und Bepflanzung mit 40 bis 100 Euro pro Quadratmeter Freifläche rechnen, wenn die Arbeiten von Fachfirmen ausgeführt werden.

Niederschlagswassergebühren sparen

Versiegelte Flächen auf dem Grundstück sind nicht nur ökologisch fragwürdig, sondern auch Kostentreiber, und das in mehrfacher Hinsicht. Dies betrifft nicht nur die Materialkosten, sondern auch die Kosten für das Ableiten von

Regenwasser in die Kanalisation, da auf versiegelten Flächen Regenwasser nicht versickern kann. Neben Garagenzufahrten, Terrassen, Wegen und Stellplätzen zählen übrigens auch die Dachflächen dazu. Die dabei anfallende Niederschlagswassergebühr, die ein Teil der gesplitteten Abwassergebühr ist, wird nach dem Anteil der bebauten und versiegelten Grundstücksfläche pro Quadratmeter berechnet. Sie liegt je nach Region und Gemeinde zwischen 0,7 und 2 Euro pro Quadratmeter versiegelter Fläche. Zum Vergleich: Die Schmutzwassergebühr richtet sich nach der Menge des im Haushalt verbrauchten Trinkwassers in Kubikmetern und beträgt in Deutschland in der Regel zwischen 1 und 2 Euro pro Kubikmeter Trinkwasser. Ein Beispiel: Bei einer 50 Quadratmeter großen Fläche, bestehend aus Garagenvorplatz und Terrasse, können Sie mit wasserdurchlässigen Belägen 35 bis 100 Euro pro Jahr bei der Niederschlagswassergebühr sparen.

Um die Niederschlagsgebühr zu reduzieren, sollte so viel Regenwasser wie möglich auf dem Grundstück versickern können. Es lohnt sich also finanziell, versiegelte Flächen so gering wie möglich zu halten. Auch aus ökologischer Sicht ist es sinnvoll, Regenwasser versickern zu lassen, anstatt es in die Kanalisation zu leiten: Versickerndes Regenwasser trägt dazu bei, die Grundwasservorräte aufzufüllen und den natürlichen Wasserkreislauf zu erhalten, und es leistet einen Beitrag zum Hochwasserschutz, denn Starkregen kann die Kanalisation schnell überlasten.

Auch begrünte Dächer tragen zum natürlichen Wasserkreislauf bei: Die Pflanzdecke eines Gründachs nimmt erst einmal viel Regenwasser auf, bevor der Wasserüberschuss zeitverzögert an die Regenrinne abgegeben wird. Das in der Vegetationsschicht zurückgehaltene Wasser verdunstet zunächst nach und nach. Mit einer begrünten Dachfläche kann sich je nach Aufbaudicke der Vegetationsschicht und Dachneigung die Niederschlagswassergebühr um bis zu 70 Prozent reduzieren. Gleichzeitig gewähren Städte und Gemeinden häufig Zuschüsse für das Begrünen eines Daches. Ein weiterer positiver Effekt: Ein begrüntes Dach trägt zu einem guten Mikroklima bei.

Gestalterisches Highlight im Garten: Wasserdurchlässiger Belag aus Splitt mit einzelnen Steinplatten

Durchlässige Oberflächen sparen Geld

Prinzipiell eignen sich alle Flächen rings ums Haus für wasserdurchlässige Beläge, die zudem eine preiswerte und auch ökologisch wertvolle Alternative zu geschlossenen Belägen wie Asphalt, Beton oder Verbundsteinen darstellen. Sogenannte wassergebundene Decken bestehen meist aus gebrochenem Naturstein, der in unterschiedlichen Größen und Körnungen aufgebracht werden kann. Dazu wird zunächst der Untergrund verdichtet, darauf folgt eine Tragschicht aus Schotter und darauf wiederum eine Deckschicht aus Splitt. Derartige Beläge sind um rund zwei Drittel kostengünstiger als eine gepflasterte Fläche. Wasserdurchlässige Flächen können aber auch aus Pflastersteinen mit Sickerfugen, aus Porenpflastersteinen, aus Rasengittersteinen oder aus Schotterrasen bestehen. All dies sind poröse und zugleich feste Bodenbeläge, die sich auch für einen Garagenvorplatz oder einen Autostellplatz eignen, weil sie mit dem Auto befahren werden können.

Schotterrasen zum Beispiel besteht aus einer Vegetationsschicht aus Wildblumen und einem Unterboden aus Schotter oder Splitt. Die Blumen und Gräser wachsen zwischen den Steinen hindurch und müssen nur zwei bis vier Mal im Jahr geschnitten werden. Die Kosten liegen deutlich unter denen für eine vergleichbare gepflasterte Fläche und belaufen sich auf etwa 20 bis 30 Euro pro Quadratmeter.

Für das Anlegen von Wegen, Zufahrten und Vorplätzen eignen sich auch Rasengittersteine aus Beton. Die 8 bis 10 Zentimeter dicken und etwa 30 Kilogramm schweren Betonsteine sind sehr belastbar und bilden zusammen mit dem dazwischen wachsenden Rasen eine grüne Fläche. Die Kosten belaufen sich auf 20 bis 40 Euro pro Quadratmeter inklusive dem Unterbau aus Schotter, Sand und Mutterboden. Rasengittersteine sind auch aus Kunststoff erhältlich, sie sind preiswerter, allerdings nicht so robust wie solche aus Beton. Rasengittersteine lassen durch ihre Löcher oder Aussparungen, die etwa 10 Prozent der verlegten Fläche ausmachen, große Mengen an Regenwasser versickern. Durch die Öffnungen sind sie jedoch nicht mit jedem Schuhwerk bequem zu begehen.

Wenn Sie aus optischen Gründen eine gepflasterte Oberfläche ohne Grün dazwischen bevorzugen, bieten sich zwei ökologische Alternativen zu einem geschlossenen Pflasterbelag an: Fugenpflaster sind so verlegt, dass der Niederschlag in den etwa einen Zentimeter breiten Fugen zwischen den Steinen versickern kann. Dieses Pflaster ist sehr belastbar und kann auch mit schweren Fahrzeugen befahren werden. Allerdings muss das in den Fugen wachsende Unkraut regelmäßig entfernt werden. Sogenanntes haufwerksporiges Pflaster, auch Porenpflaster genannt, saugt durch seine poröse Struktur Wasser auf und leitet es in den Boden weiter. Dieses Pflaster erfordert kaum Pflege, es sollten jedoch keine schweren Fahrzeuge darauf fahren oder parken. Bei Starkregen gelangt die Saugfähigkeit der haufwerksporigen Pflastersteine an ihre Grenzen, und überschüssiges Wasser fließt einfach ab. Als Belag für Terrassen oder Gartenwege eignet sich Porenpflaster allerdings hervorragend, denn es ist sehr angenehm zu begehen. Für Pflastersteine muss man je nach Material und Qualität ohne Verlegen mit Kosten zwischen 20 und 60 Euro pro Quadratmeter rechnen, Naturstein ist wesentlich teurer. Inklusive Schotterschicht, Splitt und Verlegen kommen mindestens 100 Euro pro Quadratmeter zusammen. Bei wasserundurchlässigen Belägen, zum Beispiel bei Betonsteinen, kommt zu den Kosten noch die Niederschlagswassergebühr hinzu.

Fugenpflaster lässt Regenwasser versickern und kann auch mit schweren Fahrzeugen befahren werden.

Welche Böden eignen sich zur Regenwasserversickerung?

Böden können auf ein und demselben Grundstück verschiedene Qualitäten aufweisen, auch kann sich mit der Tiefe ihre Beschaffenheit ändern. Die Korngrößenverteilung im Boden, die Dichte des Bodens und die Art des Bodens entscheiden darüber, wie gut ein Boden Wasser ableiten kann. In Böden mit geringer Dichte kann Wasser gut versickern. Zu diesen zählen sandige Böden oder solche, die mittleren bis groben Kies enthalten. Schwere Böden dagegen weisen einen hohen Anteil an Lehm oder Ton auf und lassen Wasser nicht gut durchsickern. Um möglichst gut von der Regenwasserversickerung und der damit verbundenen Kostenersparnis bei der Niederschlagsgebühr profitieren zu können, empfiehlt es sich, dazu vom Fachmann ein Bodengutachten erstellen zu lassen. Dies geschieht jedoch meist ohnehin im Rahmen einer Baugrundprüfung vor dem Erdaushub.

Welche Maßnahmen sind für die Versickerung nötig und was kosten sie?

Je nach Durchlässigkeit des Bodens, des Abstands zum Grundwasser und der verfügbaren Fläche zur Versickerung kommen verschiedene Optionen in Betracht, um die Versickerung zu verbessern. Das Wichtigste bei allen Versickerungsmethoden ist, dass keine Schadstoffe ins

Versickerungsmulden nehmen Regenwasser auf, das nicht gleich versickern kann, und sie können optisch einen Garten bereichern.

Grundwasser gelangen dürfen. Ist der Boden gut durchlässig und sind nur wenige versiegelte Flächen vorhanden, auch weil zum Beispiel das Dach begrünt ist, kann das meiste anfallende Regenwasser einfach versickern oder verdunsten. Das Begrünen von Dächern muss allerdings genehmigt werden und sollte bereits im Antrag für die Baugenehmigung enthalten sein. Sind versiegelte Flächen vorhanden, wie ein unbegrüntes Dach oder ein befestigter Vorplatz, bietet es sich an, das Niederschlagswasser in einen dafür angelegten kleinen Teich oder eine Geländemulde zu leiten, von wo aus es dann nach und nach verdunsten und versickern kann. Dies ist die einfachste und kostengünstigste Methode, und derartige Mulden können, wenn sie mit groben Kieselsteinen befüllt und seitlich bepflanzt werden, als Teil der Gartengestaltung sogar sehr dekorativ wirken. Allerdings bedarf es bestimmter Voraussetzungen für Versickerungsmulden. So muss das Erdreich ausreichend versickerungsfähig sein (Wasser muss mindestens einen Zentimeter pro Stunde versickern), und der tiefste Punkt der Mulde, die in der Regel 20 bis 30 Zentimeter tief sein sollte, muss mindestens einen Meter über dem Grundwasserspiegel liegen. Die Höhe des Grundwasserspiegels kann man unter anderem von der Gemeindeverwaltung oder vom Wasserversorger erfahren.

Versickerungsmulden müssen vorab genau geplant und in der Größe berechnet werden.

Was kostet Oberflächenbefestigung?

Wassergebundene Decke mit Splitt	10 bis 30 Euro
Schotterrasen	15 bis 25 Euro
Rasengittersteine aus Beton	20 bis 40 Euro
Fugenpflaster	20 bis 40 Euro
Porenpflaster	20 bis 40 Euro
Plattenbelag aus Betonsteinen	40 bis 100 Euro
Asphalt (inkl. Untergrund)	rund 80 Euro
Plattenbelag aus Natursteinen	80 bis 230 Euro

Angaben pro m², inklusive Unterbau und Arbeitsaufwand

Die Grundfläche einer Mulde sollte 10 bis 20 Prozent der zu entwässernden Fläche betragen. Handelt es sich dabei zum Beispiel nur um die Dachfläche, würde bei einer durchschnittlichen Dachfläche von 100 Quadratmetern und einer normalen Sickergeschwindigkeit des Bodens eine 10 bis 20 Quadratmeter große Mulde benötigt. Die Kosten dafür liegen bei 25 bis 35 Euro pro Quadratmeter Muldenfläche, in diesem Beispiel wären es dann 250 bis 700 Euro. Die Niederschlagswassergebühr für die 100 Quadratmeter große Dachfläche würde dagegen pro Jahr je nach Region 70 bis 200 Euro betragen. So kann sich die Mulde nach etwa dreieinhalb Jahren amortisieren. Es kann jedoch durchaus auch 10 Jahre dauern, bis Sie die Kosten für die Versickerungsmulde wieder reingeholt haben.

Bei schweren Böden helfen Rigolen bei der Versickerung. Rigolen sind mit Kies gefüllte Rohre, die mindestens 80 Zentimeter tief im Erdreich verlegt werden. Die Kosten für Anschaffung und Einbau von Rigolen können je nach Größe und Bauweise zwischen 2 000 und 5 000 Euro liegen. Durch die einmalige Anschaffung sparen Sie die Niederschlagsgebühren, die allein für eine Dachfläche von 100 Quadratmetern ohne ausreichende Versickerungsmöglichkeiten auf dem Grundstück bis zu 200 Euro pro Jahr ausmachen können.

REGENWASSERNUTZUNG SPART KOSTEN

Regenwasser, das nicht ungenutzt verloren geht, kann in doppelter Hinsicht dazu beitragen, Kosten zu sparen, nämlich bei der Niederschlagswassergebühr und beim Bezug von Trinkwasser. In Deutschland verbraucht laut Statistischem Bundesamt eine Person im Durchschnitt rund 125 Liter Trinkwasser pro Tag. Davon entfallen allein auf die Toilettenspülung ca. 40 Liter. Ein Liter Trinkwasser kostet in Deutschland etwa 0,2 Cent. Das macht bei einem Vier-Personen-Haushalt etwa 360 Euro pro Jahr aus. Mit der Nutzung von Regenwasser lassen sich davon bis zu 50 Prozent einsparen. Dies trägt – neben der Kostenersparnis – auch dazu bei, im Sinne des Umweltschutzes Trinkwasservorräte zu schonen.

Regenwasser ist weich und kalkarm und eignet sich daher hervorragend für die Verwendung in Haushalt und Garten, ganz besonders zum Beispiel auch für das Wäschewaschen in der Waschmaschine. Dazu muss Regenwasser in einer Zisterne gesammelt und durch spezielle Filter gereinigt werden, damit es hygienisch einwandfrei ist. Der niedrige Kalkgehalt des Wassers schont die Waschmaschine, und die Menge an benötigtem Waschpulver reduziert sich entsprechend. Daneben bietet sich Regenwasser für das Bewässern von Pflanzen und Rasenflächen an, für die WC-Spülung sowie für den Hausputz. Nicht zuletzt trägt die Nutzung von Regenwasser in Haushalt und Garten auch dazu bei, von den Wasserversorgern und ihren Preisen etwas unabhängiger zu werden.

Der Erdaushub für eine Regenwasserzisterne sollte beim Hausbau von vorneherein mitgeplant werden. Die Größe des benötigten Tanks hängt von der Größe der Dachfläche und vom Standort mit der dort typischen Niederschlagsmenge ab, sowie von der Anzahl der Hausbewohner und vom Verwendungszweck, also ob nur der Garten oder auch der Haushalt mit Regenwasser versorgt werden soll. Soll nur der Garten bewässert werden, ist der Einbau der Regenwasseranlage einfach. Wenn Regenwasser auch im Haushalt genutzt werden soll, müssen Leitungen dorthin verlegt werden.

Wie viel kann man sparen?

Die Kosten für eine Regenwasseranlage entstehen für Erdaushub, Abtransport der Erde, Zisterne und Verlegen eines Leitungsnetzes ins Haus. Die Höhe der Kosten hängt maßgeblich von der Größe des Wassertanks ab, der fast die Hälfte der Kosten einer Regenwasseranlage ausmacht. Daher sollte seine Größe genau passend geplant werden. Ein Beispiel: Bei einer Dachfläche von 100 Quadratmetern, einer Gartenfläche von 200 Quadratmetern und einem Vier-Personen-Haushalt sollte die Zisterne etwa 5 000 Liter fassen können, wenn das Regenwasser für Haushalt und Garten verwendet werden soll. Die Kosten für die Anschaffung einer Zisterne, den Einbau und das Verlegen von Wasserleitungen liegen zwischen 2 500 bis 5 000 Euro. Wird die Zisterne ausschließlich für die Gartenbewässerung genutzt, genügt im oben genannten Beispiel ein Fassungsvermögen der Zisterne von rund 1 000 Litern und man benötigt keine Leitungen zum Haus. Dann kosten Anschaffung und Einbau etwa 2 000 Euro. Wenn die Zisterne sämtliches im Verlauf eines Jahres auf der Dachfläche anfallende Regenwasser aufnehmen und ein eventueller Überschuss ganz versickern kann, sparen Sie die Niederschlagswassergebühr für die 100 Quadratmeter große Dachfläche, was je nach Region bis zu 200 Euro pro Jahr ausmachen kann. Zusätzlich sparen Sie für die Gartenbewässerung kostbares Trinkwasser.

Ein Garten hat in Deutschland im Sommer – stark abhängig von den Bodenverhältnissen und der Region – im Durchschnitt einen wöchentlichen Wasserbedarf von 15 bis 25 Liter pro Quadratmeter. Das ergäbe bei unserem Beispielgarten (200 Quadratmeter) einen Wasserbedarf von 3 000 bis 5 000 Litern beziehungsweise 3 bis 5 Kubikmetern pro Woche. Wenn für das Gießen Trinkwasser verwendet wird, entstünden dann wöchentliche Kosten in Höhe von etwa 5 bis 10 Euro für den Bezug des Trinkwassers (derzeit kostet es 0,2 Cent pro Kubikmeter) und für die dazugehörige Abwassergebühr (beträgt derzeit 1 bis 2 Euro pro Kubikmeter). Geht man von jährlich fünf Monaten Bewässerungszeit aus, kann es sich allein schon aus Kostengründen lohnen, Regenwasser zu sammeln, von den ökologischen Vorteilen einmal ganz abgesehen.

Häufig gewähren Gemeinden für Regenwasseranlagen Zuschüsse in Höhe von bis zu 2 000 Euro. Dies wird jedoch je nach Bundesland unterschiedlich gehandhabt, und es gibt kein bundesweit einheitliches Förderprogramm. Auskunft geben die jeweiligen Städte, Gemeinden und Kommunen.

Garten bewässern mit eigenem Brunnen

Geht es bei der Gartenbewässerung um das Einsparen von Trinkwasser, stellen Brunnenbohrungen eine kostengünstige Alternative zu einer Zisterne dar. Grundwasser darf in den für das Bewässern von Hausgärten benötigten geringen Mengen kostenlos genutzt werden, sofern keine besonderen Gründe, wie die Lage in einem Wasserschutzgebiet oder Ähnliches, eine Grundwassernutzung grundsätzlich verbieten. Auskunft geben die jeweiligen Gemeinden und Kreisverwaltungsbehörden. Die Bohrungen sind bis zur oberen Grundwasserschicht erlaubt, jedoch nur maximal bis zu einer Tiefe von etwa sechs Metern. Die Kosten für das Anlegen eines einfachen Brunnens, der nur aus einem Brunnenrohr besteht, liegen bei rund 300 Euro, können jedoch je nach Größe und Ausführung bis zu 1 000 Euro und mehr betragen. An einen derartigen Brunnen kann man auch einen Rasensprenger anschließen. Ansonsten genügt zum Fördern des Grundwassers eine Handpumpe mit Schwengel. Bei der Nutzung einer elektrischen Pumpe ist die Fördermenge begrenzt und es entstehen Zusatzkosten für den nötigen Strom. Der Bau eines Gartenbrunnens muss bei der für Wasserrecht zuständigen Behörde der jeweiligen Stadt oder Gemeinde angemeldet werden.

GARTEN UND TERRASSE

Gärten, Grünflächen und Terrassen können durch ihr Erscheinungsbild Haus und Grundstück aufwerten und den Wiederverkaufswert erhöhen. Zugleich sorgen Pflanzen, Gräser, Stauden und Bäume für ein gutes Mikroklima rings ums Haus und wirken im Sommer kühlend, weil sich Grünflächen bei Sonneneinstrahlung weniger aufheizen als versiegelte Flächen. Bäume und Sträucher befestigen zudem den Boden und bieten dadurch Schutz vor Erosion durch Wasser und Wind, und sie können als natürlicher Sichtschutz dienen. Für einen attraktiven Garten benötigt man keine teuren exotischen Pflanzen. Mit durchdachter Planung, einfachen Materialien, einheimischen Pflanzen sowie mit Eigenleistung lässt sich ein blühender Garten kostengünstig gestalten und der Pflegeaufwand in Grenzen halten.

Sorgfältige Planung hilft, Kosten zu sparen

Die Terrassen- und Gartengestaltung steht normalerweise erst ganz am Ende der Baumaßnahmen an, und sie kann nach und nach erfolgen, wenn sich die finanzielle Situation etwas erholt hat. Dennoch sollten Terrasse und Garten von Anfang an zumindest mitgeplant werden, um später unnötige Folgekosten zu vermeiden. Entscheidend ist die geplante Nutzung: Überlegen Sie sich gründlich, ob der Garten eher als optischer Ruhepol oder für Aktivitäten im Freien dienen soll. Wünschen Sie sich eine reiche Bepflanzung mit verschiedenen Beeten, einen möglichst großen Rasen, auf dem die Kinder herumtoben können, einen Nutzgarten oder eher einen Platz zum Feiern mit Freunden? Dabei sollten Sie auch überlegen, welche Gestaltungselemente Ihnen wichtig sind und welche davon in Ihr Budget passen, und auch, wie viel Zeit und Geld Sie in die Pflege des Gartens investieren wollen.

Terrassenbeläge im Kostenvergleich

Kies/Splitt/Schotter	€
Betonstein	€€
Holz	€€€
Holz-Kunststoff-Dielen (WPC)	€€€
Naturstein	€€€€

Planung und Kosten einer Terrasse

Als reiner Sitzplatz genügen meist 10 bis 12 Quadratmeter, um einen Tisch mit vier bis sechs Stühlen aufstellen zu können. Als Faustformel für den reinen Platzbedarf von Tisch und Stühlen kann folgende Berechnung dienen: Tischlänge plus 1 Meter multipliziert mit Tischbreite plus 1,80 Meter (das sind die Stuhltiefen von je 40 Zentimeter plus je 50 Zentimeter Bewegungsfläche hinter den Stühlen). Dazu sollte man noch etwa einen Meter Platz vor der Terrassentür einplanen. Für Feste mit vielen Gästen oder als Rennpiste zum Beispiel für die Dreiräder der Kinder braucht man deutlich mehr Platz.

Nicht größer als nach dem tatsächlichen Bedarf zu planen lohnt sich finanziell, denn mit jedem gesparten Quadratmeter Terrassenfläche sparen Sie mindestens 50 Euro, meistens sogar mehr. Um unabhängig von der Terrassengröße erst einmal die Kosten möglichst weit zu drücken, kann man auch anstatt eines festen Terrassenbelags aus Holz oder Stein vorläufig einfach nur Splitt oder Kies aufschütten. Wenn sich die Finanzen dann später erholt haben, kann der feste Belag folgen. Dasselbe gilt für eventuell geplante Wege im Garten.

Für das Anlegen von Terrasse und Wegen muss man je nach gewählten Materialien mit 50 bis 200 Euro pro Quadratmeter befestigter

Fläche rechnen, ein Holzbelag schlägt etwa mit 100 bis 300 Euro pro Quadratmeter inklusive Einbau zu Buche. Dabei sollte man nicht an den Kosten für die Handwerker sparen, denn wenn sich zum Beispiel der Plattenbelag der Terrasse uneinheitlich setzt, entstehen später Zusatzkosten für die Nachbesserung. Die Kosten für Handwerker können Sie übrigens zum Teil steuerlich absetzen.

SPAREN BEIM ANLEGEN EINER TERRASSE
Pflastersteine, Betonsteine und andere Materialien kann man auch gebraucht für wenig Geld erwerben, zum Beispiel über Suchanzeigen im Internet oder in regionalen Zeitungen. Mit etwas Glück bekommt man sie sogar kostenlos. Mit einem Mix aus wiederverwendbaren Steinen, Platten, Pflastern oder auch Mosaiksteinen lassen sich in Eigenleistung mit geringen Kosten kreative Terrassenbeläge gestalten.

Planung und Kosten eines Gartens

Ob ein Garten groß oder klein ist, ob er eben ist oder am Hang liegt, ob er gerade verläuft oder verwinkelt ist – auf fast jedem Grundstück lässt sich ein lebendiger und blühender Naturraum gestalten, der ruhige und aktiv genutzte Bereiche, einen Wechsel an Sonne und Schatten sowie an Schutz und Offenheit bietet.

Welche Besonderheiten weist Ihr Grundstück im Hinblick auf Form und Größe, Topografie und Besonnung auf? Ist es zum Beispiel eben und Sie wünschen sich eine eher bewegte Landschaft im Garten, könnten Sie mit der Erde, die beim Aushub der Baugrube des Hauses anfällt, Böschungen und Hügel anlegen und so die Topografie umgestalten. Nebenbei sparen Sie sich dann zumindest einen Teil der Kosten für den Abtransport des ausgehobenen Erdreichs.

Je nach gestalterischem Aufwand kann ein Garten zwischen 40 und 100 Euro pro Quadratmeter Gartenfläche kosten. Dabei hängen die zu erwartenden Kosten von mehreren Faktoren ab: von der Beschaffenheit des Erdreichs, von eventuellen Höhenunterschieden des Geländes, ob bei der Gartengestaltung Maschinen eingesetzt werden können, von den gewünschten Pflanzen, vom Wunsch nach Beleuchtung, aber auch von eventuell gewünschten zusätzlichen Elementen, wie Brunnen, Pavillon oder Teich.

Um spätere Mehrkosten zu vermeiden, sollten Sie alle Arbeiten, die mit Erdbewegungen einhergehen, bereits während der Rohbauphase des Hauses ausführen lassen, wenn Bagger und andere Geräte ohnehin vor Ort im Einsatz sind. Denn später, wenn bereits ein Gartenzaun oder eine Begrenzungsmauer stehen, könnte die Zufahrt für Baufahrzeuge versperrt sein und nötige Arbeiten müssten dann von Hand erledigt werden.

Auf Hanggrundstücken entstehen aufgrund des erschwerten Einsatzes von Geräten bei der Gartengestaltung grundsätzlich deutlich höhere Kosten als auf ebenen Grundstücken, ganz besonders, wenn der Hang zusätzlich mit Stützmauern oder mit Pfosten aus Holz oder Beton abgefangen werden muss oder wenn Treppen angelegt werden sollen. Für Stützmauern muss man mit 120 bis 250 Euro pro Quadratmeter Mauerfläche rechnen, für Steintreppen am Hang bei einer Stufenbreite von einem Meter pro Stufe ab etwa 70 Euro.

Mit alten, wiederverwendeten Steinen und Platten kostengünstig in Eigenleistung angelegter Mosaik-Terrassenboden

„Wilde" Gärten mit Pflanzenvielfalt benötigen wenig Pflege und bieten vielen Kleintieren einen natürlichen Lebensraum.

Sparen bei der Gartenplanung

In einem gut geplanten Garten bilden die bepflanzten Zonen, die Rasenflächen und die Sitzbereiche zusammen mit der Topografie eine natürliche Abfolge von Räumen. Dies muss nicht mit teuren Maßnahmen einhergehen, sondern kann mit relativ einfachen Mitteln gelingen. Das A und O dafür ist eine sorgfältige Planung. Um Ihre individuellen Vorstellungen eines Gartens mit dem verfügbaren Budget in Einklang zu bringen, sollten Sie die Gartenplanung mit einer Skizze des Gartengrundrisses beginnen, in die Sie alle gewünschten Gestaltungselemente eintragen. Welche Flächen sollen bepflanzt und welche Pflanzenarten dafür gewählt werden? Sollen im Erdreich elektrische Leitungen für eine Beleuchtung verlegt werden?

Für die Kosten spielt vor allem eine Rolle, auf welche Gestaltungselemente Sie verzichten können. Wege, Treppen, Mauern und ähnliches treiben die Kosten in die Höhe. Für einen Gartenbrunnen mit Brunnenbecken müssen Sie zum Beispiel mit mehreren Tausend Euro rechnen, und während ein kleiner Gartenteich pro Quadratmeter Wasserfläche je nach Größe 50 bis 300 Euro kostet, fallen für einen Schwimmteich je nach Ausführung 200 bis 1 000 Euro pro Quadratmeter Wasserfläche an, wobei aufgrund der nötigen Vegetationszonen Mindestgrößen einzuhalten sind. Auch spätere Umgestaltungen können kostspielig sein. Wenn der Gartenplan dagegen von Anfang an gut erarbeitet ist, sodass alle gewünschten Pflanzen entsprechend ihrem Bedarf an Sonne und Schatten geplant sind und der Verlauf eventueller Wege bereits eingezeichnet ist, können Sie den Garten problemlos auch erst nach und nach anlegen und bepflanzen.

Übrigens: Sie können weitere Kosten sparen, wenn Sie kleine Pflanzen und Sträucher kaufen und diese wachsen lassen. Sträucher oder Bäume, die bereits groß sind, kosten unter Umständen das Fünffache. Noch preiswerter ist es, wenn Sie sich Ableger von Pflanzen, die Ihnen gefallen, besorgen. Pflanzen müssen sich im Garten wohlfühlen können, um zu gedeihen. Passt ihr Standort im Hinblick auf Licht und Bodenart nicht zu ihnen, können sie eingehen. Neue Pflanzen zu kaufen kostet dann wiederum Geld.

Tipps zum Sparen beim Bepflanzen des Gartens

- Kleine Pflanzen oder Setzlinge kaufen anstatt großer Sträucher
- Weniger Pflanzen als geplant einsetzen und in den Lücken Wildblumen ansäen
- Heimische Gräser und Blumen verwenden
- Pflanzen passend zum Boden und zu den Nachbarpflanzen wählen
- Saatrasen ansäen, anstatt Rollrasen zu verlegen

Welche Pflanzen für welchen Standort?

Pflanzen, die einen sonnigen Standort benötigen, sind zum Beispiel Oleander, Lavendel, Zitrusbäume, Eisenkraut, Blaukissen und Chrysanthemen. Im Halbschatten sind Vergissmeinnicht, Anemonen, Efeu, Glockenblumen und Veilchen gut aufgehoben, während Farn, Hortensien, Nieswurz, Funkien und Silberkerzen auch im Schatten gut gedeihen. Idealerweise werden Pflanzen, die Schatten und Halbschatten bevorzugen, unter Baumkronen oder Laubgehölzen gepflanzt.

Übrigens lassen sich auch manche Gemüsesorten gut im Schatten ziehen. Dazu gehören unter anderem Blumenkohl, Spinat, Radieschen, Karotten und Kohlrabi.

Manche Gartenbesitzer möchten die Pflanzenpracht zwar genießen, können jedoch nicht viel Zeit in den Garten investieren. Dann sind Pflanzen ideal, die kaum Pflege benötigen, wie Lavendel, Sonnenblumen, Fleißige Lieschen und Ringelblumen. Pflanzen können im Garten auch gute Dienste leisten, zum Beispiel als Sichtschutz. Dafür kommen, abgesehen von verschiedenen Heckenarten, auch Gräser, wie Bambus oder Chinaschilf, Waldreben, zum Beispiel Clematis, oder Kletterrosen in Betracht. Gut eignet sich auch Spalierobst, wie Himbeeren, Säulenbirne und Säulenapfel.

Sollen Pflanzen vor allem Schatten spenden, eignen sich neben mit Efeu, Wein oder Clematis bepflanzten Rankgittern vor allem Obstbäume, Schneefelsenbirnen und Blutpflaumen oder Bäume mit kugelförmiger Krone, wie Blumeneschen oder Eisenholzbäume. Die genannten Pflanzenbeispiele stellen selbstverständlich nur eine kleine Auswahl dar.

Wenn der Standort stimmt, haben die eingesetzten Pflanzen zudem genug Kraft, um auch Unkraut den Platz streitig machen zu können, was den Pflegeaufwand minimiert. Auch Bäume sollten wohlüberlegt eingesetzt werden. Bäume, die jung gepflanzt wurden, benötigen im Laufe der Jahre immer mehr Platz. Wenn dann zum Beispiel ihre Wurzeln der Terrasse oder dem Garagenvorplatz zu nahe kommen, sind Folgeschäden nicht ausgeschlossen und Reparaturkosten vorprogrammiert. Zudem müssen die nötigen Abstände zu den Nachbargrundstücken beachtet werden.

Bei einer aufwendigen Gartenplanung kann es sich lohnen, eine Landschaftsarchitektin oder einen Gartenplaner mit einzubeziehen, denn Bodenqualität, Klima, Lichtverhältnisse, Hauptwindrichtung, sowie der richtige Standort für Bäume und Pflanzen sollten bei der Planung unbedingt berücksichtigt werden. Wer die Dinge selbst in die Hand nimmt und dabei Fehler macht, muss später unter Umständen für Korrekturen viel Geld ausgeben. Für Konzept, Vorentwurf und Pflanzplan liegt das Ho-

Insektenfreundliche Blumen bereichern einen Garten mit ihrer Blütenpracht und tragen zum Artenschutz bei.

Kreative Gartenzäune lassen sich mit wiederverwendeten Hölzern auch selbst gestalten.

norar für Landschaftsarchitekten, das sich nach der HOAI (Honorarordnung für Architekten und Ingenieure) richtet, bei 10 bis 15 Prozent der Gartengesamtkosten. Gartenbaufirmen sind unter Umständen etwas preisgünstiger, auch sie können den Garten mit fachlichem Know-how planen. Allerdings bindet man sich damit an ein einziges Angebot, während ein Landschaftsarchitekt Vergleichsangebote ausführender Firmen einholt und das wirtschaftlichste davon anbieten kann. Dadurch lassen sich die anfänglichen Mehrkosten wieder hereinholen. Um bei der Umsetzung Kosten zu sparen, kann man zum Beispiel nur das Gartenkonzept und den Pflanzplan in Auftrag geben und die Gartenarbeiten dann selbst nach und nach in Eigenleistung erbringen. Manchmal kann es sich bereits lohnen, einfach nur eine Beratung durch eine Landschaftsarchitektin in Anspruch zu nehmen.

Immer in fachliche Hände gehören dagegen die Anlage von Stützmauern, Treppen oder Schwimmteichen, denn falls Sie diese selbst errichten und Ihnen dabei Fehler unterlaufen, müssen Sie etwaige Folgekosten selbst tragen.

Eigenleistungen

Auch ohne Vorkenntnisse können Sie einiges bei der Gartengestaltung selbst erledigen, vor allem notwendige Vorarbeiten, wie das Entfernen eventuell vorhandener alter Plattenbeläge, Umgraben, Unkraut jäten und Beete abstecken. Gut zu bewältigende Aufgaben sind auch das Anlegen des Rasens und das Setzen von Pflanzen. Dabei lohnt es sich, auf Saatrasen zurückzugreifen, anstatt einen Rollrasen zu verlegen. Die monatelange Wartezeit, bis die Saat aufgeht, die Grasnarbe schließlich geschlossen ist und der Rasen betreten werden kann, wird mit einer Kostenersparnis von rund 90 Prozent gegenüber einem Rollrasen belohnt. Hochwertige Samenmischungen kosten etwa 50 Cent pro Quadratmeter, ein günstiger Rollrasen inklusive der erforderlichen Lieferung dagegen bis zum Zehnfachen. Auch ein Holzdeck oder einen Pflasterbelag zu verlegen ist bei entsprechendem handwerklichem Geschick in Eigenleistung möglich, jedoch nicht immer empfehlenswert. Wird der Untergrund nämlich nicht fachgerecht vorbereitet, kann der Belag im Laufe der Zeit absacken, was dann zu hohen Folgekosten führen kann. Wenn Sie dagegen eine Fachfirma beauftragen und dennoch, um Kosten zu sparen, Teilbereiche für das beauftragte Gewerk in Eigenleistung erbringen, erlischt in vielen Fällen der Garantieanspruch gegen die Firma. Wie beim Hausbau sollten Sie auch bei der Gartengestaltung Ihre eigenen Fähigkeiten und Kräfte realistisch einschätzen.

Einfriedung des Gartens

Bei der Wahl der Garteneinfassung kommt es auf den Zweck der Begrenzung an. Soll unbefugtes Betreten verhindert werden, oder geht es eher um Sicht- oder Schallschutz? Als Sichtschutz können Hecken gepflanzt werden, die preiswerter als eine Mauer sind. Eine Mauer kann dagegen dann sinnvoll sein, wenn Straßenlärm abgeschirmt werden soll. Allerdings gelten für Mauern meist baurechtliche Vorgaben, die zu beachten sind. Am preiswertesten sind einfache Zäune aus Holz oder Maschendraht. Sie sind jeweils ab rund 8 Euro pro Meter (nur Materialkosten) erhältlich. Kletterpflanzen, die sich um den Zaun ranken, können ihn im Laufe der Zeit begrünen. Edelstahlzäune sind mit 100 Euro pro Meter und mehr deutlich teurer. Mit etwas Kreativität, Geschick und alten Holzlatten kann man sich selbst ans Werk

machen, um einen Gartenzaun oder einen Sichtschutz individuell zu gestalten.
Wenn nur eine optische Grenzlinie gewünscht ist, kann man das Grundstück auch einfach nur mit Natursteinen einfassen, die man aus Abbruchhäusern gewinnen, preiswert bei Bauteilbörsen erwerben oder auch nach und nach selbst sammeln kann.

Hilft ein Naturgarten, Kosten zu sparen?

Ein Naturgarten ist ein lebendig gestalteter Garten, der alle Sinne anregt, Kleinsttieren eine Heimat bietet und die Natur bis ans Haus holt. Er ist ausschließlich mit heimischen Wildblumen, Gräsern und Kräutern, Sträuchern und Bäumen bepflanzt, wobei sich alle Pflanzen entsprechend ihrem jeweiligen Standort ergänzen. Wege, Sitzplätze und Einfassungen werden nur mit Naturmaterialien gestaltet, zum Beispiel können gefällte Baumstämme als Ruhebänke dienen, kleine Holzpflöcke oder Steine als Begrenzungslinien, und Bodenbeläge können zum Beispiel aus Kies, Rindenmulch oder Holz bestehen. Wer einen kleinen abgesenkten Sitzbereich, eventuell sogar mit Feuerstelle, anlegt, kann mit dem angefallenen Erdaushub zum Beispiel einen kleinen Hügel aufschütten, von dem im Winter die Kinder herunterrodeln können.

Warum kann man mit einem Naturgarten Kosten sparen? Heimische Pflanzen und Blumen sind viel preiswerter als exotische Pflanzen, und sie sind robuster gegen heimische Schädlinge. Weil sie mit dem Klima vertraut sind, benötigen heimische Pflanzen im Gegensatz zu exotischen Pflanzen in der Regel kaum Pflege. Darüber hinaus bieten sie Lebensraum und Nahrung für Vögel sowie für schützenswerte Insekten wie Schmetterlinge und Bienen. Naturmaterialien, wie abgestorbene Äste, Zweige, Holzreste oder Findlinge, stehen in der Regel kostenlos zur Verfügung und können mit etwas Kreativität für Sitzblöcke, Sitzbänke, als Kletterhilfen oder als Baumaterial für kleine Hütten oder Vogelhäuser genutzt werden. Für Kinder sind Naturgärten besonders attraktiv. Büsche, Sträucher, Hecken und Hügel, Baumstümpfe, aber auch in den Boden gesteckte Weidenruten bilden natürlich gewachsene Räume, in denen Kinder viele Möglichkeiten zum spielerischen Erkunden der Natur finden und sich verstecken können. Die Anschaffung von eigenen Spielgeräten für den Garten ist dann häufig gar nicht mehr nötig.

Ein Naturgarten muss allerdings sorgfältig geplant werden, und zwar am besten von einer Fachfrau oder einem Fachmann. Dafür fällt zwar erst einmal das Planungshonorar an, allerdings entstehen langfristig dann kaum noch Kosten, denn ein Naturgarten ist pflegeleicht und erhält sich selbst. Manche Landschaftsarchitekten und -architektinnen sind auf die Planung von Naturgärten spezialisiert.

Klimaschonend die Außenanlagen gestalten mit geringem Budget

- Wasserdurchlässige Oberflächen für Zufahrt und Vorplatz bevorzugen
- Auto im Freien abstellen und auf Carport und Garage verzichten
- Niedrige Büsche pflanzen, um den Boden zu befestigen und Regenwasser zurückzuhalten
- Heimische Wildblumen, Gräser und Kräuter pflanzen, die mit dem Klima vertraut sind
- Stauden und Sträucher entsprechend ihrem Bedarf an Sonne und Schatten einsetzen
- Auf Pflanzenvielfalt achten (für ein gesundes Wachstum und die Abwehr von Schädlingen)
- Bodendecker pflanzen, um Verdunstung der Bodenfeuchtigkeit zu verringern
- Für die Terrasse Kiesbelag anstatt Plattenbelag wählen
- Regionale Materialien wählen, um Transportkosten zu sparen
- Alte Baumstämme als Sitzgelegenheit im Garten nutzen
- Zumindest in Teilbereichen des Gartens Wildnis zulassen
- Regenwasser sammeln und nutzen

Hülle mit Fülle

KLEINES DOPPELHAUS BEI STRAUBING
KIRCHMAIR + MEIERHOFER ARCHITEKTEN

Die einfache, reduzierte Bauweise bot finanziellen Spielraum für Naturmaterialien in allen Bereichen und punktet zugleich mit überraschender räumlicher Flexibilität.

Situation Auf dem Betriebsgelände eines Händlers für Naturbaustoffe entstand dieses Musterbauprojekt, das aus zwei ebenerdigen Häusern besteht, die mehreren Anforderungen gerecht werden sollten: möglichst ressourcenschonend und daher mit nur wenigen und nur natürlichen Materialien gebaut, und die Wohneinheiten auf das Wesentliche reduziert und zugleich flexibel nutzbar. Ein weitgehend barrierefreier Ausbau sollte zudem dafür sorgen, dass die Häuser auch von Menschen mit Mobilitätseinschränkungen komfortabel bewohnt werden können. Dabei

Ansicht von Norden: Holzständerbau mit Pultdach und natürlich vergrauender Lärchenholzverkleidung. Die Tür rechts führt zum nur von außen zugänglichen Haustechnikraum.

Ein außen liegendes Holzdeck verbindet beide Haushälften miteinander. Zu jeder gehört eine mit Glas überdachte Terrasse.

spielten die Kosten ebenfalls eine zentrale Rolle: Die reinen Baukosten konnten durch eine einfache Konstruktion mit Pultdach minimiert werden, während die Kosten für die Instandhaltung durch die naturnahe Bauweise langfristig im niedrigen Bereich bleiben, auch wenn die ausschließliche Verwendung von Naturbaustoffen zunächst die Baukosten um rund 10 Prozent erhöhte. Beide Wohneinheiten werden von einem gemeinsamen, mittig angeordneten Doppelcarport aus erschlossen. Sie haben jeweils auf der Rückseite tief über-

Der offene Wohnraum dient auch als Erschließungsbereich für die angrenzenden Einzelräume. Massivholz und heller Lehmputz prägen die Innenräume.

dachte Terrassen, die über Glasflächen im Pultdach auch von oben belichtet werden. Dadurch erhalten die dahinterliegenden Wohnbereiche viel Tageslicht, und die Terrassen selbst sind auch bei regnerischem Wetter gut nutzbar.

Baukörper und Materialien Der einfache Baukörper mit Pultdach besteht aus einer Holzständerkonstruktion, wobei für das Pultdach lediglich Balken schräg auf die unterschiedlich hohen Längswände gelegt wurden. Ein eigener Dachstuhl war somit nicht erforderlich. Um den Eingriff ins Erdreich zu minimieren, wählten die Architekten Streifenfundamente. Die eingesparten Baukosten investierten die Bauherren in eine ökologische Bauweise: Im Wesentlichen kamen nur fünf Baustoffe zum Einsatz: Vollholz aus der Region, Hanf, Schilf, Lehm und Kalk. Ein Gemisch aus Hanfvlies in Schlämmleim, Roggenmehl und gemahlenem Ton sorgt für eine luftdichte Gebäudehülle, wodurch herkömmliche Dichtungsfolien überflüssig waren. Die Außenfassade besteht aus sägerauen, unbehandelten Lärchenholzbrettern, nur die Fassadenbereiche im Eingangsbereich und im Bereich der überdachten Terrassen erhielten einen auf Schilfrohrmatten aufgetragenen Kalkputz. Die Innenseiten der Außenwände wurden mit Lehmbauplatten verkleidet und mit Lehm verputzt, was aufgrund der feuchtigkeitsregulierenden Eigenschaften von Lehm für ein besonders gesundes Raumklima sorgt. Für die gesamte Gebäudehülle wählte der Architekt Hanf als Dämmstoff.

Grundriss und Innenraum Der Grundriss der größeren Wohneinheit im Norden ist weitgehend offen, die Privaträume werden über den Wohnbereich erschlossen, wodurch zusätzliche Verkehrsflächen unnötig waren. Dadurch und durch die Belichtung von zwei Seiten wirken Wohnraum und integrierte Küche hell und großzügig. Die Besonderheit bei diesem Grundriss sind die beiden Bäder, die jeweils von einem der beiden Schlafräume aus zugänglich sind. Dadurch sind verschiedene Bewohnerkonstellationen denkbar: eine Kleinfamilie, ein Paar mit betagten Eltern, eine Wohngemeinschaft von Erwachsenen oder ein nur zeitweise bewohnter Gästebereich mit eigenem Bad. Die kleinere Wohneinheit im Süden eignet sich für zwei Personen, erweitert jedoch in Kombination mit der Dreizimmerwohneinheit im Norden die möglichen Konstellationen: Im Südabschnitt könnte zum Beispiel eine Pflegekraft wohnen oder der flügge gewordene Nachwuchs, oder die Wohneinheit könnte bis zu einer passenden Familiennutzung vermietet werden. In all diesen Fällen wären bei sich änderndem Bedarf kostenintensive Umbauten nicht erforderlich. Auch größere Wohneinheiten ließen sich mit einem derartigen Konzept realisieren.

Energiekonzept Das Gebäude wird über die Pelletheizung des angrenzenden Naturbaustoffbetriebs beheizt, die Wärmeverteilung übernimmt eine Wandheizung. Zusätzlich liefert ein Kaminofen Wärme. Zur Warmwasserbereitung dient eine Warmwasser-Abluftwärmepumpe, die eine

Ansicht von Westen mit eingefasstem Garten. Parallel zum Gebäude verläuft ein Versickerungsgraben für Regenwasser.

nur für die Schlafräume installierte Lüftungsanlage betreibt. Dabei wird die Wärme der Abluft, anders als bei zentralen Lüftungsanlagen mit Wärmerückgewinnung, einem Warmwasserspeicher zugeführt.

Garten und Außenanlagen Der ökologische Ansatz beim Bau des kleinen Doppelhauses setzt sich auch in der Freiflächenplanung fort. Die Terrassen bestehen zum Beispiel aus Holzdecks, die miteinander verbunden sind und über einen schrägen Steg in den Garten hinabführen. Entlang dem Gebäude wurde ein Versickerungsgraben angelegt, dazu ein Retentionsteich und ein Regenwasserauffangbehälter, was dazu beiträgt, Abwassergebühren zu sparen. Regenwasser kann so entweder versickern, oder es wird für die WC-Spülung, die Waschmaschine und die Gartenbewässerung gesammelt. Zudem wurde das Dach begrünt.

Ostseite mit den Nebenräumen. Das flach geneigte Pultdach ist extensiv bepflanzt.

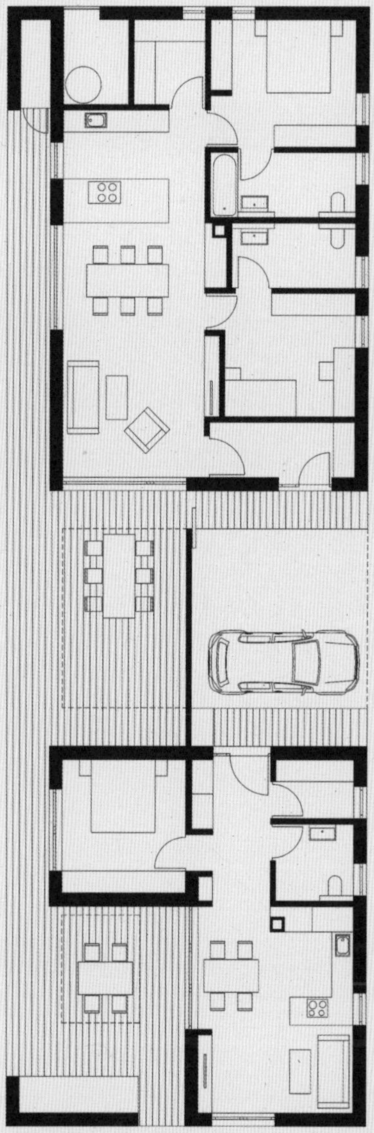

Grundriss

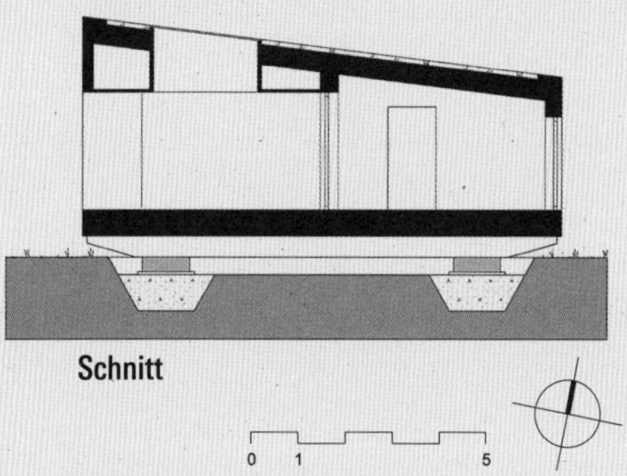

Schnitt

Projektdaten

Architektur: Kirchmair + Meierhofer Architekten PartGmbB, Kumhausen
Anzahl der Bewohner: 5 (6 möglich)
Grundstücksgröße: 830 m²
Wohnfläche: 92 m² und 54 m²
Anzahl der Vollgeschosse: 1
Keller: nein
Energiestandard: Effizienzhaus KfW 70
Energiekonzept: Fernwärme über Pelletofen aus angrenzendem Betrieb; Kaminofen, Warmwasser mittels Abluftwärmepumpe und Elektroboiler
Konstruktion und Materialien: Holzrahmenbauweise; Wärmedämmung: Hanf; Innenausbau: Kalkputz auf Schilfrohr, Lehmbauplatten
Jahr der Fertigstellung: 2020
Baukosten: ca. 2 500 Euro brutto pro m² Wohnfläche (KG 300 + 400)
Bauwerkskosten: ca. 370 000 Euro brutto (KG 300 + 400)

Kostensparende Aspekte:

- Einfache Konstruktion und Pultdach
- Verzicht auf Keller
- Kaum Verkehrsflächen
- Flexible Nutzung ohne Notwendigkeit von Umbauten
- Carport anstatt Garage
- Streifenfundamente anstatt tragender Fundamentplatte
- Kaum versiegelte Flächen im Außenbereich

Konsequent bis ins Detail

WOHNHAUS BEI GREIFSWALD
SCHEURING U. PARTNER ARCHITEKTEN BDA, KÖLN

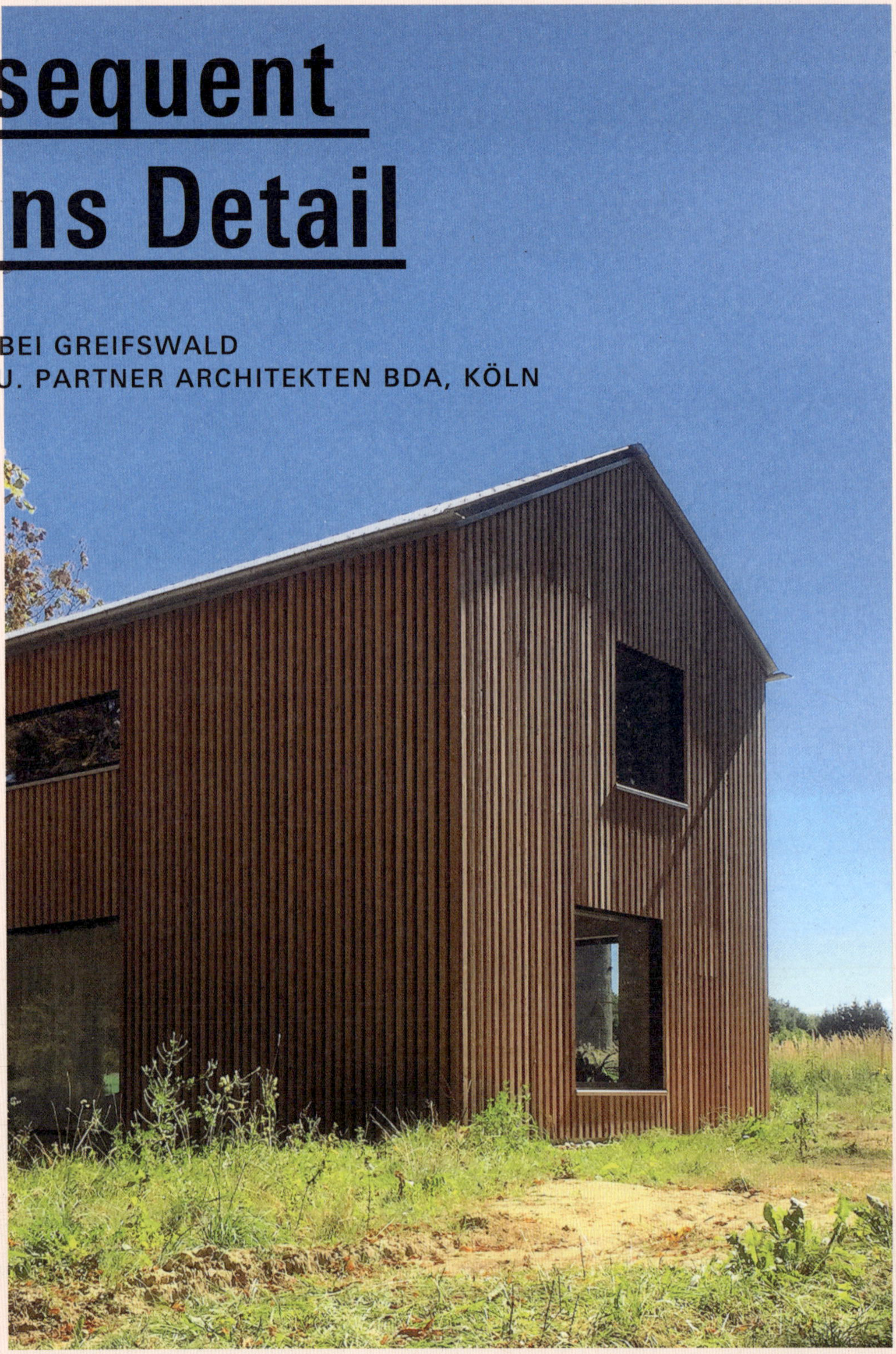

Das schmale Wohnhaus aus Holz greift die Form der ehemaligen Scheune an diesem ländlichen Standort auf.

Sparsamer Innenausbau mit sichtbarer Holzbalkendecke und ungeschliffenem, nur lackiertem Estrich

Dank kreativer Details und eines äußerst sparsamen Innenausbaus konnten sich die jungen Bauherren trotz geringen Budgets ihren Wunsch vom eigenen Haus erfüllen.

Situation Das 3 000 Quadratmeter große Grundstück gehört seit dem Mittelalter der Universität Greifswald, die es auf Erbpachtbasis an die jungen Bauherren, Mitarbeiter der Universität, für 99 Jahre verpachtete. Der Erbpachtzins beträgt weniger als 200 Euro pro Monat. Wichtig waren den Bauherren die Verwendung ökologischer Baustoffe und eine möglichst einfache technische Ausstattung. Ihr Wohnhaus sollte ressourcenschonend und zugleich so kostengünstig wie möglich sein. Daher beschränkten sie sich beim Innenausbau nur auf das Allernötigste und verzichteten unter anderem auf Keller und Garage. Zudem entschieden sie sich für die Verwendung von viel Holz als Baumaterial und für Kies und Schotter als Belag im Außenbereich. Ein unbeheizter Geräteraum, der an den Carport angrenzt, dient als Lager und Kellerersatz.

Trennelemente aus unbehandeltem Birkensperrholz teilen die maßgenaue Küchennische ab, die offen in den Wohnraum integriert ist.

Baukörper und Materialien Auf dem Grundstück stand vor der Wende ein langes, scheunenartiges Gebäude, dessen Erscheinungsbild das Wohnhaus aufgreift. Der schmale, zweigeschossige Baukörper – ein Holzständerbau mit rauer, offener Lärchenholzschalung und Blechdach – steht an der höchsten Stelle des Grundstücks. Aufgrund der Vorfertigung war das Wohnhaus in nur fünf Monaten bezugsfertig. Die Latten der Fassadenschalung sind auf Lücke montiert, wobei die Lücken genauso breit wie die Latten selbst sind. Diese Art der Verkleidung reduzierte die Materialkosten für die Fassade deutlich. Eine Folie schützt die dahinterliegende Wärmedämmung aus Steinwolle. Wo immer möglich, wählten die Bauherren Festverglasungen anstatt Öffnungsflügeln, sodass große Fensterflächen nach Süden erschwinglich waren und somit viel passive Sonnenenergie gewonnen werden kann.

Grundriss und Innenraum Da der Grundriss im Erdgeschoss fast vollständig offen ist und die Treppe vom Wohnraum aus nach oben führt, sind alle Verkehrsflächen in den Wohnbereich mit eingebunden. Auch der Bereich unter der Treppe wird genutzt, er dient als Abstellkammer. Durch diese Offenheit und durch die großzügigen Fensterflächen wirkt das Haus mit seinen 120 Quadratmetern Wohnfläche sehr großzügig. Fast alle Innenoberflächen bestehen aus unbehandeltem Birkensperrholz – auch die Treppe und die Treppenbrüstungen. Dadurch waren nirgends Putz oder Farbanstrich nötig. Besonders kostensparend wurden die Innentüren gestaltet: Die Türblätter bestehen aus Birkensperrholzplatten, die aus der jeweiligen Trennwand einfach ausgeschnitten und auf ganzer Länge mit Klavierbändern wieder an der Trennwand befestigt wurden. Als Griffe dienen Schrankknöpfe, und die Türen werden nur aufgedrückt – Zargen, Türgriffe und Schlösser waren daher überflüssig.

Da die Holzbalkendecke keine Unterverkleidung erhielt, konnten die Bauherren sogar Kosten für die Raumbeleuchtung sparen: Zwischen die Deckenbalken gehängte Glühbirnen sorgen für indirektes Licht, denn die Glühbirnen selbst werden meist durch die hohen Balken verdeckt. Lampenschirme oder sonstige Deckenleuchten waren damit überflüssig. Auch der Boden im Erdgeschoss trug deutlich zum Kostensparen bei. Er besteht lediglich aus ungeschliffenem Estrich, den die Bauherren selbst lackierten. Dadurch konnten sie es sich leisten, im Obergeschoss Fertigparkett zu verlegen. Weil die Breite der Küchennische auf die Maße von üblichen Küchenmöbeln abgestimmt worden war, passten die alten Möbel aus der früheren Küche genau. Später können sich die Bauherren bei Bedarf immer noch eine neue Küche mit Standardmaßen anschaffen.

Abgesehen vom Fertigparkett prägen Birkensperrholzplatten auch das Obergeschoss inklusive Treppe, Brüstung und Türen.

Projektdaten

Architektur: Scheuring und Partner Architekten GmbH, Köln
Anzahl der Bewohner: 4
Grundstücksgröße: 3 000 m²
Wohnfläche: 120 m²
Anzahl der Vollgeschosse: 2
Keller: nein
Energiestandard: gemäß EnEV 2016
Energiekonzept: Luftwärmepumpe, Fußbodenheizung, passiver Solargewinn durch große Südfenster
Konstruktion und Materialien: Holzrahmenbauweise; Fassade: vertikale Brettschalung mit Abständen
Jahr der Fertigstellung: 2018
Baukosten: ca. 1 800 Euro brutto pro m² Wohnfläche (KG 300 + 400)
Bauwerkskosten: 218 000 Euro brutto (KG 300 + 400)

Kostensparende Aspekte:

- Einfacher Innenausbau mit Sichtoberflächen aus Sperrholz
- Einfache Sperrholztreppe
- Innentüren ohne Zargen
- Holzbalkendecke ohne Unterverkleidung
- Ungeschliffener, nur lackierter Estrich im Erdgeschoss
- Verzicht auf Platten und feste Beläge im Außenbereich
- Diverse Eigenleistungen

Energiekonzept Das Wohnhaus entspricht den Anforderungen der EnEV 2016. Eine Luftwärmepumpe in Kombination mit einer Fußbodenheizung sorgt für die Wärme im Haus. Durch die großen Glasflächen nach Süden heizt im Winter die Sonne mit, sodass der Heizenergiebedarf gering ist. Um nicht nur auf eine Lüftungsanlage, sondern auch auf eine Abluftanlage verzichten zu können, wurden Gäste-WC und Bad an eine Außenwand gelegt und mit Fenstern geplant.

Garten und Außenanlagen Um den Parkcharakter des Grundstücks zu erhalten, verzichteten die Bauherren auf einen Gartenzaun oder eine sonstige Einfriedung. Anstelle von Plattenbelägen erhielt der Außenbereich des Hauses kostengünstige Schotter- und Kiesbeläge. Das hat außerdem den Vorteil, dass Regenwasser gut versickern kann und sich dadurch die Abwassergebühren reduzieren.

Zufahrt mit Schotterbelag und Verzicht auf einen Gartenzaun: So fügt sich das Gebäude harmonisch in die Natur ein.

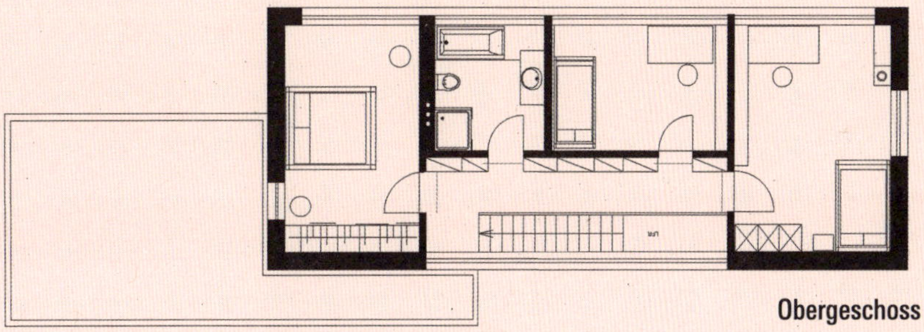

Obergeschoss

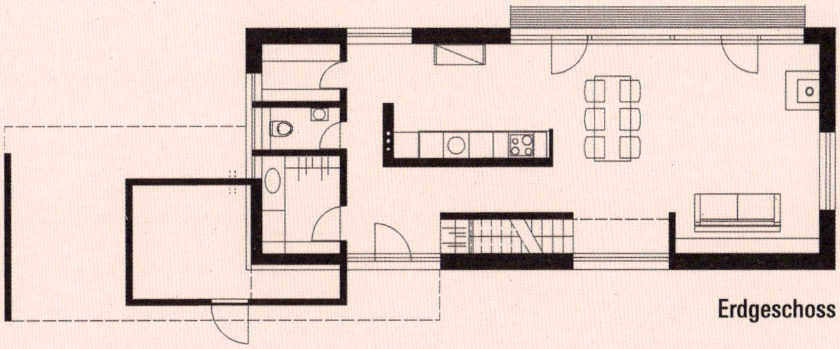

Erdgeschoss

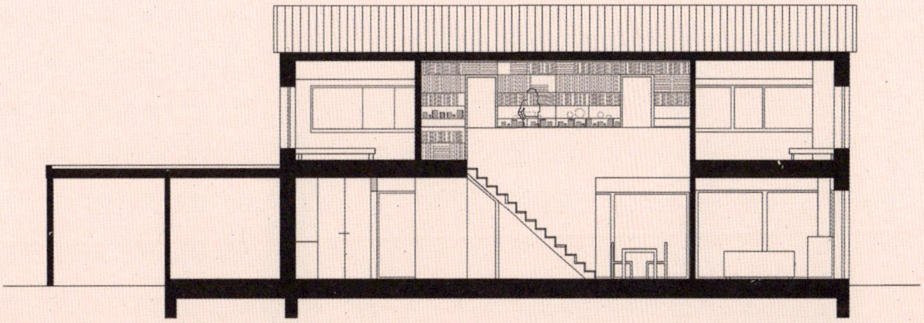

Längsschnitt

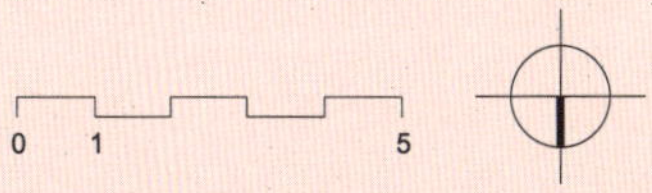

Stichwortverzeichnis

A

A/V-Verhältnis 55
Abstellraum 84
Abwassergebühr 197
Algen an der Fassade 123
Allraum 93
Anbauten 84
Änderungen, nachträgliche 11, 12, 29
Änderungsvorbehalt 15
Ankleide 93
Annuitätendarlehen 18
Anschlagtür 164
Arbeitgeberdarlehen 19
Arbeitszimmer 95
Architektenhaus 28
Architektenhonorar 16, 28
Aufsparrendämmung 129
Ausbauhaus 38, 40, 41
Außenhülle 80
Autostellplatz 196, 197

B

Bad 90, 95, 97, 176
Balkon 80
Barrierefreiheit 12, 96
Bau- und Leistungsbeschreibung 14, 27, 29, 33, 35
Bauabnahme 35
Baubeginn 32
Bauförderung 19
Baugemeinschaften 25
Baugenehmigung 199
Baugrundgutachten 82
Bauhelfer 39
Baukindergeld 19
Baukörper 80
Baukosten 8, 10, 11
- durchschnittliche 9
- Puffer 11
- Spielraum 12
Baukredit 17, 19
Baumängel 11, 12, 34, 38
Baunebenkosten 11
Baurechtliche Vorgaben 20
Baustelle 32
Baustrom 32
Bauträgerhaus 14, 28
Bauvertrag 14
- Nachträge 15
Bauvoranfrage 20
Bauwasser 32
Bebauungsplan 24, 122, 132, 133, 134, 194
Bemusterung 27
Bereitstellungszins 18
Berufsgenossenschaft der Bauwirtschaft (BG Bau) 39
Beton 116
Betondachsteine 137
Betondecke 120, 168
Betonfertigteile 116
Betonhalbfertigteile 142
Betonsteine 198
Betontreppe 75, 91, 117, 143, 144
Bitumenschindeln 137
Blechdach 137, 216
Blechfassade 142
Blower-Door-Test 59
Bodenbelag 168, 190
- Außenbereich 197
- Bad 176
Bodengutachten 12, 20, 22, 198
Bodenklasse 21
Bodenplatten 129
Brennstoffzelle 190
Brennwerttherme 66
Brunnen 102, 201
Bundesförderung für effiziente Gebäude 65, 70, 71

C & D

Carport 71, 84, 118, 194, 196
Dachdämmung 128
Dachausbau 137
Dachbegrünung 199, 212
Dacheindeckung 136
Dachflächenfenster 135
Dachform 132
Dachüberstand 123, 135
Dämmstoffe 113, 126, 129
Dampfbremse 154
Dampfsperre 182
Deckenkonstruktion 119
Doppelhaus 24
Dreifachverglasung 59
Dreischichtplatten 156
Drückendes Wasser 82
Durchgangszimmer 87

E

Effektivzins 19
Eigenheimförderung der Länder und Kommunen 19
Eigenkapital 17
Eigenleistung 17, 37, 41, 46, 100, 114, 122, 128, 137,154, 156, 163, 166, 170, 177, 179, 190, 202, 206
Einbauküche 174
Einbaumöbel 88, 101, 163, 184
Eingangsbereich 96
Einschalige Bauweise 113
Einspeisevergütung 71
Elektroinstallation 17
Energiebedarf 54, 57
Entwässerungsrinne 97
Erdaushub 21, 82, 200, 203
Erdkeller 83
Erdwärmepumpe 65, 66, 67
Erker 80, 122
Erschließung 20, 75
Estrich 101, 171, 172, 189, 216

F

Fäkalienhebeanlage 83
Faserzementtafeln 125
Fassadenverkleidung 123, 125
Fenster 44, 58, 130, 188
- Anzahl 94
- Position 95
- Rahmen 44, 116, 118, 131
Fensterflächenanteil 130
Fernwärme 150
Fertiggarage 85, 195, 196
Fertighaus 14, 26
Fertigparkett 16
Festverglasung 74, 131, 182, 216
Finanzierung 17
Flachdach 71, 133, 135
- Begrünung 197
Flächenheizung 63, 66, 68
Flächenversiegelung 197, 199
Fliesen 176
Fördermittel 17
Fugenpflaster 198
Fußbodenheizung 46, 63, 102, 119, 120, 150, 170, 171, 184, 190, 218

G

Garage 71, 84, 144, 182, 195
Garten 203
- Bäume 205
- Bepflanzung 204
- Einfriedung 206
Gartenhaus 85
Gasbrennwerttherme 63, 64, 67, 70, 76, 145, 184
Gästezimmer 84, 95
Gauben 80, 135, 142
Gebäudeausrichtung 54
Gebäudeenergiegesetz 62, 63, 113, 136
Generalunternehmer 28
Geräteschuppen 84, 194
Gerüst 113
Geschossdecken 119
Gipsbauplatten 154
Grundrissplanung 86, 89
Grundstück 11, 20, 22, 23
- am Hang 22, 203
- in zweiter Reihe 22, 33, 43, 99
Grundwasser 20, 201
Grundwasserwärmepumpe 66, 68

H

Handlangerkosten 39
Haustechnikraum 95
Haustechnische Anlage 84
Hauswirtschaftsraum 84, 96
Hebeanlage 83
Heizung 164
Heizwärmebedarf 57
Hochlochziegel 113
Holzbalkendecke 44, 119, 120, 168, 171, 216
Holz-Beton-Verbunddecke 121
Holzfassade 100, 124, 210, 216
Holzleichtbauweise 112, 114
Holzmassivbau 149
Holzplatten 156, 168, 182
Holzrahmenbau 26, 114, 18
Holzskelettbau 114
Holzständerbau 44, 112, 182, 210, 216
Holztafelbau 115
Holztreppe 91, 92
Honorarordnung für Architekten- und Ingenieurleistungen (HOAI) 16, 28
Hüllfläche 54, 81
Hybridheizung 63

I

Industriell hergestellte Baustoffe 116, 142
Innenputz 167
Innentreppen 160
Innentüren 164, 216

J & K

Jahresarbeitszahl 66, 68, 69
Jahresprimärenergiebedarf 56
Kalksandstein 114
Kalkstreichputz 177
Kaminofen 64, 65
Kaufnebenkosten 11
Keller 82
- Alternativen 44, 84, 142, 144, 182, 188, 194, 195, 215
- dämmen 84, 129
-, kalter 83, 85
Kerndämmung 114
KfW-Standards 56, 60, 67
KfW-Förderung 19, 56, 58, 190
Kinderzimmer 93, 95
Kirchliche Eigenheimförderung 19
Klinker 124
Klinkerriemchen 114, 125
Kniestock 101, 119, 134, 137
Komfortlüftung 62
Kontrollierte Wohnraumlüftung 46, 60, 62
Kork 170
Kostenfaktoren 8
Kostengruppen nach DIN 267 8
Kostenrahmen 16
Kreditvermittler 19
Küche 95, 97, 173, 216
- Materialien 175
- Standardmaße 173
- Form 174, 175
- Geräte 174
- Planung 173
Kunststofffensterrahmen 44, 131

L

Ladestation für Elektroautos 71
Laminat 168, 171
Lehmbauplatten 155, 210
Leichtbetonsteine 113
Linoleum 170
Loggia 80
Luftdichtheit 59
Lüftungsanlage 46, 60
Lüftungskonzept 60
Luftwärmepumpe 46, 63, 64, 66, 102, 218

M

Massivbauten aus Beton 116
Massivbauten aus Holz 114, 168
Massivbauten aus Mauerwerk 113
Massivdach 13
Massivholzboden 169
Massivholzdecke 119, 120, 171, 187
Materialkosten 112
Metallfassade 125, 182
Mindestluftaustausch 60
Möblierung 95, 96
Monolithische Bauweise 113
Multi-Risk-Bauversicherung 34
Musterhäuser 27
Mutterboden 21

N

Naturgarten 207
Naturkeller 83
Naturmaterialien 113, 147, 208
Nebenkosten 17
Niederschlagswassergebühren 196, 198, 200
Niedertemperaturheizkörper 63

O & P

Oberflächen 183
- Bad 176
- Wände 167
Offener Grundriss 87
Ölbrennwertherme 64
Ortbeton 116
OSB-Platten 168
Passivhaus 55, 57, 60, 67
Pelletheizung 63, 65, 66, 210
Perimeterdämmung 127, 129
Pfettendach 135
Pflastersteine 197
Photovoltaik 58, 63, 69, 76, 134, 195
Polycarbonatplatten 118, 156
Porenbetonsteine 113, 114
Porenpflaster 198
Primärenergiebedarf 57
Pufferspeicher 66

Pultdach 133, 210
Putzfassade 122

R

Radiatoren 63
Radon 60, 84
Rasen 206
Rasengittersteine 197
Raumgrößen 93
Raum-zu-Raum-Erschließung 87
Recycling von Materialien 141, 145, 203
Regenerative Energien 54
Regenwasserbarriere 97
Regenwassernutzung 200, 212
Reihenhaus 24
Restschuld 19
Rettungsgasse 22
Rigolen 200

S

Satteldach 133
Schallschutz 26, 88, 112, 114, 119, 120, 129, 154, 156, 165, 168, 170
Schiebetüren 87, 165, 166
Schlafzimmer 93
Schlüsselfertig 26
Schmutzwasserpumpe 83
Schornstein 65, 66
Schotterrasen 197
Schuppen 196
Schwellen 97
Seecontainer 85
Sichtestrich 119
Sichtoberflächen 74, 100, 141, 168, 180, 216
- Beton 182
- Böden 171
Sickerwasser 82
Smart Home 179
Solarcarport 71
Solarenergie, passive 54, 76, 81, 145, 216, 218
Solarthermie 63, 70, 76, 18
Sondertilgung 18
Sonnenschutz 131, 136
Souterrainwohnung 84
Spanplatten 156
Spielflur 93
Spundwandkasten 82
Stäbchenparkett 169
Stahltreppe 91
Standardausstattung 27
Standardgrundriss 86
Stauraum 45, 88, 93, 162,184
Steildach 133
Stockwerkserschließung 90
Stockwerkshöhe 91
Strohbauplatten 155

T

Teilabnahme 35
Teilkeller 83
Teppiche 170
Terrasse 196, 202
Terrassentür 44, 130
Tiny House 24
Tragkonstruktion 80, 14
Transmissionswärmeverlust 54
Trennwände 80, 87, 88, 90, 93, 101, 118, 144, 154, 163, 188, 190
Treppe 44, 97, 160, 189
- Formen 92
- Geländer 44, 143, 144, 162
- Länge 91
- Maße 160
- Position 89
Trittschalldämmung 119, 120, 121, 130, 167, 168, 171, 187
Trockenbau 154

U & V

U-Wert 55, 58, 118, 132
Verbraucherbauvertrag 15
Verglasung 131
Vergleichsangebote 19
Verkehrsflächen 44, 87, 149, 162, 210, 216
Versicherungen 33
Versickerung 197, 198, 212, 218
Vinyl 168, 171
Vollfinanzierung 18
Volltilgerdarlehen 18
Vormauerschale 125
Vorwandinstallation 176

W

Wandflächenheizung 63, 150
Wärmebrücken 55, 84, 136
Wärmedämmung 55, 58, 80, 82, 113, 116, 125, 128, 149
Wärmedämmverbundsystem 55, 114, 123, 127, 128, 135
Wärmedurchgangskoeffizient 55
Wärmekapazität 127
Wärmeleitfähigkeit 126
Wärmepumpe 66
-, passives Kühlen 68
Wärmepumpentarif 69
Warmer Keller 84, 85
Wärmerückgewinnung 60, 212
Wärmeschutz 112
Wärmetauscher 68
Wärmeverteilung 63
Warmwasserbereitung 70
Waschküche 96
Wasserhaltung 82
WC, Position 95
Wellblechverkleidung 125
Wetterschutz 135
Wiederverkaufswert 23, 81, 90, 97, 112, 130, 202
Wintergarten 80
Wohn-Ess-Bereich 93
Wohnriester 19
Wohnzimmer 95

Z

Zargen 165
Ziegeldecke 121
Zinsbindung 18
Zisterne 200
Zufahrt 196
Zweifachverglasung 58
Zweischalige Bauweise 114
Zwischensparrendämmung 129, 138
Zwischenwände 119

Architektur- und Bildnachweis

42–46 / Cover Architektur: Karsten Groot Architekten, Hamburg. Fotos: Sebastian Glombik, Nottensdorf

48–50 Architektur: Claus Arnold, Würzburg. Fotos: Prof. Dieter Leistner, Würzburg

72–76 Architektur: holzerarchitekten, Stuttgart. Fotos: Zooey Braun, Stuttgart

86 Architektur: Hans Kneidl, Weiden. Foto: Johannes Kottjé, Marktredwitz

91 Architektur: Architekten Ronacher, Hermagor. Foto: Hannes Pacheiner, Villach

98–103 Architektur: Johannes Hiller, Augsburg. Fotos: Das Haus/Markus Traub, München (S. 98, 101), Thomas Drexel, Friedberg (S. 99, 100, 102)

104–108 Architektur/Fotos: Juri Troy Architekten, Wien

116 Architektur: Berschneider + Berschneider, Pilsach. Foto: Petra Kellner, Amberg

118 Architektur: Lukas Lenherr Architektur, Quinten. Foto: Florian Amoser, florianamoser.ch

121 Architektur/Foto: Reichel Architekten BDA, Kassel

125 Architektur/Foto: werk A architektur, Berlin

131 Architektur: studio lot, München/Altötting. Foto: Antje Hanebeck, München

134 Architektur: Johannes Hiller, Augsburg. Foto: Thomas Drexel, Friedberg

140–144 Architektur: Architekturbüro Stocker, Remshalden. Fotos: Thomas Drexel, Friedberg (S. 140, 142, 143 o. Frank Eppler, Stuttgart (S. 143 u., 144); Florian Stocker, Remshalden (S. 141)

146–151 Architektur: Robert Tappeiner, Schluderns u. Werner Egger, Prad am Stilfserjoch. Fotos: René Riller / holzius

160 Architektur: Architekten Innauer Matt, Bezau. Foto: Adolf Bereuter, Dornbirn

162 Architektur: Architekten Innauer Matt, Bezau. Foto: David Schreyer, Wörgl

163 Architektur: Architekturbüro Manderscheid, Tübingen. Foto: Johannes-Maria Schlorke, Saarbrücken

170 Architektur: Architekten Ronacher, Hermagor. Foto: Hannes Pacheiner, Villach

171 Architektur: Claus Arnold, Würzburg. Fotos: Prof. Dieter Leistner

172 Architektur: Berschneider + Berschneider, Pilsach. Foto: Petra Kellner, Amberg

174 Architektur: Johannes Hiller, Augsburg. Foto: Das Haus / Markus Traub, München

175 Architektur: Lukas Lenherr Architektur, Quinten. Foto: Florian Amoser, florianamoser.ch

179 Architektur: Kühnlein Architektur, Berching Foto: Erich Spahn, Regensburg

180–185 Architektur: Christian Groß Architektur, Markt Rettenbach. Fotos: Sebastian Schels, München

186–190 Architektur: Nina und Michael Bohl, Wolfhagen. Fotos: Michael Bohl, Wolfhagen

208–212 Architektur: Kirchmair + Meierhofer Architekten. Fotos: Florian Strigl, Pilsting

214–219 Architektur / Fotos: Scheuring und Partner Architekten, Köln

Adobe Stock: 27, 39, 59, 67, 68, 120 , 124, 139, 155 o., 168, 169, 194, 197, 198
Bayerische Landesanstalt für Weinbau und Gartenbau / Eppel-Hotz: 199
GMH / FGJ: 205
Ulrike Halene, Dortmund: 177
Marcus Hassler, München: 156 u.
Catharina Hoepfner, Karlsruhe: 14, 36
Holzmanufaktur Ballert e.K.: 161
istraw: 155 u.
Tischlerei & Tiny House Manufaktur Heller, Köln: 25
T. Raudonat & C. Menniken / Naturpark Hohes Venn – Eifel (BE): 204
Rückert Architekten: 156 o.
Bettina Rühm: 83, 164, 203, 206
Philipp Sperrle: 84
Georg Willmerdinger, Altötting: 157
Claudia Wortmann, Iserlohn: 30

Die Stiftung Warentest wurde 1964 auf Beschluss des Deutschen Bundestages gegründet, um dem Verbraucher durch vergleichende Tests von Waren und Dienstleistungen eine unabhängige und objektive Unterstützung zu bieten.

Die Autorin Bettina Rühm, Dipl.-Ing., studierte Architektur an der TU München. Sie ist erfolgreiche Autorin zahlreicher Fachbücher und Zeitschriftenbeiträge im Bereich Architektur und Innenarchitektur. Dabei konzentriert sie sich auf Themen des Hausbaus sowie auf die Wechselwirkung zwischen Architektur und sozialen Aspekten.

Stiftung Warentest
Lützowplatz 11–13
10785 Berlin
Telefon 0 30/26 31–0
Fax 0 30/26 31–25 25
www.test.de
email@stiftung-warentest.de

USt-IdNr.: DE136725570

Vorstand: Hubertus Primus
Weitere Mitglieder der Geschäftsleitung:
Dr. Holger Brackemann, Julia Bönisch, Daniel Gläser

Programmleitung: Niclas Dewitz

Autorin: Bettina Rühm
Projektleitung / Lektorat: Philipp Sperrle
Korrektorat: Christoph Nettersheim, Nürnberg
Titelentwurf: Christian Königsmann
Layout: Büro Brendel, Berlin; Christian Königsmann
Grafik, Satz: Christian Königsmann
Bildredaktion: Bettina Rühm, Philipp Sperrle

Produktion: Vera Göring
Verlagsherstellung: Rita Brosius (Ltg.), Romy Alig, Susanne Beeh
Litho: tiff.any, Berlin
Druck: Westermann Druck Zwickau GmbH

ISBN: 978-3-7471-0271-8

Wir haben für dieses Buch 100 % Recyclingpapier und mineralölfreie Druckfarben verwendet. Stiftung Warentest druckt ausschließlich in Deutschland, weil hier hohe Umweltstandards gelten und kurze Transportwege für geringe CO2-Emissionen sorgen. Auch die Weiterverarbeitung erfolgt ausschließlich in Deutschland.